三次全国农作物种质资源普查与收集行动

HUACHI XIAN
NongZuoWu
ZhongZhi ZiYuan

华池县农作物种质资源

刘翠平　杨晓媛　主　编
张武锋　慕丰丰　副主编

甘肃科学技术出版社

甘肃·兰州

图书在版编目（CIP）数据

华池县农作物种质资源 / 刘翠平，杨晓媛主编；张武锋，慕丰丰副主编. -- 兰州：甘肃科学技术出版社，2024.9

ISBN 978-7-5424-3135-6

Ⅰ.①华… Ⅱ.①刘… ②杨… ③张… ④慕… Ⅲ.①作物－种质资源－资源调查－华池县 Ⅳ.①S329.242.4

中国国家版本馆CIP数据核字(2023)第173054号

华池县农作物种质资源

刘翠平　杨晓媛　主　编
张武锋　慕丰丰　副主编

责任编辑　杨丽丽
封面设计　孟孜铭

出　版	甘肃科学技术出版社			
社　址	兰州市城关区曹家巷1号　730030			
电　话	0931-2131575（编辑部）　0931-8773237（发行部）			
发　行	甘肃科学技术出版社	印　刷	兰州万易印务有限责任公司	
开　本	880毫米×1230毫米　1/32	印　张	14.5　字　数　330千	
版　次	2024年9月第1版			
印　次	2024年9月第1次印刷			
印　数	1~500			
书　号	ISBN 978-7-5424-3135-6	定　价	58.00元	

图书若有破损、缺页可随时与本社联系:0931-8773237
本书所有内容经作者同意授权,并许可使用
未经同意,不得以任何形式复制转载

前　言

甘肃省庆阳市华池县位于陕西省与甘肃省交界,地理位置在东经107.29~108.33度、北纬36.07~36.51度,东北与陕西省志丹、吴起、定边接壤,西南与省内的庆城、环县、合水为邻,辖6镇9乡111个行政村646个自然村,总土地面积379090公顷,2022年底常住人口11.83万人。境内梁峁相间,沟壑纵横,山川塬兼有,海拔在1110~1871.6米,无霜期165天,年均降水量510毫米,年平均气温8摄氏度,日照时数每年2250小时。华池古属禹贡雍州,为周人创业之地,农耕文化的源头,西魏置县至今已有1400多年的历史。白瓜子、黄花菜、黑木耳、小杂粮等土特产驰名陇上,被誉为"白瓜子之乡""小杂粮之乡"。沙棘原浆口服液、白瓜子等走出国内,销往美国、东南亚等地。淳朴的民风,独特的自然环境,历史悠久的农耕文明,让华池县拥有丰富的农作物种质资源。

随着人类社会的进步,生活水平的提高,对资源的索取和国内外优良品种的不断引进,原生农作物资源面临着枯竭的危险。农作物种质资源是农业原始创新的物质基础,是农业可持续发展不可替代的战略性储备资源,是选育农作物新品种不可或缺的基础材料。2020年,"第三次全国农作物种质资源普查与收集行动"在甘肃省正式启动,华池县是全省承担普查与征集任务的79个县之一,揭开了华池县重视和抢救保护种质资源的序幕。按照《第三次全国农作物种质资源普查与收集行动技术规程》要求，调查了华池县农作物种质资源的现状，掌握了华池县粮食、经济、蔬菜、果树等栽培作物古老地方品种的分布范围、主要特性以及农民认知等基本情况，普查到农作物54种共461个品种。完成1956年、1981年和2014年3个时间节点3套普查表的填报，即"农作物种质资源普查与收集行动普查表""华池县种植的粮食作物情况表""华池县种植的油料、蔬菜、果树、茶、桑、棉麻等主要经济作物情况表"，共计9份表格，并将数据录入普查与征集填报系统。详细掌握华池县农作物种植结构、土地、气候、资源环境、人口、民族、经济、文化、教育等情况，普查队整合各方面数据材料，高质量完成了普查表的填报任务。

经过开展"第三次全国农作物种质资源普查与收集行动"，华池县发现了红花荞麦、红二汉糜子、红酒谷、毛良谷、白毛谷、马缰绳谷子、红糜子、黄软糜子、黑软糜子、白瓜子、黄花菜、核桃、李等优质的特色种质资源，征集入国家种质资源库34份。这些珍稀种质资源若不加以保护，就会慢慢消失。建议各级政府出台专项政策，对值得保护的种质资源进行扩繁保护，让其优良的品质得到开发利用。

2023年是全面贯彻落实党的二十大精神的开局之年，是实施"十四五"规划承前启后的关键年，也是全面建设社会主义现代化国家开局起步的重要年。在系统调查华池县种质资源现状的基础上，结合"第三次全国农作物种质资源普查与收集行动"成果，华池县农业农村局组织编写《华池县农作物种质资源》一书，本书分3篇共11章进行归类表述。第一章历史沿革

（1949—2022年），第二章地理位置与自然条件，第三章经济社会发展情况，第四章华池县农作物种植结构，第五章农作物普查情况，第六章农作物种质资源征集情况，第七章优良地方农作物种质资源调查情况，第八章优异种质资源典型案例，第九章种质资源保护利用，第十章组织实施情况及典型经验做法，第十一章附录。相信本书的出版，可以为广大农业科研人员、农技推广人员以及种业从业人员提供有益的参考。

本书编写过程中，参考了《华池县志》《华池县发展年鉴》《华池县农业区划资料汇编》《甘肃省华池县国民经济和社会发展统计资料汇编》等资料文献，得到了庆阳市农业农村局、庆阳市农业科学院领导和同行的指导、支持与帮助，在此谨致谢意。

本书在具体编写过程中，华池县种子管理站站长、高级农艺师刘翠平同志负责整体策划、统稿、审稿、定稿并完成第一章至第五章和第十一章的撰写，张武锋同志负责初稿审核、修改并完成第七章、第八章撰写，杨晓媛同志完成第六章、第九章、第十章撰写，穆红霞同志完成第四章第四节撰写，慕丰丰、慕东华等同志参与初稿审核。

由于种质资源普查涉及时间长、范围广、专业深，人力财力有限，编写时间仓促、水平有限，错漏之处在所难免，敬请读者、同行、专家学者批评指正。

编　者

2024年6月

目 录

第一篇　农作物种质资源分布情况

第一章　历史沿革 ···003
第二章　地理位置与自然条件 ·································009
　　第一节　生态区位 ··009
　　第二节　气候特征 ··010
　　第三节　土地资源 ··012
　　第四节　水资源 ···014
　　第五节　植被 ··014
第三章　经济社会发展情况 ·····································015
　　第一节　人口及民族状况 ···································015
　　第二节　受教育情况 ···016
　　第三节　经济状况 ··016
第四章　华池县农作物种植结构 ·······························018
　　第一节　农作物种植分布 ···································018
　　第二节　农作物种类 ···019
　　第三节　耕作制度 ··021
　　第四节　品种种植情况 ······································022
　　第五节　品种更替情况和原因分析 ······················038

第二篇　农作物种质资源普查与收集成效

第五章　农作物普查情况 ……………………………043
  第一节　1956年普查情况 ………………………043
  第二节　1981年普查情况 ………………………061
  第三节　2014年普查情况 ………………………081
  第四节　普查统计汇总 ……………………………102

第六章　农作物种质资源征集情况 ……………………163

第七章　优异农作物种质资源 …………………………275
  第一节　粮食作物 …………………………………275
  第二节　经济作物 …………………………………292
  第三节　蔬菜 ………………………………………295
  第四节　果树 ………………………………………307
  第五节　牧草绿肥 …………………………………312

第八章　优良地方农作物种质资源调查情况 …………314
  第一节　荞麦种质资源情况 ………………………314
  第二节　谷子种质资源情况 ………………………320
  第三节　白瓜子种质资源情况 ……………………321
  第四节　黄花菜种质资源情况 ……………………323
  第五节　核桃种质资源现状 ………………………325
  第六节　苜蓿种质资源现状 ………………………326

第九章　优异种质资源典型案例 ………………………329
  第一节　华池红花荞麦 ……………………………329

第二节　软糜子 ·· 332
第十章　种质资源保护利用 ····························· 335
第一节　庆豆2号 ······································· 335
第二节　华荞1号 ······································· 337
第三节　华荞2号 ······································· 343

第三篇　组织实施

第十一章　组织实施情况及典型经验做法 ············ 351
第十二章　附录 ··· 359

第一篇 农作物种质资源分布情况

第一章 历史沿革
（1949—2022年）

华池古属雍州，春秋战国时期隶属义渠戎国，西汉时分属直路、郁郅、归德和马岭4县，东汉属参䜌县。西魏始置华池县，县治在今东华池村，属蔚州，北周时废，隋仁寿二年（602年）复置华池县，属弘化郡；大业十三年（617年）为胡人梁师都占据，县废；唐武德四年（621年），复置华池县，属林州管辖；贞观元年（627年），废林州，华池属庆州；唐武德六年（623年），又于今华池境内置怀安县；宋熙宁四年（1071年）十月华池县并入合水县，西部仍归安化县，金、元属合水县，明、清分属合水、安化2县；民国二年（1913年），民国政府废府置道，改安化县为庆阳县，华池为合水、庆阳2县辖地；1934年，陕甘边区苏维埃政府成立，同时成立华池县。

中华人民共和国成立初期，华池县仍隶属于甘肃省庆阳分区行政督察专员公署，县以下设区、乡，基层设行政村。1951年4月，甘肃省庆阳分区行政督察专员公署改称甘肃省人民政府庆阳区专员公署；1955年2月又改称甘肃省庆阳专员公署，华池属之；1955年10月，庆阳专署并入平凉专署，华池改属平凉专员公署；1962年1月，庆阳专员公署恢复，华池又划归庆阳专署；1968年4月，庆阳专员公署被甘肃省庆阳专区革命委员会取代；1969年10月又改称甘肃省庆阳地区革命委员会；1978

年12月20日，再改为甘肃省庆阳地区行政公署；2002年6月22日，撤销庆阳地区，设立地级庆阳市，华池属之，以后未变更。

1949年10月，华池县隶属甘肃省庆阳分区行政督察专员公署，辖白马、温台、柔远、元城、悦乐、水泛6区；1950年2月，水泛区划归陕西省吴旗县管辖，辖白马、温台、柔远、元城、悦乐5区、33乡；1951年4月，隶属甘肃省人民政府庆阳区专员公署；1951年12月，华池县政府由悦乐李家湾迁入柔远城，全县辖5区33乡；1955年8月区划调整，辖4区31乡122个行政村；1955年10月，庆阳专员公署并入平凉专员公署，华池县改属平凉专员公署；1956年10月，增设柔远镇，辖4区，22乡1镇。

白马区辖刘坪、林镇、白马庙、玉皇庙、紫坊畔5乡；元城区辖元城、怀安、鸭子咀、王沟门、坪庄5乡；李良子区辖李良子、旋沟门、黄家塬、上里塬、马河5乡；悦乐区辖悦乐、城壕、温台、定汉寺4乡；3个直属乡：柔远、乔河、庙巷；1个直属镇：柔远。

1958年3月，撤销区建制，华池县合并为11乡：柔远、温台、悦乐、城壕、五蛟、上里塬、元城、怀安、乔川、东华池、白马庙；1958年4月，全境并入庆阳县，隶属平凉专员公署，治所庆阳城，原华池境内有柔远（原柔远、温台2乡）、悦乐（原悦乐、城壕、五蛟、上里塬4乡）、元城（原元城、怀安、乔川3乡）、南梁（原东华池、白马庙2乡）4个人民公社；1959年12月，南梁公社改属子午岭农垦局管辖；1961年5月，公社规模调整中，华池境内增加温台、城壕、五蛟、庙巷、乔川、乔河、白马、坪庄、上里塬、怀安10个公社，公社总数达到13个（不含南梁）；1962年1月，庆阳专属从平凉专区析出，华池县恢复，县政府设在柔远城，南梁划归华池县，增设林镇、山庄、李良子、定汉、紫坊畔5个公社，公社总数达到19个，下辖116个大队，1043个小队；1965年3月，撤销庙巷、温台、怀安、李良子、定汉5个公社；1968年4月，成立华池县革命委员会，取代县人民政府，各公社也先后成立革命委员会，取代公社；1980年5月，增设庙巷、温台、李良子、王咀子、定汉5个公社；1981年5月，恢复华池县人民政府，治所柔远城，改公社革命委员会为公社管理委员会，8月改坪庄公社为怀安公社，全县辖柔远、悦乐、元城、城壕、五蛟、乔川、乔河、白马、上里塬、王咀子、怀安、林镇、山庄、南梁、紫坊畔、温台、庙巷、李良子、定汉19个公社；1983年11月，改公社为乡，大队为行政村，生产队为村民小组；1985年，改柔远、悦乐2乡为镇，全县辖2镇17乡，113个行政村；1987年，林镇乡增设张岔行政村及3个村民小组，在此前后部分村民小组撤并；2000年12月，全县辖2镇17乡，114个行政村，750个村民小组；2002年，元城乡撤乡建镇，行政村、村民小组撤并，全县辖3镇16乡，111个行政村，657个村民小组；2005年，撤销庙巷、定汉、温台3个乡，全县辖3镇12乡，111个行政村，646个村民小组；2005年到2011年，维持3镇12乡，111个行政村，646个村民小组；2012年，南梁乡撤乡建镇，全县辖4镇11乡，111个行政村，646个村民小组；2014年底，全县辖4镇11乡，111个行政村，646个村民小组，9个社区居民委员会；2014年至2022年，增设城壕镇、五蛟镇；2022年，全县辖6镇9乡，111个行政村，646个村民小组。华池县2022年底行政区划建制见表1.1，华池县2022年底行政村区划见表1.2。

表1.1　华池县2022年底行政区划建制

单位：个

乡镇名称	镇	乡	村民委员会	村民小组	社区居民委员会
华池县	6	9	111	646	9
柔远镇	1	—	11	63	2
悦乐镇	1	—	14	83	2
元城镇	1	—	6	44	1
南梁镇	1	—	3	18	—
城壕镇	1	—	12	67	1
五蛟镇	1	—	12	79	1
上里塬乡	—	1	6	27	—
王咀子乡	—	1	6	37	—
白马乡	—	1	6	41	—
怀安乡	—	1	8	44	—
乔川乡	—	1	8	38	—
乔河乡	—	1	6	42	1
山庄乡	—	1	4	17	—
林镇乡	—	1	5	19	1
紫坊畔乡	—	1	4	27	—

第一章 历史沿革

表1.2 华池县2022年底行政村区划

乡镇名称		柔远镇	悦乐镇	元城镇	南梁镇	城壕镇
村民委员会	个数	11	14	6	3	12
	名称	城关 张湾 柳坪 土沟 刘川 孙家岔 黄岔 杨庄 李庄 田庄 张岭子	悦乐 新堡 上堡子 店坪 樊庄 乔崾岘 田掌塬 黄大湾 温台 杜河 高河桥 张掌 肖掌 鸭儿洼	元城 高沟门 龚河 高桥 吕沟咀 老庙咀	荔园堡 高台 白马庙	城壕 香山塬 火连湾 中塬 牛家塬 余家砭 定汉 张川 庄科 太阳 杨寺岔 庙湾

007

续表

乡镇名称		五蛟镇	上里塬乡	王咀子乡	白马乡	怀安乡
村民委员会	个数	12	6	6	6	8
村民委员会	名称	五蛟 上城壕 杜右手 杨咀子 刘沟岔 刘阳洼 蒋塬 李良子 刘家湾 吴塬 南湾 马河	上里塬 鸭口 柳树河 彭家寺 黄塬 甘其	王咀子 井子塬 宪塬 刘家畔 刘家庙 银坪	白马 连集 王沟门 马高庄 东掌 杜寨子	怀安 杨坪 冯杨渠 糖坊咀 杨西掌 小城子 宋咀子 坪庄

乡镇名称		乔川乡	乔河乡	山庄乡	林镇乡	紫坊畔乡
村民委员会	个数	8	6	4	5	4
村民委员会	名称	阳湾湾 徐背台 李崾岘 黄蒿掌 章渠子 铁角城 王掌子 艾蒿掌	火石沟门 打扮 墩儿山 虎洼 张岔 齐庄子	山庄 大庄 尚湾 雷圪崂	黄渠 范台 东华池 四合台 张岔	高庄 庙沟 堡子山 刘坪

第二章 地理位置与自然条件

第一节 生态区位

一、地理位置

华池县位于甘肃省东部、庆阳市东北部，东经107.29~108.33度、北纬36.07~36.51度，东、北与陕西志丹、吴起、定边县接壤，西、南与省内的庆城、环县、合水毗邻。总土地面积379090公顷，辖6镇9乡111个行政村，分别为柔远、悦乐、元城、城壕、南梁、五蛟6镇，山庄、林镇、乔河、紫坊、王咀子、上里塬、白马、乔川、怀安9乡。

二、地形地貌

华池县属陇东黄土高原地貌类型，在地质史上属鄂尔多斯地块，是中国北方华北地垒大地构造的一部分，地表广泛为第四纪黄土所覆盖，土层厚度不一，地势北高南低，自西北向东南倾斜，海拔在1110~1871.6米，西北部乔川境内中山梁海拔1871.6米，南段悦乐镇林沟口海拔1110米，县境南北长37~110千米，东西宽27~84千米。地形地貌大体可分为3种类型：北部半干旱梁峁沟壑区、南部半湿润残塬沟壑区、东部子午岭林区。残塬占总面积0.91%，川区占4.84%，丘陵山区占94.25%。

第二节 气候特征

华池县由于地域辽阔,南北、东西跨度大,地形复杂,植被分布不均等原因,造成气温中南部稍高,西北部和东部偏低,降水量由东南向西北呈递减的趋势,形成西北部温和半干燥区、中南部温和半湿润区、东部子午岭温凉湿润区3种特点明显的气候生态区域。全县年平均气温8摄氏度左右,由西北向东南递增,无霜期165天左右,年均降水量510毫米左右,日照时数每年2250小时。主要自然灾害有旱灾、冰雹、霜冻、大雨和暴雨。

一、西北部温和半干燥区

该区包括乔川、元城、白马、怀安、乔河及紫坊畔6个乡镇,面积1315平方千米,占华池县总面积34.2%。海拔1227~1781.6米。境内丘陵起伏,沟深坡陡,植被稀疏,地表径流大,是华池县水土流失最严重区域。主要河流有白马河、元城河与柔远河,年径流量4110万立方米。年降水日数约78天,年降水量400毫米左右,蒸发量1700毫米。空气相对湿度57%,干燥度1.34~1.82,是全县最干旱的地区。年日照2600小时左右,太阳辐射量每平方米5700兆焦,是县内日照最丰富区域。年平均气温7.5摄氏度,最热月7月平均气温21摄氏度,最冷月1月平均气温零下8摄氏度,极端最高气温37.5摄氏度,极端最低气温零下25.1摄氏度。气温平均日较差15摄氏度。全年日平均气温0摄氏度及以上持续日数245天左右,积温3200摄氏度,不低于10摄氏度积温2500摄氏度。无霜期155天。年平均风速每秒2.4米,高山丘陵区常有大风出现,有一定风力资源。

二、中南部温和半湿润区

该区包括城壕、悦乐、王咀子、上里塬、五蛟、柔远6个乡镇，面积1258平方千米，占华池县总面积32.7%。海拔1100~1630米。地势北高南低，山、川、塬兼有。土地较肥沃，是华池县主要农业区。境内有元城河、柔远河及城壕河，年径流量3700万立方米。年平均气温8.1摄氏度，最热月7月平均气温21.6摄氏度，最冷月1月平均气温零下6.8摄氏度，极端最高气温38摄氏度，极端最低气温零下26.5摄氏度。气温平均日较差12.9摄氏度，是县内温差最小区域。全年不低于0摄氏度持续日数约251天，积温3472.8摄氏度，不低于10摄氏度积温2886.5摄氏度。无霜期165天左右。年降水日数约87天，降水量498毫米，蒸发量1600毫米。空气相对湿度62%，干燥度1~1.3。年日照2250小时，太阳辐射量每平方米5500兆焦。本区气候较为温和，主要自然灾害有干旱、霜冻、低温、冰雹、洪灾等。

三、东部子午岭温凉湿润区

该区位于县境东部子午岭林区，包括林镇、南梁、山庄3乡镇及城壕镇的定汉，面积1270平方千米，占华池县总面积33.1%。境内山势较低，坡度平缓。海拔1205~1713米。主要河流二将川河，年径流量2480万立方米，有灌溉之利。本区林草繁茂，灌木丛生，植被良好，是华池县唯一的天然次生林集中区。年日照2100小时。太阳辐射总量每平方米5200兆焦。气候温凉湿润，年平均气温7.1摄氏度。7月最热，平均气温20.8摄氏度，1月最冷，平均气温零下8.4摄氏度。气温平均日温差16.6摄氏度，最大日温差34.7摄氏度，是华池县温度变化最剧烈的区域。全年日平均气温不低于0摄氏度的持续日数240天，积温3100摄氏度；不低于10摄氏度积温2600摄氏度。无霜期仅145天左右。年降水日数100天，降水量560毫米，蒸发量1450毫米。空气相对湿度71%。干燥度不高于0.9，是华池县最湿润的地区。

第三节 土地资源

一、土地状况

1956年县域总面积3776平方千米，耕地面积38.46万亩，草地面积261.83万亩，林地面积210万亩，湿地（滩涂）面积4.19万亩，水域面积5.1万亩。

1981年县域总面积3776平方千米，耕地面积85.9万亩，草地面积322.09万亩，林地面积102.3万亩，湿地（滩涂）面积4.19万亩，水域面积5.1万亩。

2014年县域总面积3790.8平方千米（1994年华池县与陕西、宁夏相邻地区解决地界争议，2009年二轮土地调查结果），耕地面积103.36万亩，草地面积197.43万亩，林地面积238.34万亩，湿地（滩涂）面积4.2万亩，水域面积5.13万亩。

华池县耕地山地多，川、塬地少，土壤瘠薄，广种薄收，1952年开始整修地边埂、引洪水漫地，1963年先行试点兴修水平梯田、条田，逐年扩大。1969年冬开始"农业学大寨"运动，至1979年全县累计新修基本农田9.13万亩，1981年底全县耕地达到85.9万亩，比1956年增加47.44万亩，增加123%。实行家庭联产承包责任制后，建设速度减缓。1995年起开始，实施机

1亩≈666.7平方米，1公顷=15亩≈10000平方米

械平田与人工整修相结合,大力兴修优质高标准农田,至2014年,耕地面积达到103.6万亩,比1981年增加17.46万亩,增加20.3%,水平梯田达到50.5万亩,占实际耕地面积的48.86%。

二、土壤类型

华池县主要土壤类型有黄绵土、黑垆土、灰褐土、冲积黄土、草甸土、次生盐碱土、红胶土等。全县土壤分布的区域性和垂直性差异都比较明显,黄绵土广泛分布在塬、梁、峁顶部和阳坡、阴坡中上部,土质疏松,颗粒较细,易于渗水,保墒性能差,有机质含量低,一般在0.7%左右,氮含量0.04%~0.15%,钾含量1.5%~2.5%。以地域分布而论,县东部土壤养分稍好,中南部次之,西北部最差。全县大体可分为3个土壤类型区。

1. 东部灰褐土区

包括紫坊畔、柔远、温台、定汉以东所有地区。本区以灰褐土为主,广泛分布于天然次生林覆盖下的梁峁、谷坡上。河道、沟谷、坡根地段分布有黑垆土。部分坡地和川道阶地分布有黄绵土和新积土。

2. 南部黄绵土—黑垆土区

包括柔远、五蛟以南所有地区。黄绵土大量分布于塬、梁、峁顶部及山坡中上部。黑垆土主要分布于阴坡的梁嘴下段、沟掌及部分冲积阶地,以上里塬北部为多。新积土分布于各河川一级基座阶地上。部分灌区有潮土分布。

3. 北部黄绵土区

包括紫坊畔以西,柔远、五蛟以北所有地区。黄绵土覆盖本区绝大部分面积。海拔1500米以上正阴坡谷地有部分黑垆土。主要河川阶地有新积土。深沟底部有风化坡积红胶土分布。

第四节 水资源

华池县地处黄河流域，河流以子午岭为分水岭，东部为洛河水系葫芦河上游，主要有二将川；西南部为泾河水系马莲河支流，主要有城壕川、柔远川、元城川、白马川。境内流域总面积379090公顷，其中：洛河水系116000公顷，泾河水系263090公顷，平均流速每秒3.24米。

第五节 植被

华池县有各类野生植物82科343种，主要有油松、侧柏、沙棘、小叶杨、国槐、刺槐、柳、白桦、辽东栎、栾树、榆树、杜梨、柽柳、狼牙刺、酸枣、丁香、百里香、甘草、冰草、蒿类等。按地形和分布状况，分为3个植被类型：一是草原植被类型。包括东部森林草原区、南部半干旱灌丛草原区、北部半干旱草原区，覆盖度20%~80%，主要植物有针茅、芦草、野苜蓿、冰草、铁杆蒿、沙蓬、锦鸡儿、柠条、胡枝子、席芨草、艾蒿、百里香、甘草等；二是人工植被类型。指区划区内的人工造林，主要有油松、侧柏、山杏、刺槐、新疆杨、柳树、苹果、梨、桃、核桃、枣、花椒、沙棘等；三是农作物植被类型。主要分布在川台、塬面、沟坡梯田，种植各类粮食作物、经济作物、饲料作物。境内有野生药用植物120多种，主要有甘草、秦艽、远志、柴胡、穿地龙、酸枣等。还有许多观赏植物、蜜源植物、野生香料植物等。

第三章 经济社会发展情况

第一节 人口及民族状况

1956年，华池县总人口4.6万人，其中农业人口4.35万人，占全县总人口的94.56%；1981年，全县总人口9.25万人，其中农业人口8.22万人，占全县总人口的88.86%，有汉族、回族、蒙古族、藏族、壮族、满族、达斡尔族7个民族，少数民族人口58人；2014年，全县总人口13.55万人，其中农业人口11.6万人，占全县总人口的85.6%，有回族、蒙古族、藏族、维吾尔族、苗族、壮族、满族、侗族、土家族、彝族、布依族、朝鲜族等12个少数民族。

第七次全国人口普查结果：全县共有119346人，其中少数民族有14个，少数民族人口353人。

1981年全县总人口比1956年增加4.65万人，是1956年总人口的2倍，2014年全县总人口比1956年增加8.95万人，是1956年总人口的3倍，比1981年增加4.3万人，是1981年总人口的1.46倍。从1956年到2014年的60年间，人口数量增加了2倍。农业人口占比逐渐减少，从1956年的94.56%，减少到2014年的85.6%，下降了8.96%，城镇化程度越来越高。少数民族数量从无到有,2014年少数民族数量达到12个。

第二节 受教育情况

1956年,华池县办起完全小学3所,初级小学12所,初级中学1所,有教职工79人,其中公办63人,民办16人,在校学生1384人,其中小学1326人,初中58人。受高等教育率达0.09%,中等教育率0.59%,初等教育率13.7%,未受教育率85.62%。

1981年,华池县有各类学校382所,其中小学118所,村学226所,完全中学5所,初中6所,八年制学校5所,幼儿园1所、学前班21个,有教职工1037人,其中公办541人,在校学生18922人,其中中学3747人。受高等教育率0.18%,中等教育率5.71%,初等教育率37.7%,未受教育率56.41%。

2014年,华池县有各类学校141所,其中高中1所,职专1所,独立初中9所,九年制小学3所,完全小学67所,幼儿园20所,幼儿教学点40个,有教职工1937人,在校学生21077人。受高等教育率5.42%,中等教育率12.39%,初等教育率69.83%,未受教育率12.36%。

第三节 经济状况

1956年,华池县生产总值(当年现价)530.49万元,其中工业总产值8万元,农业总产值385.5万元(粮食总产值291.09万元、经济作物总产值14.44万元、畜牧业总产值79.97万元),

年农民人均纯收入70.1元。

1981年，华池县生产总值（当年现价）2535.52万元，其中工业总产值227.59万元，农业总产值1485.56万元（粮食总产值987.86万元、经济作物总产值90.46万元、畜牧业总产值347.86万元），年农民人均纯收入155.44元。

2014年，华池县生产总值（当年现价）994015万元，其中工业总产值803497万元，农业总产值86229.98万元（粮食总产值43312.98万元、经济作物总产值27779.59万元、畜牧业总产值14672.97万元、水产总产值90万元），年农民人均纯收入5348.6元。

2022年，华池县生产总值（当年现价）1506084万元，其中工业总产值1217444万元，农业总产值87903.03万元。

1956年农业总产值占全县生产总值的72.7%，1981年农业总产值占全县生产总值的58.6%，2014年农业总产值占全县生产总值的8.67%，农业生产总产值在全县生产总值中的占比越来越低。

第四章　华池县农作物种植结构

第一节　农作物种植分布

种植区域分为北部糜谷、油料作物区，南部冬小麦作物区，东部玉米经济作物区。

北部糜谷、油料作物区，包括乔川、白马、怀安、元城、乔河、紫坊6个乡镇，总土地面积1315平方千米，海拔1227~1781.6米，年均气温7.5摄氏度，年日照指数2600小时左右，积温2500摄氏度，无霜期155天，年降雨量400毫米左右。区内梁峁重叠，沟壑纵横，山高坡陡，植被稀少，生产条件差，经济发展水平低，是华池县小杂粮主产区，该区属于温和半干旱区。

南部冬小麦作物区，包括悦乐、城壕、五蛟、王咀子、上里塬、柔远6个乡镇，总土地面积1258平方千米，海拔1110~1630米，年均气温8.1摄氏度，年日照指数2250小时，积温2886.5摄氏度，无霜期165天左右，降水量498毫米。生产条件优越，耕作精细，机械化程度较高，新型适用农业技术推广快，是全县农业生产条件较好地区和冬小麦主产区。该区属于温和半湿润区。

东部玉米经济作物区，包括山庄、林镇、南梁3个乡镇，总土地面积1270平方千米，川地为多。海拔1205~1713米，年均气温7.1摄氏度，积温2600摄氏度，年日照时数2100小时，年降雨量560毫米。区内梁峁起伏，森林茂密，水草丰盛，植被良好，霜期长，气候温凉，适宜玉米、糜谷、大豆、白瓜子等作物生长，是本县玉米、白瓜子主产区。该区属于温凉湿润区。

第二节　农作物种类

华池县内粮食、经济作物有21科、50属，因区域性差异，单产不均，大多属一年一熟。

一、粮食作物

华池县粮食作物包括小麦、玉米、高粱、糜子、谷子、荞麦、豆类、薯类、水稻、燕麦、黑麦、大麦等12大类25种。

小麦1种，分为冬小麦、春小麦。

豆类有大豆、菜豆、豇豆、豌豆、马牙豌豆、蚕豆、冰豆、小豆、赤豆、绿豆、刀豆、洋刀豆等12种。

薯类有马铃薯、红薯2种。

荞麦有甜荞麦、苦荞麦2种。

玉米、高粱、黍稷、谷子、水稻、燕麦、黑麦、大麦各1种。

二、经济作物

华池县经济作物包括油料、蔬菜、麻类、棉花、烟草等5大类85种。

油料主要有油菜、亚麻（胡麻）、芸芥、芥菜、麻子、茼麻、苣、芝麻、蓖麻、向日葵、落花生等11种。

烟草现种植和曾经种植过的有小叶烟（蛮烟）、大叶烟和罂粟3种。

蔬菜品种繁多，可分为根菜、叶菜、葱蒜、茄果、豆荚、茎菜、花菜、瓜菜、野菜、调味及菌菜等11大类67种。

（1）根菜类有萝卜、胡萝卜、菊芋（洋姜）、芜菁（蔓菁）、宝塔菜（地溜子）、甜菜（糖萝卜）6种。

（2）叶菜类有菠菜、法国菠菜、大白菜、小白菜、芹菜、芫荽、雪里蕻、甘蓝、莙荙菜、茼蒿、苜蓿11种。

（3）葱蒜类有葱、大蒜、洋葱、韭菜、薤菜5种。

（4）茄果类有茄、辣椒、西红柿3种。

（5）豆荚类有菜豆、豇豆、豌豆、刀豆、洋刀豆5种。

（6）茎菜及花菜类有洋芋、红薯、笋菜、球茎甘蓝、黄花菜（金针）、花椰菜（菜花）6种。

（7）瓜菜类有西葫芦、黄瓜、丝瓜、八棱丝瓜、蛇瓜、南瓜、黑籽南瓜、苦瓜、西瓜、甜瓜10种。

（8）野菜类有小蒜、苦苣菜、荠菜、黄花苔、地蕉蕉、马齿苋、灰条菜、野韭菜、地肤（扫帚菜）9种。

（9）调味类有香苜蓿（香豆子）、小茴香、花椒、生姜4种。

（10）菌菜类有黑木耳、羊肚菌、地软软、蘑菇、平菇、香菇、金针菇、洋蘑菇8种。

麻类有麻子、苘麻、罗布麻3种。

棉花1种。

三、果树

果树品种（系）有180多个，大面积栽培的有苹果、杏、梨、桃、李、枣、葡萄、山楂、核桃、花椒等20余种70多个品种（系）。

四、绿肥牧草

县内牧草品种有5科百余种。

栽培牧草3科10多种，主要有紫花苜蓿、沙打旺、红豆草、串叶草、聚合草、草木樨、箭舌豌豆、燕麦、谷子。

野生牧草有百余种，面积较广的有木氏针茅、短花针茅、大针茅、赖草、白羊草、黄碱草、芨芨草、茭蒿、茵陈蒿、冷蒿、阿尔泰紫菀、乌拉甘草（甘草）、达乌里胡枝子、狼牙刺、柠条、无茎萎菱菜。

第三节 耕作制度

华池县农作物一般为一年一熟，中南部川塬区有少量作物一年两熟。全县已形成不同类区、不同形式的轮作方式。北部糜谷、油料作物区：秋田为玉米—糜子、谷子—油料—豆类—洋芋；麦田为小麦（3~5年）—荞麦—油料—豆类—洋芋或糜子。南部冬小麦作物区：小麦（3~5年）—小糜子—玉米或高粱—蛮豆或小日月黄豆；小麦（3~5年）—糜子—玉米—糜子—玉米—高粱—蛮豆或小日月黄豆—小麦；小麦（3~5年）—苜蓿（3~5年）—玉米或高粱—洋芋；小麦（3~5年）—苜蓿（3~5年）—糜子—小麦。东部玉米经济作物区：川台地为玉米优势产区，常年连作。山坡地为玉米—糜子—油料—大豆。

第四节 品种种植情况

一、解放初期

1.粮食作物

1956年，耕地面积38.46万亩，粮食作物种植面积38.17万亩，主要作物种类13个。

小麦，种植面积86500亩，地方品种86300亩，8个：瞎八斗、红芒麦、红齐麦、白齐麦、白露仁；培育品种200亩，2个：碧玛1号、碧玛4号。

玉米，种植面积9500亩，地方品种6000亩，2个：白玉米、黄玉米，培育品种3500亩，2个：金皇后、英粒子。

马铃薯，种植面积6700亩，地方品种3个：兰花洋芋、白洋芋、紫洋芋。

黍稷，种植面积52300亩，地方品种5个：黄二汉、猩猩头软糜子、红二汉、白软糜子、黑软糜子。

谷子，种植面积32900亩，地方品种26900亩，5个：毛谷子、小谷子、黄毛谷、黄小谷、黄酒谷（五爪龙），培育品种6000亩，1个：大凉谷。

高粱，种植面积17300亩，地方品种2个：米儿高粱、扫帚高粱。

水稻，种植面积100亩，地方品种1个：稻子。

大麦，种植面积30亩，地方品种2个：冬大麦、春大麦。

荞麦，种植面积161400亩，地方品种4个：大甜荞、90天甜荞、麻苦荞、荞麦。

燕麦，种植面积100亩，地方品种3个：燕麦、莜麦、小莜麦。

大豆，种植面积10900亩，地方品种4个：黄豆（白豆）、扁黄豆、绿滚豆、黑豆。

豌豆，种植面积1000亩，地方品种2个：白豌豆、麻豌豆。

小豆，种植面积3000亩，地方品种4个：小绿豆、蔓（蛮）豆、红小豆、黄小豆。

2.经济作物

种植面积25845亩，包括油料、蔬菜、麻类、烟草等4大类47个品种。

（1）油料主要有油菜、亚麻（胡麻）、向日葵、甜菜，种植面积17520亩。

油菜，种植面积2000亩，地方品种2个：云芥、黄芥。

亚麻，种植面积15000亩，地方品种1个：胡麻。

向日葵，种植面积500亩，地方品种3个：黑葵花、白葵花、百子葵。

甜菜，种植面积20亩，地方品种1个：糖萝卜。

（2）蔬菜种植面积4825亩，22类36个品种。

西瓜，种植面积900亩，地方品种3个：花皮红瓤、黑皮黄瓤、华池冬瓜。

甜瓜，种植面积300亩，地方品种2个：灯笼红、白脆瓜。

白菜，种植面积400亩，地方品种200亩1个：白菜，培育品种200亩1个：包头白。

萝卜，种植面积400亩，地方品种4个：大头黄胡萝卜、红萝卜、冬萝卜、绿头萝卜。

芹菜，种植面积50亩，培育品种1个：津南实芹。

甘蓝，种植面积300亩，培育品种3个：晚丰甘蓝、京丰甘蓝、秋丰甘蓝。

番茄，种植面积100亩，地方品种1个：西红柿。

菠菜，种植面积50亩，地方品种1个：菠菜。

茄子，种植面积100亩，地方品种1个：茄子。

辣椒，种植面积300亩，地方品种3个：线辣椒、小辣子、羊角辣椒。

黄瓜，种植面积100亩，地方品种2个：黄黄瓜、绿黄瓜。

韭菜，种植面积100亩，地方品种1个：线韭菜。

菜豆，种植面积100亩，地方品种1个：白豆子。

大葱，种植面积200亩，地方品种1个：龙葱（红葱）。

大蒜，种植面积100亩，地方品种1个：白蒜。

冬瓜，种植面积500亩，地方品种1个：冬瓜。

南瓜，种植面积300亩，地方品种3个：黑皮番瓜、红皮番瓜、花棱番瓜。

黄花菜，种植面积400亩，地方品种1个：金针。

菊芋，种植面积100亩，地方品种1个：洋姜。

芫荽，种植面积5亩，地方品种1个：香菜。

雪里蕻，种植面积10亩，地方品种1个：雪里蕻。

宝塔菜，种植面积10亩，地方品种1个：地溜子。

（3）麻类，种植面积2000亩，地方品种2个：大麻子、小麻子。

（4）烟草，种植面积1500亩，地方品种2个：小叶烟（蛮烟）、大叶烟。

3.果树

果树品种（系）有180多个，种植面积2160亩，大面积栽培的有苹果、杏、梨、桃、枣、核桃、花椒等7类9个品种（系）。

苹果，种植面积600亩，地方品种3个：国光、红元帅、黄香蕉。

杏，种植面积1100亩，地方品种1个：山杏。

梨，种植面积50亩，地方品种1个：本地梨。

桃，种植面积40亩，地方品种1个：本地桃。

枣，种植面积50亩，地方品种1个：本地枣。

核桃，种植面积300亩，地方品种1个：本地核桃。

花椒，种植面积20亩，地方品种1个：花椒。

4.绿肥牧草

种植面积2000亩，地方品种1个：陇东苜蓿。

二、家庭联产承包初期

1.粮食作物

1981年，耕地面积85.9万亩，粮食作物种植面积31.767万亩，主要作物种类15个。

小麦种植面积104500亩，地方品种8050亩，3个：红齐麦、白齐麦、老春麦；培育品种96450亩，9个，代表性品种：上选2号、庆丰1号、庆选15号、庆选15号、庆选27号、西峰16号。

玉米种植面积209000亩，地方品种100亩，2个：白玉米、粘玉米；培育品种208900亩，25个，代表性品种：庆单1号、庆单7号、庆单32号、中单2号、中单4号。

马铃薯种植面积23200亩，地方品种5000亩，3个：兰花洋芋、白洋芋、紫洋芋；培育品种18200亩，8个，代表性品种：三层楼、六十天洋芋、深眼窝、渭会2号、四斤黄。

黍稷种植面积76400亩，地方品种8个，代表性品种：黄二汉、猩猩头软糜子、红二汉、白软糜子、黑软糜子。

谷子种植面积29400亩，地方品种10200亩，8个，代表性品种：毛谷子、小谷子、黄毛谷、黄小谷、黄酒谷（五爪龙），培育品种19200亩，2个：大凉谷、陇谷3号。

高粱种植面积10100亩，地方品种2200亩，3个：米儿高粱、红把二齐、扫帚高粱；培育品种7900亩，3个：三尺三、晋杂4号、晋杂5号。

水稻种植面积50亩，地方品种1个：稻子。

大麦种植面积50亩，地方品种1个：冬大麦。

荞麦种植面积32000亩，地方品种3个：大甜荞、九十天荞麦、麻苦荞。

大豆种植面积16300亩，地方品种5300亩，5个：黄豆、绿滚豆、扁黄豆、黑豆、羊眼睛；培育品种11000亩，3个：晋豆1号、铁豆18、八月炸。

蚕豆，种植面积20亩，培育品种1个：蚕豆。

豌豆，种植面积500亩，地方品种2个：麻豌豆、白豌豆。

小豆，种植面积4000亩，地方品种4个：小绿豆、蔓（蛮）豆、红小豆、黄小豆。

燕麦，种植面积100亩，地方品种1个：燕麦。

黑麦，种植面积150亩，培育品种2个：汉斯托拉、德国白。

2.经济作物

种植面积30738亩,包括油料、蔬菜、麻类、烟草等4大类50种。

(1)油料种植面积21964亩,主要有油菜、亚麻(胡麻)、向日葵、甜菜4类共9个品种。

油菜,种植面积3000亩,地方品种1500亩,1个:菜籽;培育品种1500亩,1个:奥罗油菜。

亚麻,种植面积18500亩,地方品种10000亩,1个:胡麻;培育品种8500亩,2个:雁农1号、天亚2号。

向日葵,种植面积300亩,地方品种3个:黑葵花、白葵花、百子葵。

甜菜种植面积164亩,地方品种1个:糖萝卜。

(2)蔬菜种植面积8192亩,23类37个品种。

西瓜,种植面积1000亩,地方品种2个:花皮红瓤黑籽西瓜、黑皮黄瓤红籽西瓜。

甜瓜,种植面积1300亩,地方品种2个:灯笼红、白脆瓜。

白菜,种植面积500亩,培育品种3个:包头白、晋菜3号、天津绿。

萝卜,种植面积600亩,地方品种3个:大头黄胡萝卜、红萝卜、冬萝卜;培育品种:一支蜡胡萝卜。

芹菜,种植面积100亩,培育品种1个:津南实芹。

甘蓝,种植面积500亩,培育品种3个:晚丰甘蓝、京丰甘蓝、秋丰甘蓝。

番茄,种植面积200亩,地方品种1个:西红柿。

菠菜,种植面积100亩,地方品种1个:菠菜。

茄子，种植面积200亩，培育品种2个：山东罐罐茄、牛心茄。

辣椒，种植面积300亩，地方品种3个：线辣椒、小辣子、羊角辣椒。

黄瓜，种植面积200亩，地方品种2个：黄黄瓜、绿黄瓜。

韭菜，种植面积100亩，地方品种1个：线韭菜。

菜豆，种植面积100亩，地方品种1个：白豆子。

大葱，种植面积200亩，地方品种1个：龙葱（红葱）。

大蒜，种植面积100亩，地方品种1个：白蒜。

冬瓜，种植面积500亩，地方品种1个：冬瓜。

南瓜，种植面积600亩，地方品种4个：黑皮番瓜、红皮番瓜、花棱番瓜、山庄白瓜子。

黄花菜，种植面积1400亩，地方品种1个：金针。

菊芋，种植面积100亩，地方品种1个：洋姜。

芫荽，种植面积5亩，地方品种1个：香菜。

茴香，种植面积67亩，地方品种1个：小茴香。

雪里蕻，种植面积10亩，地方品种1个：雪里蕻。

宝塔菜，种植面积10亩，地方品种1个：地溜子。

（3）麻类种植面积404亩，地方品种2个：大麻子、小麻子。

（4）烟草种植面积178亩，地方品种2个：小叶烟（蛮烟）、大叶烟。

3.果树

种植面积4840亩，大面积栽培的有苹果、杏、梨、桃、枣、核桃、花椒等7类13个品种（系）。

苹果，种植面积1000亩，地方品种900亩，3个：国光、红元帅、黄香蕉；培育品种100亩，1个：红星。

杏，种植面积3100亩，地方品种1个：山杏。

梨，种植面积80亩，地方品种50亩，1个：本地梨；培育品种30亩，3个：香蕉梨、鸭梨、莱阳梨。

桃，种植面积70亩，地方品种1个：本地桃。

枣，种植面积100亩，地方品种1个：本地枣。

核桃，种植面积210亩，地方品种1个：本地核桃。

花椒，种植面积180亩，地方品种1个：花椒。

4.绿肥牧草

种植面积303000亩，地方品种2个：陇东紫花苜蓿、沙打旺。

三、农村土地流转时期

1.粮食作物

2014年，耕地面积103.36万亩，粮食作物种植面积72.22万亩，主要粮食作物种类11个。

小麦，种植面积69000亩，培育品种9个，代表性品种：陇育2号、陇育3号、陇育4号、西峰27号、西峰28号。

玉米，种植面积350000亩，培育品种41个，代表性品种：豫玉22、登海605、先玉335、玉源1号、登海3721。

马铃薯，种植面积173300亩，培育品种6个，代表性品种：克新6号、早大白、庄薯3号、费乌瑞它、克新1号。

黍稷，种植面积3000亩，地方品种2000亩，5个：黄二汉、猩猩头软糜子、红二汉、白软糜子、黑软糜子；培育品种1000亩，2个：陇糜4号（红糜子）、陇糜5号（黄糜子）。

谷子，种植面积3000亩，地方品种650亩，1个：黄毛谷；培育品种2350亩3个：延谷12、晋谷29、陇谷6号。

高粱，种植面积5000亩，培育品种2个：晋杂12、抗4。

荞麦，种植面积20000亩，地方品种12000亩，4个：大甜荞、90天荞麦、麻苦荞、荞麦；培育品种8000亩，1个：平荞5号。

大豆，种植面积38000亩，地方品300亩种，3个：黑豆、绿滚豆、扁黄豆；培育品种37700亩，7个，代表性品种：晋豆19、开育2号、陇豆2号、冀豆17、美国窄叶豆。

豌豆，种植面积500亩，地方品种2个：麻豌豆、白豌豆。

小豆，种植面积60000亩，地方品种28100亩，4个：小绿豆、蔓（蛮）豆、红小豆、黄小豆；培育品种31900亩，4个：中绿1号、秦绿4号、冀红5号、天津红。

燕麦，种植面积200亩，地方品种1个：燕麦。

2. 经济作物

种植面积124644亩，包括油料、蔬菜2大类。

（1）油料种植面积55500亩，主要有油菜、亚麻（胡麻）、向日葵。

油菜，种植面积5000亩，培育品种2个：龙油9号、延油2号。

亚麻，种植面积50000亩，培育品种3个：宁亚11、陇亚10号、定亚18。

向日葵，种植面积500亩，地方品种200亩，3个：黑葵花、白葵花、百子葵；培育品种300亩，3个：米脂奎、辽杂5号、龙葵1号。

（2）蔬菜种植面积69144亩，22大类68种。

西瓜，种植面积8000亩，培育品种3个：兰州P2、西农8号、金龙宝。

甜瓜，种植面积2500亩，培育品种4个：红城7号、绿甜甜、永甜11号、冰翡翠。

籽瓜，种植面积8154亩，培育品种10个，代表性品种：新瑞9号、粒圆8号、白雪公主6号、瑞丰9号、金丰9号。

白菜，种植面积7100亩，培育品种3个：华南188、春秋88、迎春。

萝卜，种植面积6100亩，培育品种4个：水果萝卜、顶上盛夏、夏玉、791萝卜。

甘蓝，种植面积2600亩，培育品种3个：中甘11、紫甘蓝、鸡心甘蓝。

番茄，种植面积6200亩，培育品种3个：浙粉202、北斗、金鹏。

菠菜，种植面积1200亩，培育品种2个：美国大叶、强盛。

茄子，种植面积4500亩，培育品种3个：紫圆茄、紫长茄、国茄。

辣椒，种植面积10900亩，地方品种500亩，1个：线辣椒子；培育品种10400亩，7个：陇椒系列、杭椒系列、金椒6号、晒椒、民欣早椒。

黄瓜，种植面积2550亩，地方品种900亩，2个：黄黄瓜、绿黄瓜；培育品种1650亩，3个：白三叶、甘丰袖玉、津优系列。

韭菜，种植面积150亩，地方品种70亩，2个：马兰韭菜、线韭菜；培育品种80亩，2个：791雪韭、汉中冬韭。

菜豆，种植面积1260亩，地方品种300亩，1个：白豆子；培育品种960亩，2个：架豆王、之豇282。

大葱，种植面积970亩，地方品种300亩，1个：龙葱（红葱）；培育品种670亩，1个：章丘大葱。

大蒜，种植面积150亩，地方品种1个：白蒜。

南瓜，种植面积790亩，地方品种500亩，3个：黑皮番瓜、红皮番瓜、花棱番瓜；培育品种290亩，2个：新疆长番瓜、甜栗。

黄花菜，种植面积6000亩，地方品种2000亩，1个：金针；培育品种4000亩，1个：马莲黄花。

芫荽，种植面积10亩，地方品种5亩，1个：香菜；培育品种5亩，1个：大叶香菜。

宝塔菜，种植面积10亩，地方品种1个：地溜子。

3. 果树

种植面积36.29万亩，大面积栽培的有苹果、杏、梨、桃、葡萄、枣、核桃、花椒、沙棘等9类，23个品种（系）。

苹果，种植面积1816亩，培育品种5个：瑞雪、瑞阳、中秋王、蜜脆、富士。

杏，种植面积3567亩，地方品种3467亩，1个：山杏；培育品种100亩，1个：结杏。

梨，种植面积148亩，地方品种50亩，1个：本地梨；培育品种98亩，3个：香蕉梨、鸭梨、莱阳梨。

桃，种植面积122亩，地方品种110亩，1个：本地桃；培育品种12亩，1个：油桃。

葡萄，种植面积30亩，培育品种1个：沪太8号。

枣，种植面积163亩，地方品种153亩，1个：本地枣；培育品种10亩，1个：梨枣。

核桃，种植面积6800亩，地方品种300亩，1个：本地核桃；培育品种6500亩，3个：辽核1号、辽核2号、香玲。

花椒，种植面积310亩，地方品种1个：花椒。

沙棘，种植面积35万亩，地方品种30万亩，1个：沙棘；培育品种5万亩，1个：大果沙棘。

4. 绿肥牧草

种植面积457805亩，4类6个品种（系）。

苜蓿，种植面积358700亩，地方品种355200亩，2个：陇东苜蓿、紫花苜蓿；培育品种3500亩，1个：德宝。

沙打旺，种植84400亩，地方品种82400亩，1个：沙打旺；培育品种2000亩，1个：黄河2号。

草燕麦，种植面积13540亩，培育品种1个：白燕1号。

甜高粱，种植面积1165亩，培育品种1个：陇甜高1号。

四、2022年种植情况

2022年，耕地面积103.36万亩，粮食作物种植面积67.3万亩、经济作物14万亩、牧草11.4万亩。

1. 粮食作物

小麦种植面积5万亩，主要栽培品种5个：兰天28号、陇育4号、陇育8号、陇育5号、陇鉴107。

玉米种植面积40.7万亩，品种175个，主要栽培品种：翔玉998、登海3721、中地9988、先玉1321、先玉698、龙生19号、先玉335、正成018、登海605、裕丰303。

马铃薯种植面积7.8万亩，主要栽培品种：青薯9号、陇薯3号、克新1号、陇薯7号、陇薯10号、费乌瑞它、克新6号。

大豆种植面积5.3万亩，主要栽培品种：齐黄34、沈豆6号、美国窄叶豆、晋豆19、陇黄3号、庆豆2号。

谷子种植面积2.7万亩，主要栽培品种：晋谷29、汾选3号、晋谷21、秦杂6号。

高粱种植面积0.9万亩，主要栽培品种：晋杂12、抗四。

糜子种植面积0.7万亩，主要栽培品种：培育品种陇糜10号、宁糜14、华糜1号、华糜2号，地方品种：红二汉、黄二汉。

红小豆种植面积1.8万亩，主要栽培品种：冀红5号、冀红2号、将军红、早红1号。

荞麦种植面积5.1万亩，主要栽培品种为培育品种：西农9976、信农1号、华荞1号、华荞2号，地方品种：红花荞麦、麻苦荞、黑苦荞。

2.经济作物

冬油菜种植面积1万亩，主要栽培品种：陇油9号、延油2号。

胡麻种植面积4.5万亩，主要栽培品种：陇亚10号、宁亚17、宁亚11、定亚18。

西瓜种植面积0.7万亩，主要栽培品种：京欣1号、极品欣欣、西农八号、西沙瑞宝。

甜瓜种植面积0.8万亩，主要栽培品种：永甜11、绿甜甜。

蔬菜种苗面积7万亩，辣椒品种：陇椒2号、金椒6号、航椒8号、欣早椒；番茄品种：浙粉202、金棚8号、金棚11号；

黄瓜品种：甘丰袖玉、津冬、津优35号；茄子主要品种：圆茄2号、紫阳长茄、二莨茄；甘蓝品种：铁头四号、冬宝、绿色铁头；萝卜品种：鲁萝卜一号、鲁萝卜四号、郑研791、水萝卜甜翠、心里美；白菜品种：翠丰88、金秋88；西葫芦品种：法国春玉；豆角品种：架豆王及地方品种；菠菜品种：大禹黑强；油菜品种：上海青；生菜品种：美国大速。

华池县2022年农作物主要品种种植情况见表4.1。

表4.1 华池县2022年农作物主要品种种植情况

推广作物	品种名称及种植面积	面积（万亩）
一、粮食作物		70.2
1.冬小麦	兰天28号：1.5万亩；陇育4号：1.5万亩；陇育8号：1万亩；陇育5号：0.8万亩；陇鉴107：0.2万亩	5
2.玉米	翔玉998：3.5万亩；登海3721：2万亩；中地9988：2万亩；先玉1321：1.5万亩；先玉698：1.5万亩；龙生19号：1.4万亩；先玉335：1.5万亩；正成018：1.3万亩；登海605：1.5万亩；裕丰303：1.5万亩；其他165个品种共计23万亩	40.7
3.马铃薯	青薯9号：2万亩；陇薯3号：2.3万亩；克新1号：1万亩；陇薯7号：1万亩；陇薯10号：0.5万亩；费乌瑞它：0.5万亩；克新6号：0.5万亩	7.8
4.大豆	齐黄34：1.2万亩；沈豆6号：2万亩；美国窄叶豆：0.5万亩；晋豆19：0.5万亩；中黄：0.6万亩；陇黄3号：0.2万亩；庆豆2号：0.3万亩	5.3

续表

推广作物	品种名称及种植面积	面积（万亩）
5.豌豆	豌豆	0.1
6.杂豆	绿小豆、豇豆	0.1
7.谷子	晋谷29：0.2万亩；汾选3号：0.2万亩；晋谷21：0.3万亩；秦杂6号2万亩	2.7
8.糜子	陇糜10号：0.1万亩；宁糜14：0.2万亩；华糜1号：0.1万亩、华糜2号：0.2万亩；其他品种0.1万亩	0.7
9.高粱	晋杂12：0.5万亩；抗四：0.4万亩	0.9
10.荞麦	西农9976：1.6万亩；信农1号：1万亩；华荞1号0.8万亩、华荞2号0.7万亩等	5.1
11.红小豆	冀红5号：0.5万亩；冀红2号：0.5万亩；将军红：0.5万亩；早红1号0.3万亩	1.8
二、经济作物		14
1.冬油菜	陇油9号：0.5万亩；延油2号：0.5万亩	1
2.胡麻	陇亚10号：1.5万亩；宁亚17：1万亩；宁亚11：1万亩；定亚18：0.5万亩；陇亚2号：0.5万亩	4.5
3.瓜类		1.5
3.1.西瓜	京欣1号：0.3万亩；极品欣欣：0.2万亩；西农八号：0.1万亩；西沙瑞宝：0.1万亩	0.7
3.2.甜瓜	永甜11：0.4万亩；绿甜甜：0.4万亩	0.8

续表

推广作物	品种名称及种植面积	面积（万亩）
4.蔬菜	辣椒：1.4万亩（陇椒2号：0.7万亩，金椒6号：0.5万亩，航椒8号：0.1万亩，欣早椒：0.1万亩）；番茄：0.9万亩（浙粉202：0.5万亩，金棚8号：0.3万亩，金棚11号：0.1万亩）；黄瓜：0.8万亩（甘丰袖玉：0.4万亩，津冬：0.3万亩，津优35号：0.1万亩）；茄子：0.6万亩（圆茄2号：0.2万亩，紫阳长茄：0.3万亩，二芪茄：0.1万亩）；甘蓝：0.75万亩（铁头四号：0.4万亩，冬宝：0.25万亩，绿色铁头：0.1万亩）；萝卜：0.7万亩（鲁萝卜一号：0.3万亩，鲁萝卜四号：0.2万亩，郑研791：0.1万亩，水萝卜甜翠：0.05万亩，心里美：0.05万亩）；白菜：0.6万亩（翠丰88：0.1万亩，金秋88：0.3万亩）；西葫芦：0.3万亩（法国春玉：0.3万亩）；豆角：0.3万亩（架豆王：0.3万亩）；菠菜：0.2万亩（大禹黑强：0.2万亩）；油菜：0.2万亩（上海青：0.2万亩）；生菜：0.2万亩（美国大速：0.2万亩）	7
三、药材	黄芪：6万亩；板蓝根：1.8万亩；柴胡：2万亩；金银花：0.2万亩；黄芩：2万亩	12
四、牧草	紫花苜蓿11.4万亩	11.4

第五节　品种更替情况和原因分析

1956年，粮食作物种植面积占总耕地面积的99.25%，栽培的粮食作物主要有小麦、玉米、大豆、小豆、马铃薯、高粱、糜子、谷子、水稻、大麦、荞麦、燕麦、豌豆等13类50个品种，其中地方品种40个，培育品种5个，培育品种中小麦、玉米各2个，谷子1个。地方品种的品种数和种植面积远远超过培育品种，粮食作物栽培品种以地方品种为主。

1981年，粮食作物种植面积占总耕地面积的58.91%，栽培的粮食作物主要有小麦、玉米、大豆、小豆、马铃薯、高粱、糜子、谷子、水稻、大麦、荞麦、燕麦、豌豆、蚕豆等14类97个品种，其中地方品种44个，培育品种53个。地方品种的品种数略低于培育品种，但是地方品种的种植面积占粮食作物面积的26.56%，培育品种占粮食作物面积的73.44%，培育品种栽培面积远远超过地方品种。

2014年，粮食作物种植面积占总耕地面积的69.85%，栽培的粮食作物主要有小麦、玉米、大豆、小豆、马铃薯、高粱、糜子、谷子、荞麦、燕麦、豌豆等11类，95个品种，其中地方品种20个，培育品种75个。地方品种的种植面积占粮食作物面积的6.7%，培育品种占粮食作物面积的93.3%，地方品种的品种数和种植面积远远低于培育品种，小麦、玉米、马铃薯、高粱地方品种基本没有，玉米零星种植有辽东白、爆米花等地方品种，高粱零星种植有秆高粱、笤帚高粱等地方品种。

2022年，粮食作物种植面积占总耕地面积的63.03%，小麦、玉米、高粱、糜子、谷子、大豆、小豆、荞麦等粮食作物种植面积占粮食作物面积的82.57%，地方品种的品种数和种植面积远远低于培育品种。特别是2016年《中华人民共和国种子法》修订后，种子市场放开，玉米杂交品种数量疯狂增长，通过国审、省审的玉米品种上千个，品种多而杂。

从以上4个节点可以看出，粮食作物的面积在随着耕地总面积的增加而增加，但是粮食作物占耕地总面积的比例在下降。地方品种逐渐退出，被培育的新品种所代替，玉米品种表现最为明显，到2014年，地方品种被杂交新品种所代替，地方品种零星种植。但是也有表现良好的地方品种被保留下来，如糜子、小豆、荞麦等。2014年糜子、小豆、荞麦无论是品种数还是面积都与新品种几乎持平，到2022年，糜子、小豆、荞麦等地方品种也逐步减少，新品种引进推广力度加大。

第二篇 农作物种质资源普查与收集成效

第五章 农作物普查情况

第一节 1956年普查情况

"第三次全国农作物种质资源普查与收集"1956年基本情况普查表见表5.1。

表5.1 "第三次全国农作物种质资源普查与收集"1956年基本情况普查表

填表人	杨晓媛	日期：	2020	年	11	月	30	日	联系电话：	13519349962

一、基本情况

（一）县名： 华池县

（二）历史沿革（名称、地域、区划变化）

1951年12月华池县政府由悦乐李家湾迁入柔远城，全县辖5区33乡；1955年区划调整，辖4区22乡122个行政村；1956年10月增设柔远镇，辖4区22乡1镇。1954年开始推行农业合作社，1956年建成高级农业合作社315个。

（三）行政区划

县辖：	27	个 乡/镇	315	个 村	县城所在地：	柔远镇

续表

(四) 地理系统									
海拔范围	1110	~	1781	米	经度范围	107.29	~	108.33	度
纬度范围	36.07	~	36.51	度	年均气温	8.1	摄氏度	年均降雨量 498	毫米

注：年均降雨量 498 毫米

(五) 人口及民族状况							
总人口数：	4.6	万人	其中农业人口：	4.35	万人		
少数民族数量：	1	个	其中人口总数排名前10的民族信息：				
民族：	回族	人口：	0.0041	万	民族：	人口：	万
民族：		人口：		万	民族：	人口：	万
民族：		人口：		万	民族：	人口：	万
民族：		人口：		万	民族：	人口：	万
民族：		人口：		万	民族：	人口：	万

(六) 土地状况				
县总面积：	3776	平方千米	耕地面积：	38.46 万亩
草场面积：	261.83	万亩	林地面积：	210 万亩
湿地（滩涂）面积：	4.19	万亩	水域面积：	5.1 万亩

(七) 经济状况				
生产总值：	530.49	万元	工业总产值：	8 万元
农业总产值：	385.5	万元	粮食总产值：	291.09 万元
经济作物总产值：	14.44	万元	畜牧业总产值：	79.97 万元
水产总产值：	0	万元	人均收入：	70.1 元

续表

(八) 受教育情况

高等教育：	0.09	%	中等教育：	0.59	%
初等教育：	13.7	%	未受教育：	85.62	%

(九) 特有资源及利用情况

经济作物生产中作为大宗商品提供外销的有食用植物油、白瓜子、黄花菜。

(十) 当前农业生产存在的主要问题

1954年推行农业合作社，1956年春进行初级农业生产合作社升级高级农业生产合作社，升级过程中存在大家畜折价不公、社干部不参加劳动、生产组织形式单一、秩序曾一度混乱现象。对农作物品种的选留、繁育主要靠农民自发引进与更换，引进推广了一些小麦、玉米品种，但良种化程度低，农业生产水平低下。

(十一) 总体生态环境自我评价

中	（优、良、中、差）

(十二) 总体生活状况（质量）自我评价

差	（优、良、中、差）

(十三) 其他

二、1956年华池县种植的粮食作物情况

1956年华池县种植的粮食作物统计情况见表5.2。

表5.2 1956年华池县种植的粮食作物统计表

作物名称	种植面积（亩）	种植品种数目		地方品种 代表性品种			培育品种 代表性品种			具有药用、工艺品等特殊用途品种		
		数目		名称	面积（亩）	单产（千克/亩）	名称	面积（亩）	单产（千克/亩）	名称	用途	单产（千克/亩）
小麦	86500	8		瞎八斗	25000	70	碧玛1号	100	60			
				红芒麦	22000	70	碧玛4号	100	60			
			2	红齐麦	9500	65						
				白齐麦	10500	65						
				白露仁	9500	65						
玉米	9500	2	2	白玉米	3000	100	金皇后	1700	130			
				黄玉米	3000	180	英粒子	1800	150			

续表

作物名称	种植面积（亩）	种植品种数目					培育品种				具有药用、工艺品等特殊用途品种		
		数目	地方品种				代表性品种				名称	用途	单产（千克/亩）
			代表性品种				名称	面积（亩）	单产（千克/亩）				
			名称	面积（亩）	单产（千克/亩）								
马铃薯	6700	3	兰花洋芋	2000	500								
			白洋芋	3000	600								
			紫洋芋	1700	500								
荞麦	52300	5	黄二汉	12000	120								
			猩猩头软糜子	8000	100								
			红二汉	12000	120								
			白软糜	10000	100								
			黑软糜子	10300	100								

续表

作物名称	种植面积(亩)	种植品种数目								具有药用、工艺品等特殊用途品种		
		数目	地方品种			数目	培育品种			名称	用途	单产(千克/亩)
			代表性品种				代表性品种					
			名称	面积(亩)	单产(千克/亩)		名称	面积(亩)	单产(千克/亩)			
谷子	32900	5	毛谷子	8000	52.58	1	大凉谷	6000	55	黄酒谷(五爪龙)	主要用作酿黄酒	50
			小谷子	5000	50							
			黄毛谷	5000	50							
			黄小谷	5000	50							
			黄酒谷(五爪龙)	3900	50							
高粱	17300	2	米儿高粱	15300	130							
			扫帚高粱	2000	50							
水稻	100	1	稻子	100	150							

续表

作物名称	种植面积(亩)	种植品种数目									具有药用、工艺品等特殊用途品种		
		数目	地方品种			培育品种					名称	用途	单产(千克/亩)
			代表性品种			代表性品种							
			名称	面积(亩)	单产(千克/亩)	名称	面积(亩)	单产(千克/亩)					
大麦	30	2	冬大麦	20	70								
			春大麦	10	70								
荞麦	161400	4	大甜荞	75500	28								
			90天甜荞	75200	28								
			麻苦荞	10000	28								
			荞麦	700	28								
燕麦	100	3	燕麦	50	30								
			莜麦	30	20								
			小莜麦	20	20								

续表

作物名称	种植面积（亩）	种植品种数数目	地方品种 代表性品种			培育品种 代表性品种			具有药用、工艺品等特殊用途品种		
			名称	面积（亩）	单产（千克/亩）	名称	面积（亩）	单产（千克/亩）	名称	用途	单产（千克/亩）
大豆	10900	4	黄豆（白豆）	7900	52						
			扁黄豆	1000	50						
			绿滚豆	1000	58						
			黑豆	1000	60						
豌豆	1000	2	麻豌豆	500	50						
			白豌豆	500	55						
小豆	3000	4	小绿豆	350	40						
			蔓（蚕）豆	350	45						
			红小豆	2000	40						
			黄小豆	300	45						

第五章 农作物普查情况

三、1956年华池县种植的油料、蔬菜、果树、茶、桑、棉麻等主要经济作物情况

1956年华池县种植的油料、蔬菜、果树、茶、桑、棉麻等主要经济作物统计情况见表5.3。

表5.3 1956年华池县种植的油料、蔬菜、果树、茶、桑、棉麻等主要经济作物情况统计表

作物名称	种植面积（亩）	种植品种数目	地方或野生品种			培育品种			具有药用、工艺品等特殊用途品种			作物种类
			代表性品种			代表性品种						
		数目	名称	面积（亩）	单产（千克/亩）	名称	面积（亩）	单产（千克/亩）	名称	用途	单产（千克/亩）	
油菜	2000	2	芸芥	1500	35							经济作物
			黄芥	500	35							
亚麻	15000	1	胡麻	15000	30							经济作物

| 051 |

续表

作物名称	种植面积(亩)	地方或野生品种 数目	地方或野生品种 代表性品种 名称	面积(亩)	单产(千克/亩)	培育品种 代表性品种 名称	面积(亩)	单产(千克/亩)	具有药用、工艺等特殊用途品种 名称	用途	单产(千克/亩)	作物种类
向日葵	500	3	黑葵花	150	30							经济作物
			白葵花	150	28							
			百子葵	200	30							
甜菜	20	1	糖萝卜	20	800							经济作物
大麻	2000	2	大麻子	1000	25							经济作物
			小麻子	1000	25							
烟草	1500	2	小烟叶	800	20							经济作物
			大烟叶	700	20							

续表

作物名称	种植面积(亩)	种植品种数目									具有药用、工艺品等特殊用途品种			作物种类
		地方或野生品种				培育品种							
		数目	代表性品种			数目	代表性品种			名称	用途	单产(千克/亩)	
			名称	面积(亩)	单产(千克/亩)		名称	面积(亩)	单产(千克/亩)				
西瓜	900	3	花皮红瓤黑籽西瓜	200	1000								蔬菜
			黑皮黄瓤红籽西瓜	100	1000								
			华池冬瓜	600	50								
甜瓜	300	2	灯笼红	200	800								蔬菜
			白脆瓜	100	700								
白菜	400	1	白菜	200	800	1	包头白	200	1000				蔬菜

续表

作物名称	种植面积(亩)	种植品种数目							具有药用、工艺品等特殊用途品种			作物种类
		地方或野生品种				培育品种						
		数目	代表性品种			数目	代表性品种		名称	用途	单产(千克/亩)	
			名称	面积(亩)	单产(千克/亩)		名称	面积(亩)	单产(千克/亩)				
萝卜	400	4	大头黄胡萝卜	50	600								蔬菜
			红萝卜	50	600								
			冬萝卜	200	800								
			绿头萝卜	100	800								
芹菜	50					1	津南实芹	50	750				蔬菜

续表

作物名称	种植面积（亩）	种植品种数目								具有药用、工艺等特殊用途品种			
		地方或野生品种				培育品种							
		数目	代表性品种			数目	代表性品种			名称	用途	单产（千克/亩）	作物种类
			名称	面积（亩）	单产（千克/亩）		名称	面积（亩）	单产（千克/亩）				
甘蓝	300					3	晚丰	100	1000				蔬菜
							京丰	100	800				
							秋丰	100	800				
番茄	100	1	西红柿	100	1000								蔬菜
菠菜	50	1	菠菜	50	800								蔬菜
茄子	100	1	茄子	100	750								蔬菜

续表

作物名称	种植面积(亩)	种植品种数目								具有药用、工艺等特殊用途品种			作物种类
		地方或野生品种				培育品种							
		数目	代表性品种			数目	代表性品种			名称	用途	单产(千克/亩)	
			名称	面积(亩)	单产(千克/亩)		名称	面积(亩)	单产(千克/亩)				
辣椒	300	3	线辣椒	100	1500								蔬菜
			小辣子	100	1000								
			羊角辣椒	100	1600								
黄瓜	100	2	黄黄瓜	50	900								蔬菜
			绿黄瓜	50	1000								
韭菜	100	1	线韭菜	100	1000								蔬菜

续表

作物名称	种植面积（亩）	种植品种数目								具有药用、工艺品等特殊用途品种			作物种类
		地方或野生品种				培育品种							
		数目	代表性品种			数目	代表性品种			名称	用途	单产（千克/亩）	
			名称	面积（亩）	单产（千克/亩）		名称	面积（亩）	单产（千克/亩）				
菜豆	100	1	白豆子	100	800								蔬菜
大葱	200	1	龙葱（红葱）	200	1500								蔬菜
大蒜	100	1	白蒜	100	500								蔬菜
冬瓜	500	1	冬瓜	500	1200								蔬菜
南瓜	300	3	黑皮番瓜	100	1500								蔬菜
			红皮番瓜	100	1500								
			花棱番瓜	100	1500								

续表

作物名称	种植面积（亩）	种植品种数目								培育品种				具有药用、工艺品等特殊用途品种			作物种类
		地方或野生品种								代表性品种				名称	用途	单产（千克/亩）	
		数目	代表性品种							名称	面积（亩）	单产（千克/亩）					
			名称	面积（亩）	单产（千克/亩）												
黄花菜	400	1	针金	400	100												蔬菜
菊芋	100	1	洋姜	100	1500												蔬菜
芫荽	5	1	香菜	5	150												蔬菜
雪里蕻	10	1	雪里蕻	10	1000												蔬菜
宝塔菜	10	1	地溜子	10	100												蔬菜
苜蓿	2000	1	陇东苜蓿	71800	450												牧草绿肥

续表

作物名称	种植面积（亩）	种植品种数目								具有药用、工艺品等特殊用途品种			作物种类
		地方或野生品种				培育品种							
		数目	代表性品种			数目	代表性品种			名称	用途	单产（千克/亩）	
			名称	面积（亩）	单产（千克/亩）		名称	面积（亩）	单产（千克/亩）				
梨	50	1	本地梨	50	800								果树
苹果	600	3	国光	200	800								果树
			红元帅	200	900								
			黄香蕉	200	800								
桃	40	1	本地桃	40	800								果树
杏	1100	1	山杏	1100	1100								果树

续表

<table>
<tr><th rowspan="3">作物名称</th><th rowspan="3">种植面积（亩）</th><th colspan="7">种植品种数目</th><th colspan="3" rowspan="2">具有药用、工艺品等特殊用途品种</th><th rowspan="3">作物种类</th></tr>
<tr><th rowspan="2">数目</th><th colspan="3">地方或野生品种
代表性品种</th><th rowspan="2">数目</th><th colspan="3">培育品种
代表性品种</th></tr>
<tr><th>名称</th><th>面积（亩）</th><th>单产（千克/亩）</th><th>名称</th><th>面积（亩）</th><th>单产（千克/亩）</th><th>名称</th><th>用途</th><th>单产（千克/亩）</th></tr>
<tr><td>枣</td><td>50</td><td>1</td><td>本地枣</td><td>50</td><td>300</td><td></td><td></td><td></td><td></td><td></td><td></td><td></td><td>果树</td></tr>
<tr><td>核桃</td><td>300</td><td>1</td><td>本地核桃</td><td>300</td><td>800</td><td></td><td></td><td></td><td></td><td></td><td></td><td></td><td>果树</td></tr>
<tr><td>花椒</td><td>20</td><td>1</td><td>花椒</td><td>20</td><td>50</td><td></td><td></td><td></td><td></td><td></td><td></td><td></td><td>果树</td></tr>
</table>

第二节 1981年普查情况

"第三次全国农作物种质资源普查与收集"1981年基本情况普查表见表5.4。

表5.4 "第三次全国农作物种质资源普查与收集"1981年基本情况普查表

填表人:	杨晓媛	日期:	2020	年	11	月	30	日	联系电话:	13519349962

一、基本情况

（一）县名：华池县

（二）历史沿革（名称、地域、区划变化）

1958年4月至1961年12月，全境并入庆阳县，隶属平凉专员公署，治所庆阳城，华池境内有4个人民公社；1962年1月华池县制恢复，公社总数达到19个，下辖116个大队，1043个小队；1965年3月撤销5个公社；1980年5月增设5个公社；1981年5月，恢复华池县人民政府，治所柔远城，公社总数19个。

（三）行政区划：

县辖：	19	个 乡/镇	113	个 村	县城所在地：	柔远乡

（四）地理系统：

海拔范围	1100	~	1781	米	经度范围	107.2	~	108.33	度
纬度范围	36.07	~	36.51	度	年均气温	8.3	摄氏度	年均降雨量 540.2	毫米

（五）人口及民族状况

总人口数：	9.25	万人	其中农业人口：	8.22		万人	
少数民族数量：	6	个	其中人口总数排名前10的民族信息：				
民族	回族	人口：	0.0035	万	民族：达斡尔族	人口：	0.0001	万
民族	蒙古族	人口：	0.0002	万	民族：壮族	人口：	0.0009	万
民族	藏族	人口：	0.0005	万	民族：满族	人口：	0.0006	万
民族		人口：		万	民族：	人口：		万
民族		人口：		万	民族：	人口：		万

（六）土地状况

县总面积：	3776	平方千米	耕地面积：	85.9	万亩
草场面积：	322.09	万亩	林地面积：	102.3	万亩
湿地（滩涂）面积：	4.19	万亩	水域面积：	5.1	万亩

（七）经济状况

生产总值：	2535.52	万元	工业总产值：	227.59	万元
农业总产值：	1485.56	万元	粮食总产值：	987.86	万元
经济作物总产值：	90.46	万元	畜牧业总产值：	347.86	万元
水产总产值：	0	万元	人均收入：	155.44	元

（八）受教育情况

高等教育：	0.18	%	中等教育：	5.71	%
初等教育：	37.7	%	未受教育：	56.41	%

(九）特有资源及利用情况

> 逐步建立北部油料、东部白瓜子、中南部黄花菜生产基地。

（十）当前农业生产存在的主要问题

> 1979年开始实行"家庭联产承包经营",1982年底全县全部建立生产责任制,农户再度大面积开荒,耕地增加,广种薄收,农民个体经营农业机械增多,但农业机械化程度低;品种自繁、自育和引进推广力度逐步加大,小麦、玉米良种应用率高,其他农作物良种应用率较低。

（十一）总体生态环境自我评价

| 中 | （优、良、中、差） |

（十二）总体生活状况（质量）自我评价

| 中 | （优、良、中、差） |

（十三）其他

| |

二、1981年华池县种植的粮食作物情况

1981年华池县种植的粮食作物情况统计见表5.5。

表5.5　1981年华池县种植的粮食作物情况统计表

作物名称	种植面积（亩）	种植品种数目		地方品种			培育品种			具有药用、工艺等特殊用途品种		
				代表性品种			代表性品种					
		数目	数目	名称	面积（亩）	单产（千克/亩）	名称	面积（亩）	单产（千克/亩）	名称	用途	单产（千克/亩）
小麦	104500	3	9	红齐麦	4000	95	上选2号	40000	110			
				白齐麦	4000	95	庆丰1号	29000	115			
				老春麦	50	40	庆选15号	5000	120			
							庆选27号	5000	120			
							西峰16号	12000	130			

第五章 农作物普查情况

续表

作物名称	种植面积（亩）	种植品种数目							具有药用、工艺品等特殊用途品种		
		地方品种				培育品种				名称	用途	单产（千克/亩）
		数目	代表性品种			数目	代表性品种				
			名称	面积（亩）	单产（千克/亩）		名称	面积（亩）	单产（千克/亩）			
玉米	209000	2	白玉米	50	100	25	庆单1号	31000	350			
			黏玉米	50	90		庆单7号	30500	350			
							庆单32号	29000	350			
							中单2号	29000	300			
							中单4号	28000	280			
马铃薯	23200	3	兰花洋芋	2000	700	8	三层楼	7000	750			
			白洋芋	2000	750		六十天	3000	730			
			紫洋芋	1000	700		深眼窝	1500	650			

续表

作物名称	种植面积（亩）	种植品种数目							具有药用、工艺品等特殊用途品种		
		地方品种				培育品种					
		数目	代表性品种			代表性品种			名称	用途	单产（千克/亩）
			名称	面积（亩）	单产（千克/亩）	名称	面积（亩）	单产（千克/亩）			
黍稷	76400	8	黄二汉	25600	150	渭会2号	2500	800			
			猩猩头软穄子	6000	130	四斤黄	2500	860			
			红二汉	25000	130						
			白软穄	6000	120						
			黑软穄子	6000	120						

续表

作物名称	种植面积(亩)	种植品种数目							具有药用、工艺品等特殊用途品种		
		地方品种				培育品种						
		数目	代表性品种			数目	代表性品种			名称	用途	单产(千克/亩)
			名称	面积(亩)	单产(千克/亩)		名称	面积(亩)	单产(千克/亩)			
谷子	29400	8	毛谷子	1600	75	2	大凉谷	17700	76			
			小谷子	1600	72		陇谷3号	1500	75			
			黄毛谷	1600	70							
			黄小谷	1600	70							
			黄酒谷(五爪龙)	2000	70							
高粱	10100	3	米儿高粱	1000	130	3	三尺三	2700	250			
			红把二齐	1000	130		晋杂4号	2700	250			

续表

作物名称	种植面积（亩）	种植品种数目 数目	地方品种 代表性品种 名称	地方品种 代表性品种 面积（亩）	地方品种 代表性品种 单产（千克/亩）	培育品种 代表性品种 名称	培育品种 代表性品种 面积（亩）	培育品种 代表性品种 单产（千克/亩）	具有药用、工艺品等特殊用途品种 名称	具有药用、工艺品等特殊用途品种 用途	具有药用、工艺品等特殊用途品种 单产（千克/亩）
			扫帚高粱	200	50						
水稻	50	1	稻子	50	280						
大麦	50	1	冬大麦	50	80						
荞麦	32000	3	大甜荞	20000	127	晋杂5号	2500	260			
			90天甜荞	9000	127						
			咪苦荞	3000	127						
燕麦	100	1	燕麦	100	40						

续表

作物名称	种植面积(亩)	种植品种数目							具有药用、工艺品等特殊用途品种		
		地方品种				培育品种						
		数目	代表性品种			数目	代表性品种			名称	用途	单产(千克/亩)
			名称	面积(亩)	单产(千克/亩)		名称	面积(亩)	单产(千克/亩)			
大豆	16300	5	黄豆(白豆)	3000	79	3	晋豆1号	4000	100			
			绿滚豆	500	75		铁丰18	3500	120			
			扁黄豆	300	75		八月炸	3500	100			
			黑豆	1000	80							
			羊眼睛	500	80							
蚕豆	20					1	蚕豆	20	80			

续表

作物名称	种植面积(亩)	种植品种数目							具有药用、工艺等特殊用途品种		
		地方品种				培育品种					
		数目	代表性品种			数目	代表性品种		名称	用途	单产(千克/亩)
			名称	面积(亩)	单产(千克/亩)		名称	面积(亩)	单产(千克/亩)			
豌豆	500	2	麻豌豆	100	70							
			白豌豆	400	75							
小豆	4000	4	小绿豆	500	60							
			蔓(蚕)豆	1000	65							
			红小豆	2000	60							
			黄小豆	500	65							
黑麦	150					2	汉斯托拉	90	70			
							德国白	60	65			

第五章　农作物普查情况

三、1981年华池县种植的油料、蔬菜、果树、茶、桑、棉麻等主要经济作物情况

1981年华池县种植的油料、蔬菜、果树、茶、桑、棉麻等主要经济作物统计情况见表5.6。

表5.6　1981年华池县种植的油料、蔬菜、果树、茶、桑、棉麻等主要经济作物情况统计表

作物名称	种植面积（亩）	种植品种数目								具有药用、工艺等特殊用途品种			作物种类
		地方或野生品种					培育品种						
		数目	代表性品种			数目	代表性品种			名称	用途	单产（千克/亩）	
			名称	面积（亩）	单产（千克/亩）		名称	面积（亩）	单产（千克/亩）				
油菜	3000	1	菜籽	1500	40	1	奥罗油菜	1500	50				经济作物
亚麻	18500	1	胡麻	10000	22	2	雁农1号	4500	36				经济作物
							天亚2号	4000	40				
向日葵	300	3	黑葵花	100	80								经济作物
			白葵花	100	75								
			百子葵	100	80								

续表

作物名称	种植面积（亩）	种植品种数目					培育品种				具有药用、工艺品等特殊用途品种			作物种类
		地方或野生品种					代表性品种							
		数目	代表性品种				名称	面积（亩）	单产（千克/亩）		名称	用途	单产（千克/亩）	
			名称	面积（亩）	单产（千克/亩）									
甜菜	164	1	糖萝卜	164	800									经济作物
大麻	404	2	大麻子	200	12.5									经济作物
			小麻子	204	12.5									
烟草	178	2	小烟叶	100	10.5									经济作物
			大烟叶	78	10.5									

续表

第五章 农作物普查情况

作物名称	种植面积（亩）	种植品种数目									具有药用、工艺品等特殊用途品种			作物种类
		地方或野生品种				培育品种								
		代表性品种			数目	代表性品种			数目	名称	用途	单产（千克/亩）	
		名称	面积（亩）	单产（千克/亩）		名称	面积（亩）	单产（千克/亩）					
西瓜	1000	花皮红瓤黑籽西瓜	800	800	2								蔬菜
		黑皮黄瓤红籽西瓜	200	800									
甜瓜	1300	灯笼红	500	1000	2								蔬菜
		白脆瓜	800	1000									
白菜	500					包头白	200	1000	3				蔬菜
						晋菜3号	150	1000					
						天津绿	150	1000					

续表

作物名称	种植面积(亩)	种植品种数目										具有药用、工艺品等特殊用途品种			作物种类
		数目	地方或野生品种				培育品种					名称	用途	单产(千克/亩)	
			代表性品种				代表性品种								
			名称	面积(亩)	单产(千克/亩)	数目	名称	面积(亩)	单产(千克/亩)						
萝卜	600	3	大头黄胡萝卜	150	600	1	一支蜡	100	800						蔬菜
			红萝卜	150	800										
			冬萝卜	200	900										
芹菜	100					1	津南实芹	100	750						蔬菜
甘蓝	500					3	晚丰	200	1000						蔬菜
							京丰	150	800						
							秋丰	150	800						

续表

作物名称	种植面积(亩)	种植品种数目								具有药用、工艺品等特殊用途品种			作物种类
		地方或野生品种				培育品种				名称	用途	单产(千克/亩)	
		数目	代表性品种			数目	代表性品种						
			名称	面积(亩)	单产(千克/亩)		名称	面积(亩)	单产(千克/亩)				
番茄	200	1	西红柿	200	1500								蔬菜
菠菜	100	1	菠菜	100	800								蔬菜
茄子	200					2	山东罐罐茄	100	1000				蔬菜
							牛心茄	100	1000				
辣椒	300	3	线辣椒	100	1500								蔬菜
			小辣子	100	1000								
			羊角辣椒	100	1600								

续表

作物名称	种植面积（亩）	种植品种数目										
		地方或野生品种				培育品种				具有药用、工艺品等特殊用途品种		作物种类
		数目	代表性品种			数目	代表性品种			名称	用途	单产（千克/亩）
			名称	面积（亩）	单产（千克/亩）		名称	面积（亩）	单产（千克/亩）			
黄瓜	200	2	黄黄瓜	100	1100							蔬菜
			绿黄瓜	100	1200							
韭菜	100	1	线韭菜	100	1000							蔬菜
菜豆	100	1	白豆子	100	800							蔬菜
大葱	200	1	龙葱（红葱）	200	1500							蔬菜
大蒜	100	1	白蒜	100	500							蔬菜
冬瓜	500	1	冬瓜	500	1200							蔬菜

续表

作物名称	种植面积(亩)	种植品种数目								具有药用、工艺品等特殊用途品种			作物种类
		地方或野生品种				培育品种				名称	用途	单产(千克/亩)	
		数目	代表性品种			数目	代表性品种						
			名称	面积(亩)	单产(千克/亩)		名称	面积(亩)	单产(千克/亩)				
南瓜	600	4	黑皮番瓜	100	1500								蔬菜
			红皮番瓜	100	1500								
			花棱番瓜	100	1500								
			山庄白瓜子	300	25								
黄花菜	1400	1	金针	1400	100								蔬菜
菊芋	100	1	洋姜	100	1500								蔬菜
芫荽	5	1	香菜	5	150								蔬菜

续表

作物名称	种植面积（亩）	种植品种数目									具有药用、工艺品等特殊用途品种			作物种类
		地方或野生品种					培育品种							
		数目	代表性品种				数目	代表性品种			名称	用途	单产（千克/亩）	
			名称	面积（亩）	单产（千克/亩）			名称	面积（亩）	单产（千克/亩）				
茴香	67	1	小茴香	87	3.5									蔬菜
雪里蕻	10	1	雪里蕻	10	1000									蔬菜
宝塔菜	10	1	地溜子	10	100									蔬菜
苜蓿	167300						1	陇东紫花苜蓿	167300	630				牧草绿肥
牧草	135700	1	沙打旺	135700	790									牧草绿肥

续表

作物名称	种植面积(亩)	种植品种数目								具有药用、工艺品等特殊用途品种			作物种类
		地方或野生品种				培育品种				名称	用途	单产(千克/亩)	
		数目	代表性品种			数目	代表性品种						
			名称	面积(亩)	单产(千克/亩)		名称	面积(亩)	单产(千克/亩)				
梨	80	1	本地梨	50	550	3	香蕉梨	10	500				果树
							鸭梨	10	500				
							莱阳梨	10	500				
苹果	1000	3	国光	500	800	1	红星	100	800				果树
			红元帅	200	900								
			黄香蕉	200	800								

续表

作物名称	种植面积（亩）	种植品种数目								具有药用、工艺品等特殊用途品种			
		地方或野生品种				培育品种							
		数目	代表性品种			代表性品种				名称	用途	单产（千克/亩）	作物种类
			名称	面积（亩）	单产（千克/亩）	名称	面积（亩）	单产（千克/亩）					
桃	70	1	本地桃	70	450								果树
杏	3100	1	山杏	3100	1100								果树
枣	100	1	枣	100	120								果树
核桃	210	1	核桃	210	560								果树
花椒	180	1	花椒	180	25								果树

第三节 2014年普查情况

"第三次全国农作物种质资源普查与收集"2014年基本情况普查表见表5.7。

表5.7 "第三次全国农作物种质资源普查与收集"2014年基本情况普查表

填表人:	杨晓媛	日期:	2020	年	11	月	30	日	联系电话:	13519349962

一、基本情况

（一）县名　　华池县

（二）历史沿革（名称、地域、区划变化）

1985年3月，改柔远、悦乐2乡为镇，全县辖2镇17乡113个行政村；1987年7月，林镇乡增设张岔村及3个村民小组；至2014年，全县辖15个乡镇111个行政村。

（三）行政区划

县辖:	15	个	乡/镇	111	个	村	县城所在地:	柔远镇

（四）地理系统

海拔范围	1110	~	1780	米	经度范围	107.29	~	108.33	度
纬度范围	36.07	~	36.51	度	年均气温	8.8	摄氏度	年均降雨量	579.5	毫米

(五)人口及民族状况

总人口数:	13.55	万人	其中农业人口:		11.6	万人
少数民族数量:	13	个	其中人口总数排名前10的民族信息:			
民族:	回族	人口:	0.003	万 民族: 壮族	人口:	0.0001 万
民族:	蒙古族	人口:	0.0003	万 民族: 满族	人口:	0.0001 万
民族:	藏族	人口:	0.0004	万 民族: 侗族	人口:	0.0001 万
民族:	维吾尔族	人口:	0.0002	万 民族: 土家族	人口:	0.0001 万
民族:	苗族	人口:	0.0001	万 民族: 彝族	人口:	0.0001 万

(六)土地状况

县总面积:	3790.8	平方千米	耕地面积:	103.36	万亩
草场面积:	197.43	万亩	林地面积:	238.34	万亩
湿地(滩涂)面积:	4.2	万亩	水域面积:	5.13	万亩

(七)经济状况

生产总值:	994015	万元	工业总产值	803497	万元
农业总产值:	86229.98	万元	粮食总产值:	43312.98	万元
经济作物总产值:	27779.59	万元	畜牧业总产值:	14672.97	万元
水产总产值:	90	万元	人均收入:	5348.6	元

(八)受教育情况

高等教育:	5.42	%	中等教育:	12.39	%
初等教育:	69.83	%	未受教育:	12.36	%

(九)特有资源及利用情况

围绕全县"川区玉米,南部瓜菜,西北部杂粮、洋芋"产业发展格局,推广全膜玉米、特色杂粮、洋芋、瓜菜、中药材产业。建办了各具特色的农业示范点29个,新建农民专业合作社68个。

(十)当前农业生产存在的主要问题

农业基础脆弱,产业化水平较低,加工企业少,技术落后,种植规模小且分散。

(十一)总体生态环境自我评价

良	(优、良、中、差)

(十二)总体生活状况(质量)自我评价:

中	(优、良、中、差)

(十三)其他

二、2014年华池县种植的粮食作物情况

2014年华池县种植的粮食作物统计情况见表5.8。

表5.8 2014年华池县种植的粮食作物情况统计表

作物名称	种植面积（亩）	种植品种数目	地方品种				培育品种			具有药用、工艺等特殊用途品种		
			代表性品种			数目	代表性品种			名称	用途	单产（千克/亩）
			名称	面积（亩）	单产（千克/亩）		名称	面积（亩）	单产（千克/亩）			
小麦	69000	9					陇育2号	10000	164			
							陇育3号	5000	169			
							陇育4号	5000	178			
玉米	350000	41					西峰27	30000	126			
							西峰28	3000	120			
							豫玉22	30000	658			
							登海605	30000	675			

续表

作物名称	种植面积（亩）	种植品种数目									具有药用、工艺品等特殊用途品种		
		地方品种					培育品种						
		数目	代表性品种			数目	代表性品种			名称	用途	单产（千克/亩）
			名称	面积（亩）	单产（千克/亩）		名称	面积（亩）	单产（千克/亩）			
马铃薯	173300					6	先玉335	20000	693			
							玉源1号	5000	688			
							登海3721	16000	689			
							克新6号	144360	1291			
							早大白	17000	1150			
							庄薯3号	8020	1053			
							费乌瑞它	2500	890			
							克新1号	910	1280			

续表

作物名称	种植面积(亩)	种植品种数目										具有药用、工艺品等特殊用途品种		
		地方品种				培育品种									
		数目	代表性品种			数目	代表性品种						名称	用途	单产(千克/亩)
			名称	面积(亩)	单产(千克/亩)		名称	面积(亩)	单产(千克/亩)					
黍稷	3000	5	黄二汉	800	140	2	陇糜4号	500	120				红糜子	红白喜事	120
			猩猩头软糜子	200	120		陇糜5号	500	120				黄糜子	红白喜事	120
			红二汉	600	140										
			白软糜	200	120										
			黑软糜子	200	120										
谷子	3000	1	黄毛谷	650	140	3	延谷12	800	120						
							晋谷29	800	120						
							陇谷6号	750	120						

续表

作物名称	种植面积（亩）	种植品种数目							具有药用、工艺品等特殊用途品种		
		地方品种				培育品种						
		数目	代表性品种			数目	代表性品种			名称	用途	单产（千克/亩）
			名称	面积（亩）	单产（千克/亩）		名称	面积（亩）	单产（千克/亩）			
高粱	5000					2	晋杂12	4000	680			
							抗四	1000	680			
荞麦	20000	4	大甜荞	10300	190	1	平荞5号	8000	200			
			麻苦荞	300	180							
			90天甜荞	1000	180							
			荞麦	400	180							
燕麦	200	1	燕麦	200	40							

续表

作物名称	种植面积（亩）	种植品种数目									具有药用、工艺品等特殊用途品种		
		地方品种				培育品种							
		数目	代表性品种			数目	代表性品种				名称	用途	单产（千克/亩）
			名称	面积（亩）	单产（千克/亩）		名称	面积（亩）	单产（千克/亩）				
大豆	38000	3	黑豆	100	80	7	晋豆19	32800	186				
			绿滚豆	100	50		开育2号	200	189				
			扁黄豆	100	80		陇豆2号	500	176				
							冀豆17	200	190				
							美国窄叶豆	500	180				
豌豆	500	2	麻豌豆	100	70								
			白豌豆	400	75								

续表

作物名称	种植面积（亩）	种植品种数目										具有药用、工艺品等特殊用途品种		
		数目	地方品种				培育品种							
			代表性品种				代表性品种				名称	用途	单产（千克/亩）
			名称	面积（亩）	单产（千克/亩）	数目	名称	面积（亩）	单产（千克/亩）				
小豆	60000	4	小绿豆	8000	65	4	中绿1号	7600	110				
			蔓（蚕）豆	6300	70		秦绿4号	7800	100				
			红小豆	7800	65		冀红5号	8000	110				
			黄小豆	6000	70		天津红	8500	100				

三、2014年华池县种植的油料、蔬菜、果树、茶、桑、棉麻等主要经济作物情况

2014年华池县种植的油料、蔬菜、果树、茶、桑、棉麻等主要经济作物统计情况见表5.9。

表5.9 2014年华池县种植的油料、蔬菜、果树、茶、桑、棉麻等主要经济作物情况统计表

作物名称	种植面积（亩）	种植品种数目		培育品种			具有药用、工艺品等特殊用途品种			作物种类
		地方或野生品种		代表性品种						
		代表性品种	数目	名称	面积（亩）	单产（千克/亩）	名称	用途	单产（千克/亩）	
		名称	面积（亩）	单产（千克/亩）							
油菜	5000				2	陇油9号	3000	210				经济作物
						延油2号	2000	200				
亚麻	50000				3	宁亚11	13000	170				经济作物
						陇亚10号	28000	160				
						定亚18	9000	170				

第五章 农作物普查情况

续表

作物名称	种植面积(亩)	种植品种数目							具有药用、工艺品等特殊用途品种			作物种类
		地方或野生品种				培育品种						
		数目	代表性品种			数目	代表性品种					
			名称	面积(亩)	单产(千克/亩)		名称	面积(亩)	单产(千克/亩)	名称	用途	单产(千克/亩)	
向日葵	500	3	百子葵	50	100	3	米脂葵	100	110				经济作物
			白葵花	50	100		辽杂5号	100	110				
			黑葵花	100	100		龙葵1号	100	120				
西瓜	8000					3	兰州P2	4000	2000				
							西农8号	2000	2000				
							金龙宝	2000	2000				
甜瓜	2500					4	红城7号	200	1000				蔬菜
							绿甜甜	900	1500				

续表

作物名称	种植面积（亩）	种植品种数目							具有药用、工艺品等特殊用途品种			作物种类
		地方或野生品种				培育品种							
		数目	代表性品种			数目	代表性品种			名称	用途	单产（千克/亩）	
			名称	面积（亩）	单产（千克/亩）		名称	面积（亩）	单产（千克/亩）				
籽瓜	8154					10	永甜11号	700	1300				
							冰翡翠	700	1400				
							新瑞9号	1000	120				
							粒圆8号	1200	110				
							白雪公主6号	1000	120				
							瑞丰9号	1100	110				
							金丰9号	1314	100				蔬菜
白菜	7100					3	华南188	1000	3000				蔬菜

第五章 农作物普查情况

续表

作物名称	种植面积(亩)	种植品种数目									具有药用、工艺品等特殊用途品种			作物种类
		地方或野生品种				培育品种					名称	用途	单产(千克/亩)	
		数目	代表性品种			数目	代表性品种							
			名称	面积(亩)	单产(千克/亩)		名称	面积(亩)	单产(千克/亩)					
萝卜	6100					4	春秋88	900	3500					蔬菜
							迎春	5200	2900					
							水果萝卜	600	3000					
							顶上盛夏	2000	3300					
甘蓝	2600					3	夏玉	500	3000					蔬菜
							791萝卜	3000	3500					
							中甘11	1200	4600					
							紫甘蓝	800	4300					
							鸡心甘蓝	600	4200					

续表

作物名称	种植面积(亩)	种植品种种数目								具有药用、工艺品等特殊用途品种			作物种类
		地方或野生品种				培育品种							
		数目	代表性品种			数目	代表性品种			名称	用途	单产(千克/亩)	
			名称	面积(亩)	单产(千克/亩)		名称	面积(亩)	单产(千克/亩)				
番茄	6200					3	浙粉202	2600	2600				蔬菜
							北斗	600	2000				
							金鹏	3000	2600				
菠菜	1200					2	美国大叶菠菜	1000	1500				蔬菜
							强盛	200	1500				
茄子	4500					3	紫圆茄	1500	2600				蔬菜
							紫长茄	1800	2800				
							圆茄	1200	2400				

续表

作物名称	种植面积（亩）	种植品种数目								具有药用、工艺等特殊用途品种				作物种类
		地方或野生品种				培育品种								
		数目	代表性品种			数目	代表性品种			名称	用途	单产（千克/亩）		
			名称	面积（亩）	单产（千克/亩）		名称	面积（亩）	单产（千克/亩）					
辣椒	10900	1	线辣子	500	2000	7	陇椒系列	3500	2900					蔬菜
							杭椒系列	1200	2700					
							金椒6号	2800	3000					
							晒辣	1000	2300					
							民欣早椒	1800	2400					
黄瓜	2550	2	黄黄瓜	300	1500	3	白三叶	200	2000					蔬菜
			绿黄瓜	600	1500		甘丰袖玉	800	2600					
							津优系列	650	2500					

续表

作物名称	种植面积（亩）	种植品种数目								具有药用、工艺品等特殊用途品种			作物种类
		地方或野生品种				培育品种							
		数目	代表性品种			数目	代表性品种			名称	用途	单产（千克/亩）	
			名称	面积（亩）	单产（千克/亩）		名称	面积（亩）	单产（千克/亩）				
韭菜	150	2	马兰韭菜	35	1500	2	791雪韭	40	1800				蔬菜
			线韭菜	35	1200		汉中冬韭	40	1600				
菜豆	1260	1	白豆子	300	1000	2	架豆王	460	1200				蔬菜
							之豇28	500	1200				
大葱	970	1	龙葱（红葱）	300	2000	1	章丘大葱	670	2400				蔬菜
大蒜	150	1	白蒜	150	500								蔬菜

续表

作物名称	种植面积（亩）	种植品种种数目									具有药用、工艺等特殊用途品种				作物种类
		地方或野生品种					培育品种								
		数目	代表性品种				数目	代表性品种				名称	用途	单产（千克/亩）	
			名称	面积（亩）	单产（千克/亩）			名称	面积（亩）	单产（千克/亩）					
南瓜	790	3	黑皮番瓜	200	1800		2	新疆长番瓜	100	8000					蔬菜
			红皮番瓜	200	1800			甜栗	190	8500					
			花棱番瓜	100	1800										
黄花菜	6000	1	针金	2000	1200		1	马莲黄花	4000	160					蔬菜
苋菜	10	1	香菜	5	200		1	大叶香菜	5	200					蔬菜
宝塔菜	10	1	地溜子	10	300										蔬菜

续表

作物名称	种植面积（亩）	种植品种数目								具有药用、工艺品等特殊用途品种			作物种类
		地方或野生品种				培育品种							
		数目	代表性品种			数目	代表性品种			名称	用途	单产（千克/亩）	
			名称	面积（亩）	单产（千克/亩）		名称	面积（亩）	单产（千克/亩）				
苜蓿	358700	1	沙打旺	82400	850	2	陇东紫花苜蓿	355200	770				牧草绿肥
牧草	84400					1	德宝	3500	620				牧草绿肥
燕麦	13540					1	黄河2号	2000	1150				牧草绿肥
						1	白燕1号	13540	260				牧草绿肥
甜高粱	1165					1	陇甜高1号	1165	3500				牧草绿肥

续表

作物名称	种植面积(亩)	种植品种数目							具有药用、工艺品等特殊用途品种			作物种类
		地方或野生品种				培育品种				名称	用途	单产(千克/亩)	
			代表性品种				代表性品种						
		数目	名称	面积(亩)	单产(千克/亩)	数目	名称	面积(亩)	单产(千克/亩)			
梨	148.17	1	本地梨	50	550	3	香蕉梨	20	500			果树
							鸭梨	50	500			
							莱阳梨	28.17	500			
苹果	1816.05					5	瑞雪	3	500			果树
							瑞阳	1.5	350			
							中秋王	4	500			
							蜜脆	1.5	250			
							富士	1806.05	1378			

续表

作物名称	种植面积(亩)	种植品种数目								具有药用、工艺品等特殊用途品种			作物种类
		地方或野生品种				培育品种							
		数目	代表性品种			数目	代表性品种			名称	用途	单产(千克/亩)	
			名称	面积(亩)	单产(千克/亩)		名称	面积(亩)	单产(千克/亩)				
桃	122.53	1	本地桃	110.53	704	1	油桃	12	730				果树
杏	3567.79	1	山杏	3467.79	1149	1	结杏	100	1200				果树
葡萄	30					1	户太8号	30	430				果树
枣	163.54	1	本地枣	153.54	350	1	梨枣	10	360				果树
核桃	6800	1	本地核桃	300		3	辽核1号	1800					果树
							辽核2号	4100					
							香羚	600					

续表

作物名称	种植面积（亩）	种植品种数目							具有药用、工艺品等特殊用途品种			作物种类
		地方或野生品种			培育品种						
		数目	代表性品种			数目	代表性品种			名称	用途	单产（千克/亩）	
			名称	面积（亩）	单产（千克/亩）		名称	面积（亩）	单产（千克/亩）				
沙棘	350000	1	沙棘	300000	250	1	大果沙棘	50000	300				果树
花椒	300	1	花椒	300	25								

第四节 普查统计汇总

华池县基本情况统计见表 5.10。

表 5.10 华池县基本情况汇总表

年份	日期	县名	历史沿革	县辖乡镇数（个）	县辖村数（个）	县城所在地	海拔低值（米）	海拔高值（米）	经度低值（度）	经度高值（度）	纬度低值（度）	纬度高值（度）	年均气温（摄氏度）	年均降雨量（毫米）	总人口数（万）	农业人口（万）
1956	2020年11月30日	华池县	1951年12月华池县政府由悦乐李家湾迁入柔远城，全县辖5区33乡；1955年区划调整，辖4区22乡122个行政村；1956年10月增设柔远镇，辖4区22乡1镇；1954年开始推行农业合作社；1956年建成高级农业合作社315个	27	315	柔远镇	1110	1781	107.29	108.33	36.07	36.51	8.1	498	4.6	4.35

第五章 农作物普查情况

续表

年份	日期	县名	历史沿革	县辖乡镇数（个）	县辖村数（个）	县城所在地	海拔低值（米）	海拔高值（米）	经度低值（度）	经度高值（度）	纬度低值（度）	纬度高值（度）	年均气温（摄氏度）	年均降雨量（毫米）	总人口数（万）	农业人口（万）
1981	2020年11月30日	华池县	1958年4月至1961年12月，全境并入庆阳县，隶属平凉专员公署，治所庆阳城，华池境内有4个人民公社；1962年1月华池县置恢复，公社总数达到19个，下辖116个大队、1043个小队；1965年3月撤销5个公社；1980年5月增设5个公社；1981年5月，恢复华池县人民政府，治所柔远城，柔远乡公社总数19个	19	113	柔远乡	1100	1781	107.2	108.33	36.07	36.51	8.3	540.2	9.25	8.22

续表

年份	日期	县名	历史沿革	县辖乡镇数（个）	县辖村数（个）	县城所在地	海拔低值（米）	海拔高值（米）	经度低值（度）	经度高值（度）	纬度低值（度）	纬度高值（度）	年均气温（摄氏度）	年均降雨量（毫米）	总人口数（万）	农业人口（万）
2014	2020年11月30日	华池县	1985年3月，改柔远、悦乐2乡为2镇，全县辖17乡2镇113个行政村；1987年7月，林镇乡增设张岔村及3个村民小组；截至2014年，全县辖15个乡镇111个行政村	15	111	柔远镇	1110	1780	107.29	108.33	36.07	36.51	8.8	579.5	13.55	11.6

第五章 农作物普查情况

华池县基本情况补充调查情况见表5.11和表5.12。

表5.11 华池县基本情况补充汇总表（一）

年份	少数民族数	民族1	民族1人口（万）	民族2	民族2人口（万）	民族3	民族3人口（万）	民族4	民族4人口（万）	民族5	民族5人口（万）	民族6	民族6人口（万）	县总面积（平方千米）	耕地面积（万亩）	草场面积（万亩）	林地面积（万亩）	湿地（滩涂）面积（万亩）	水域面积（万亩）	生产总值（万元）
1956	1	回族	0.0041												38.46	261.83	210	4.19	5.1	530.49
1981	6	回族	0.0035	达斡尔族	0.0001	蒙古族	0.0002	壮族	0.0009	藏族	0.0005	满族	0.0006	3776	85.9	322.09	102.3	4.19	5.1	2535.52
2014	13	回族	0.003	壮族	0.0001	蒙古族	0.0003	满族	0.0001	藏族	0.0004	侗族	0.0001	3790.8	103.36	197.43	238.34	4.2	5.13	994015

表5.12 华池县基本情况补充汇总表（二）

年份	工业总产值（万元）	农业总产值（万元）	粮食总产值（万元）	经济作物总产值（万元）	畜牧业总产值（万元）	水产总产值（万元）	人均收入（元）	高等教育（%）	中等教育（%）	初等教育（%）	未受教育（%）	特有资源利用情况	生产存在的问题	总体生态环境自我评价	总体生活状况自我评价	其他
1956	8	385.5	291.09	14.44	79.97	0	70.1	0.09	0.59	13.7	85.62	经济作物生产中提供外销的大宗商品为食用植物油、白瓜籽、黄花菜	1954年推行农业合作社；1956年春进行初级农业生产合作社升级高级农业生产合作社，升级过程中存在大家畜折价不公、社干部不参加劳动、生产组织形式单一、秩序曾一度混乱现象；对农作物品种的选留、繁育主要靠农民自发引进与更换，引进推广了一些小麦、玉米品种，但良种化程度低，农业生产水平低下	中	差	

第五章 农作物普查情况

续表

年份	工业总产值（万元）	农业总产值（万元）	粮食总产值（万元）	经济作物总产值（万元）	畜牧业总产值（万元）	水产总产值（万元）	人均收入（元）	高等教育（%）	中等教育（%）	初等教育（%）	未受教育（%）	特有资源利用情况	生产存在的问题	总体生态环境自我评价	总体生活状况自我评价	其他
1981	227.59	1485.56	987.86	90.46	347.86	0	155.44	0.18	5.71	37.7	56.41	逐步建立北部、东部白瓜子、中南部黄花菜生产基地	1979年开始实行"家庭联产承包经营"；1982年底全县建立生产责任制，农户再度大面积开荒，耕地增加，广种薄收，农民个体经营农业机械增多，但农业机械化程度低；品种自繁、自育和引进推广力度逐步加大，小麦、玉米良种应用率高，其他农作物良种应用率较低	中	中	

107

续表

年份	工业总产值(万元)	农业总产值(万元)	粮食产值(万元)	经济作物总产值(万元)	畜牧业总产值(万元)	水产总产值(万元)	人均收入(元)	高等教育(%)	中等教育(%)	初等教育(%)	未受教育(%)	特有资源利用情况	生产存在的问题	总体生态环境自我评价	总体生活状况自我评价	其他
2014	803497	86229.98	43312.98	27779.59	14672.97	90	5348.6	5.42	12.39	69.83	12.36	围绕全县"川区玉米、南部瓜菜、西北部杂粮、洋芋"产业发展格局，推广全膜玉米、特色杂粮、洋芋、瓜菜、中药材产业；建立了各具特色的农业示范点29个，新建农民专业合作社68个	农业基础脆弱，产业化水平较低，加工企业少、技术落后，种植规模小且分散	良	中	

第五章 农作物普查情况

华池县主要粮食作物1956年种植情况汇总见表5.13和表5.14。

表5.13 华池县主要粮食作物1956年种植情况汇总表

年份	作物种类	作物名称	种植面积（亩）	地方种数目	培育品种数目	地方代表名称1	地方代表品种面积1（亩）	地方代表品种单产1（千克/亩）	地方代表名称2	地方代表品种面积2（亩）	地方代表品种单产2（千克/亩）	地方代表名称3	地方代表品种面积3（亩）	地方代表品种单产3（千克/亩）	地方代表名称4	地方代表品种面积4（亩）	地方代表品种单产4（千克/亩）	地方代表名称5	地方代表品种面积5（亩）	地方代表品种单产5（千克/亩）
1956	粮食作物	小麦	86500	8	2	瞎八斗	25000	70	红芒麦	22000	70	红齐麦	9500	65	白齐麦	10500	65	白露仁	9500	65
1956	粮食作物	玉米	9500	2	2	白玉米	3000	100	黄玉米	3000	180									
1956	粮食作物	马铃薯	6700	3		兰花洋芋	2000	500	白洋芋	3000	600	紫洋芋	1700	500						
1956	粮食作物	黍稷	52300	5		黄二汉	12000	120	猩猩头软糜子	8000	100	红二汉	12000	120	白软糜	10000	100	黑软糜子	10300	100

续表

年份	作物种类	作物名称	种植面积（亩）	地方种数目	培育品种数目	地方种代表名称1	地方种代表品种面积1（亩）	地方种代表品种单产1（千克/亩）	地方种代表名称2	地方种代表品种面积2（亩）	地方种代表品种单产2（千克/亩）	地方种代表名称3	地方种代表品种面积3（亩）	地方种代表品种单产3（千克/亩）	地方种代表名称4	地方种代表品种面积4（亩）	地方种代表品种单产4（千克/亩）	地方种代表名称5	地方种代表品种面积5（亩）	地方种代表品种单产5（千克/亩）
1956	粮食作物	谷子	32900	5	1	毛谷子	8000	52.58	小谷子	5000	50	黄毛谷	5000	50	黄小谷	5000	50	黄酒谷（五爪龙）	3900	50
1956	粮食作物	高粱	17300	2		米儿高粱	15300	130	扫帚高粱	2000	50									
1956	粮食作物	水稻	100	1		稻子	100	150												
1956	粮食作物	大麦	30	2		冬大麦	20	70	春大麦	10	70									

续表

年份	作物种类	作物名称	种植面积(亩)	地方种数目	培育品种数目	地方种代表名称1	地方种代表品种面积1(亩)	地方种代表品种单产1(千克/亩)	地方种代表名称2	地方种代表品种面积2(亩)	地方种代表品种单产2(千克/亩)	地方种代表名称3	地方种代表品种面积3(亩)	地方种代表品种单产3(千克/亩)	地方种代表名称4	地方种代表品种面积4(亩)	地方种代表品种单产4(千克/亩)	地方种代表名称5	地方种代表品种面积5(亩)	地方种代表品种单产5(千克/亩)
1956	粮食作物	荞麦	161400	4		大甜荞	75500	28	90天甜荞	75200	28	麻苦荞	10000	28	荞麦	700	28			
1956	粮食作物	燕麦	100	3		燕麦	50	30	莜麦	30	20	小莜麦	20	20						
1956	粮食作物	大豆	10900	4		黄豆(白豆)	7900	52	扁黄豆	1000	50	绿滚豆	1000	58	黑豆	1000	60			
1956	粮食作物	豌豆	1000	2		麻豌豆	500	50	白豌豆	500	55									
1956	粮食作物	小豆	3000	4		小绿豆	350	40	蔓(蛮)豆	350	45	红小豆	2000	40	黄小豆	300	45			

表5.14 华池县主要粮食作物1956年种植情况补充汇总表

年份	作物名称	培育品种代表名称1	培育品种代表品种面积1(亩)	培育品种代表品种单产1(千克/亩)	培育品种代表品种名称2	培育品种代表品种面积2(亩)	培育品种代表品种单产2(千克/亩)	培育品种代表品种名称3	培育品种代表品种面积3(亩)	培育品种代表品种单产3(千克/亩)	培育品种代表品种名称4	培育品种代表品种面积4(亩)	培育品种代表品种单产4(千克/亩)	培育品种代表品种名称5	培育品种代表品种面积5(亩)	培育品种代表品种单产5(千克/亩)
1956	小麦	碧玛1号	100	60	碧玛4号	100	60									
1956	玉米	金皇后	1700	130	英粒子	1800	150									
1956	马铃薯															
1956	黍稷															
1956	谷子	大凉谷	6000	55												
1956	高粱															
1956	水稻															

第五章 农作物普查情况

续表

年份	作物名称	培育品种代表名称1	培育品种代表品种面积1（亩）	培育品种代表品种单产1（千克/亩）	培育品种代表名称2	培育品种代表品种面积2（亩）	培育品种代表品种单产2（千克/亩）	培育品种代表名称3	培育品种代表品种面积3（亩）	培育品种代表品种单产3（千克/亩）	培育品种代表名称4	培育品种代表品种面积4（亩）	培育品种代表品种单产4（千克/亩）	培育品种代表名称5	培育品种代表品种面积5（亩）	培育品种代表品种单产5（千克/亩）
1956	大麦															
1956	荞麦															
1956	燕麦															
1956	大豆															
1956	豌豆															
1956	小豆															

华池县主要粮食作物1981年种植情况汇总见表5.15和表5.16。

表5.15 华池县主要粮食作物1981年种植情况汇总表

年份	作物种类	作物名称	种植面积(亩)	地方培育品种数目(个)	地方种种代表名称1	地方种代表品种面积1(亩)	地方种代表品种单产1(千克/亩)	地方种代表品种名称2	地方种代表品种面积2(亩)	地方种代表品种单产2(千克/亩)	地方种代表品种名称3	地方种代表品种面积3(亩)	地方种代表品种单产3(千克/亩)	地方种代表品种名称4	地方种代表品种面积4(亩)	地方种代表品种单产4(千克/亩)	地方种代表品种名称5	地方种代表品种面积5(亩)	地方种代表品种单产5(千克/亩)
1981	粮食作物	小麦	104500	3	红齐麦	4000	95	白齐麦	4000	95	老春麦	50	40						
1981	粮食作物	玉米	209000	2	白玉米	50	100	黏玉米	50	90									
1981	粮食作物	马铃薯	23200	3	兰花洋芋	2000	700	白洋芋	2000	750	紫洋芋	1000	700						
1981	粮食作物	黍稷	76400	8	黄二汉	25600	150	猩猩头软糜子	6000	130	红二汉	25000	130	白软糜	6000	120	黑软糜子	6000	120

第五章 农作物普查情况

续表

年份	作物种类	作物名称	种植面积	地方种数目(个)	培育品种数目(个)	地方种代表名称1	地方种代表品种面积1(亩)	地方种代表品种单产1(千克/亩)	地方种代表品种名称2	地方种代表品种面积2(亩)	地方种代表品种单产2(千克/亩)	地方种代表品种名称3	地方种代表品种面积3(亩)	地方种代表品种单产3(千克/亩)	地方种代表品种名称4	地方种代表品种面积4(亩)	地方种代表品种单产4(千克/亩)	地方种代表品种名称5	地方种代表品种面积5(亩)	地方种代表品种单产5(千克/亩)
1981	粮食作物	谷子	29400	8	2	毛谷子	1600	75	小谷子	1600	72	黄毛谷	1600	70	黄小谷	1600	70	黄酒谷(五爪龙)	2000	70
1981	粮食作物	高粱	10100	3	3	米儿高粱	1000	130	红把二齐	1000	130	扫帚高粱	200	50						
1981	粮食作物	水稻	50	1		稻子	50	280												
1981	粮食作物	大麦	50	1		冬大麦	50	80												

续表

年份	作物种类	作物名称	种植面积	地方种培育品种数目(个)	地方种代表品种名称1	地方种代表品种面积1(亩)	地方种代表品种单产1(千克/亩)	地方种代表品种名称2	地方种代表品种面积2(亩)	地方种代表品种单产2(千克/亩)	地方种代表品种名称3	地方种代表品种面积3(亩)	地方种代表品种单产3(千克/亩)	地方种代表品种名称4	地方种代表品种面积4(亩)	地方种代表品种单产4(千克/亩)	地方种代表品种名称5	地方种代表品种面积5(亩)	地方种代表品种单产5(千克/亩)
1981	粮食作物	荞麦	32000	3	大甜荞	20000	127	九十天甜荞	9000	127	麻苦荞	3000	127						
1981	粮食作物	燕麦	100	1	燕麦	100	40												
1981	粮食作物	大豆	16300	5	黄豆(白豆)	3000	79	绿滚豆	500	75	扁黄豆	300	75	黑豆	1000	80	羊眼睛	500	80
1981	粮食作物	蚕豆	20	1															

第五章　农作物普查情况

续表

年份	作物种类	作物名称	种植面积	地方培育种数目(个)	地方种代表名称1	地方种代表品种面积1(亩)	地方种代表品种单产1(千克/亩)	地方种代表品种名称2	地方种代表品种面积2(亩)	地方种代表品种单产2(千克/亩)	地方种代表品种名称3	地方种代表品种面积3(亩)	地方种代表品种单产3(千克/亩)	地方种代表品种名称4	地方种代表品种面积4(亩)	地方种代表品种单产4(千克/亩)	地方种代表品种名称5	地方种代表品种面积5(亩)	地方种代表品种单产5(千克/亩)
1981	粮食作物	豌豆	500	2	麻豌豆	100	70	白豌豆	400	75									
1981	粮食作物	小豆	4000	4	小绿豆	500	60	蔓(蚕)豆	1000	65	红小豆	2000	60	黄小豆	500	65			
1981	粮食作物	黑麦	150	2															

表5.16 华池县主要粮食作物1981年种植情况补充汇总表

年份	作物名称	培育品种代表名称1	培育品种代表品种面积1(亩)	培育品种代表品种单产1(千克/亩)	培育品种代表名称2	培育品种代表品种面积2(亩)	培育品种代表品种单产2(千克/亩)	培育品种代表名称3	培育品种代表品种面积3(亩)	培育品种代表品种单产3(千克/亩)	培育品种代表名称4	培育品种代表品种面积4(亩)	培育品种代表品种单产4(千克/亩)	培育品种代表名称5	培育品种代表品种面积5(亩)	培育品种代表品种单产5(千克/亩)
1981	小麦	上选2号	40000	110	庆丰1号	29000	115	庆选15号	5000	120	庆选27号	5000	120	西峰16号	12000	130
1981	玉米	庆单1号	31000	350	庆单7号	30500	350	庆单32号	29000	350	中单2号	29000	300	中单4号	28000	280
1981	马铃薯	三层楼	7000	750	六十天洋芋	3000	730	深眼窝	1500	650	渭会2号	2500	800	四斤黄	2500	860
1981	黍稷															
1981	谷子	大凉谷	17700	76	陇谷3号	1500	75									

第五章 农作物普查情况

续表

年份	作物名称	培育品种代表名称1	培育品种代表品种面积1(亩)	培育品种代表品种单产1(千克/亩)	培育品种代表名称2	培育品种代表品种面积2(亩)	培育品种代表品种单产2(千克/亩)	培育品种代表名称3	培育品种代表品种面积3(亩)	培育品种代表品种单产3(千克/亩)	培育品种代表名称4	培育品种代表品种面积4(亩)	培育品种代表品种单产4(千克/亩)	培育品种代表名称5	培育品种代表品种面积5(亩)	培育品种代表品种单产5(千克/亩)
1981	高粱	三尺三	2700	250	晋杂4号	2700	250	晋杂5号	2500	260						
1981	水稻															
1981	大麦															
1981	荞麦															
1981	燕麦															
1981	大豆	晋豆1号	4000	100	铁丰18	3500	120	八月炸	3500	100						

| 119 |

续表

年份	作物名称	培育品种代表名称1	培育品种代表品种面积1（亩）	培育品种代表品种单产1（千克/亩）	培育品种代表名称2	培育品种代表品种面积2（亩）	培育品种代表品种单产2（千克/亩）	培育品种代表名称3	培育品种代表品种面积3（亩）	培育品种代表品种单产3（千克/亩）	培育品种代表名称4	培育品种代表品种面积4（亩）	培育品种代表品种单产4（千克/亩）	培育品种代表名称5	培育品种代表品种面积5（亩）	培育品种代表品种单产5（千克/亩）
1981	蚕豆	蚕豆	20	80												
1981	豌豆															
1981	小豆															
1981	黑麦	汉斯托拉	90	70	德国白	60	65									

华池县主要粮食作物2014年种植情况汇总见表5.17和表5.18。

表5.17 华池县主要粮食作物2014年种植情况汇总表

年份	作物种类	作物名称	种植面积	地方种数目(个)	培育品种数目(个)	地方种代表品种名称1	地方种代表品种面积1(亩)	地方种代表品种单产1(千克/亩)	地方种代表品种名称2	地方种代表品种面积2(亩)	地方种代表品种单产2(千克/亩)	地方种代表品种名称3	地方种代表品种面积3(亩)	地方种代表品种单产3(千克/亩)	地方种代表品种名称4	地方种代表品种面积4(亩)	地方种代表品种单产4(千克/亩)	地方种代表品种名称5	地方种代表品种面积5(亩)	地方种代表品种单产5(千克/亩)
2014	粮食作物	小麦	69000	9																
2014	粮食作物	玉米	350000	41																
2014	粮食作物	马铃薯	173300	6																
2014	粮食作物	黍稷	3000	5	2	黄二汉	800	140	猩猩头软糜子	200	120	红二汉	600	140	白软糜	200	120	黑软糜子	200	120

续表

年份	作物种类	作物名称	种植面积	地方种数目（个）	培育品种数目（个）	地方种代表品种名称1	地方种代表品种面积1（亩）	地方种代表品种单产1（千克/亩）	地方种代表品种名称2	地方种代表品种面积2（亩）	地方种代表品种单产2（千克/亩）	地方种代表品种名称3	地方种代表品种面积3（亩）	地方种代表品种单产3（千克/亩）	地方种代表品种名称4	地方种代表品种面积4（亩）	地方种代表品种单产4（千克/亩）	地方种代表品种名称5	地方种代表品种面积5（亩）	地方种代表品种单产5（千克/亩）
2014	粮食作物	谷子	3000	1	3	黄毛谷	650	140												
2014	粮食作物	高粱	5000		2															
2014	粮食作物	荞麦	20000	4	1	大甜荞	10300	190	麻苦荞	300	180	九十天甜荞	1000	180	荞麦	400	180			
2014	粮食作物	燕麦	200	1		燕麦	200	40												

续表

年份	作物种类	作物名称	种植面积	地方种数目（个）	培育品种数目（个）	地方种代表品种名称1	地方种代表品种面积1（亩）	地方种代表品种单产1（千克/亩）	地方种代表品种名称2	地方种代表品种面积2（亩）	地方种代表品种单产2（千克/亩）	地方种代表品种名称3	地方种代表品种面积3（亩）	地方种代表品种单产3（千克/亩）	地方种代表品种名称4	地方种代表品种面积4（亩）	地方种代表品种单产4（千克/亩）	地方种代表品种名称5	地方种代表品种面积5（亩）	地方种代表品种单产5（千克/亩）
2014	粮食作物	大豆	38000	3	7	黑豆	100	80	绿滚豆	100	50	扁黄豆	100	80						
2014	粮食作物	豌豆	500	2		麻豌豆	100	70	白豌豆	400	75									
2014	粮食作物	小豆	60000	4	4	小绿豆	8000	65	蔓（蛮）豆	6300	70	红小豆	7800	65	黄小豆	6000	70			

表5.18 华池县主要粮食作物2014年种植情况补充汇总表

年份	作物名称	培育品种代表名称1	培育品种代表面积1(亩)	培育品种代表单产1(千克/亩)	培育品种代表名称2	培育品种代表面积2(亩)	培育品种代表单产2(千克/亩)	培育品种代表名称3	培育品种代表面积3(亩)	培育品种代表单产3(千克/亩)	培育品种代表名称4	培育品种代表面积4(亩)	培育品种代表单产4(千克/亩)	培育品种代表名称5	培育品种代表面积5(亩)	培育品种代表单产5(千克/亩)
2014	小麦	陇育2号	10000	164	陇育3号	5000	169	陇育4号	5000	178	西峰27	30000	126	西峰28	3000	120
2014	玉米	豫玉22	30000	658	登海605	30000	675	先玉335	20000	693	玉源1号	5000	688	登海3721	16000	689
2014	马铃薯	克新6号	144360	1291	早大白	17000	1150	庄薯3号	8020	1053	费乌瑞它	2500	890	克新1号	910	1280
2014	黍稷	陇糜4号	500	120	陇糜5号	500	120									
2014	谷子	延谷12	800	120	晋谷29	800	120	陇谷6号	750	120						
2014	高粱	晋杂12	4000	680	抗四	1000	680									

续表

年份	作物名称	培育品种代表名称1	培育品种代表面积1（亩）	培育品种代表品种单产1（千克/亩）	培育品种代表名称2	培育品种代表品种面积2（亩）	培育品种代表品种单产2（千克/亩）	培育品种代表名称3	培育品种代表面积3（亩）	培育品种代表品种单产3（千克/亩）	培育品种代表名称4	培育品种代表品种面积4（亩）	培育品种代表品种单产4（千克/亩）	培育品种代表名称5	培育品种代表品种面积5（亩）	培育品种代表品种单产5（千克/亩）
2014	荞麦	平荞5号	8000	200												
2014	燕麦															
2014	大豆	晋豆19	32800	186	开育2号	200	189	陇豆2号	500	176	冀豆17	200	190	美国窄叶豆	500	180
2014	豌豆															
2014	小豆	中绿1号	7600	110	秦绿4号	7800	100	冀红5号	8000	110	天津红	8500	100			

华池县主要经济作物1956年种植情况统计见表5.19。

表5.19 华池县主要经济作物1956年种植情况汇总表

县名	年份	作物种类	作物名称	种植面积（亩）	培育品种数目（个）	地方种数目（个）	地方种代表品种名称1	地方种代表品种面积1（亩）	地方种代表品种单产1（千克/亩）	地方种代表品种名称2	地方种代表品种面积2（亩）	地方种代表品种单产2（千克/亩）	地方种代表品种名称3	地方种代表品种面积3（亩）	地方种代表品种单产3（千克/亩）	地方种代表品种名称4	地方种代表品种面积4（亩）	地方种代表品种单产4（千克/亩）	地方种代表品种名称5	地方种代表品种面积5（亩）	地方种代表品种单产5（千克/亩）
华池县	1956	经济作物	油菜	2000		2	芸芥	1500	35	黄芥	500	35									
华池县	1956	经济作物	亚麻	15000		1	胡麻	15000	30												
华池县	1956	经济作物	向日葵	500		3	黑葵花	150	30	白葵花	150	28	百子葵	200	30						
华池县	1956	经济作物	甜菜	20		1	糖萝卜	20	800												
华池县	1956	经济作物	大麻	2000		2	大麻子	1000	25	小麻子	1000	25									

续表

县名	年份	作物种类	作物名称	种植面积（亩）	地方种培育品种数目（个）	地方种代表品名称1	地方种代表品种面积1（亩）	地方种代表品种单产1（千克/亩）	地方种代表品名称2	地方种代表品种面积2（亩）	地方种代表品种单产2（千克/亩）	地方种代表品名称3	地方种代表品种面积3（亩）	地方种代表品种单产3（千克/亩）	地方种代表品名称4	地方种代表品种面积4（亩）	地方种代表品种单产4（千克/亩）	地方种代表品名称5	地方种代表品种面积5（亩）	地方种代表品种单产5（千克/亩）
华池县	1956	经济作物	烟草	1500	2	小烟叶	800	20	大烟叶	700	20									
华池县	1956	蔬菜	西瓜	900	3	花皮红瓤黑籽西瓜	200	1000	黑皮黄瓤红籽西瓜	100	1000	华池冬瓜	600	50						
华池县	1956	蔬菜	甜瓜	300	2	灯笼红	200	800	白脆瓜	100	700									
华池县	1956	蔬菜	白菜	400	1	白菜	200	800												
华池县	1956	蔬菜	萝卜	400	4	大头黄胡萝卜	50	600	红萝卜	50	600	冬萝卜	200	800	绿头萝卜	100	800			

续表

县名	年份	作物种类	作物名称	种植面积(亩)	地方种数目(个)	培育品种数目(个)	地方种代表品种名称1	地方种代表品种面积1(亩)	地方种代表品种单产1(千克/亩)	地方种代表品种名称2	地方种代表品种面积2(亩)	地方种代表品种单产2(千克/亩)	地方种代表品种名称3	地方种代表品种面积3(亩)	地方种代表品种单产3(千克/亩)	地方种代表品种名称4	地方种代表品种面积4(亩)	地方种代表品种单产4(千克/亩)	地方种代表品种名称5	地方种代表品种面积5(亩)	地方种代表品种单产5(千克/亩)
华池县	1956	蔬菜	芹菜	50	1																
华池县	1956	蔬菜	甘蓝	300	3																
华池县	1956	蔬菜	番茄	100	1		西红柿	100	1000												
华池县	1956	蔬菜	菠菜	50	1		菠菜	50	800												
华池县	1956	蔬菜	茄子	100	1		茄子	100	750												
华池县	1956	蔬菜	辣椒	300	3		线辣椒	100	1500	小辣子	100	1000	羊角辣椒	100	1600						

续表

县名	年份	作物种类	作物名称	种植面积（亩）	地方培育品种数目（个）	地方种代表名称1	地方种代表品种面积1（亩）	地方种代表品种单产1（千克/亩）	地方种代表品种名称2	地方种代表品种面积2（亩）	地方种代表品种单产2（千克/亩）	地方种代表品种名称3	地方种代表品种面积3（亩）	地方种代表品种单产3（千克/亩）	地方种代表品种名称4	地方种代表品种面积4（亩）	地方种代表品种单产4（千克/亩）	地方种代表品种名称5	地方种代表品种面积5（亩）	地方种代表品种单产5（千克/亩）
华池县	1956	蔬菜	黄瓜	100	2	黄黄瓜	50	900	绿黄瓜	50	1000									
华池县	1956	蔬菜	韭菜	100	1	线韭菜	100	1000												
华池县	1956	蔬菜	菜豆	100	1	白豆子	100	800												
华池县	1956	蔬菜	大葱	200	1	龙葱（红葱）	200	1500												
华池县	1956	蔬菜	大蒜	100	1	白蒜	100	500												
华池县	1956	蔬菜	冬瓜	500	1	冬瓜	500	1200												

续表

县名	年份	作物种类	作物名称	种植面积(亩)	地方种数目	地方种代表名称1	培育品种数目	地方种代表名称1	地方种代表品种面积1(亩)	地方种代表品种单产1(千克/亩)	地方种代表名称2	地方种代表品种面积2(亩)	地方种代表品种单产2(千克/亩)	地方种代表名称3	地方种代表品种面积3(亩)	地方种代表品种单产3(千克/亩)	地方种代表名称4	地方种代表品种面积4(亩)	地方种代表品种单产4(千克/亩)	地方种代表名称5	地方种代表品种面积5(亩)	地方种代表品种单产5(千克/亩)
华池县	1956	蔬菜	南瓜	300	3	黑皮番瓜		黑皮番瓜	100	1500	红皮番瓜	100	1500	花棱番瓜	100	1500						
华池县	1956	蔬菜	黄花菜	400	1	金针		金针	400	100												
华池县	1956	蔬菜	菊芋	100	1	洋姜		洋姜	100	1500												
华池县	1956	蔬菜	芫荽	5	1	香菜		香菜	5	150												
华池县	1956	蔬菜	雪里蕻	10	1	雪里蕻		雪里蕻	10	1000												
华池县	1956	蔬菜	宝塔菜	10	1	地溜子		地溜子	10	100												
华池县	1956	牧草绿肥	苜蓿	71800	1	陇东苜蓿		陇东苜蓿	71800	450												

续表

县名	年份	作物种类	作物名称	种植面积(亩)	地方种数目	培育品种数目	地方种代表品种名称1	地方种代表品种面积1(亩)	地方种代表品种单产1(千克/亩)	地方种代表品种名称2	地方种代表品种面积2(亩)	地方种代表品种单产2(千克/亩)	地方种代表品种名称3	地方种代表品种面积3(亩)	地方种代表品种单产3(千克/亩)	地方种代表品种名称4	地方种代表品种面积4(亩)	地方种代表品种单产4(千克/亩)	地方种代表品种名称5	地方种代表品种面积5(亩)	地方种代表品种单产5(千克/亩)
华池县	1956	果树	梨	50	1		本地梨	50	800												
华池县	1956	果树	苹果	600	3		国光	200	800	红元帅	200	900	黄香蕉	200	800						
华池县	1956	果树	桃	40	1		本地桃	40	800												
华池县	1956	果树	杏	1100	1		山杏	1100	1100												
华池县	1956	果树	枣	50	1		本地枣	50	300												
华池县	1956	果树	核桃	300	1		本地核桃	300	800												
华池县	1956	果树	花椒	20	1		花椒	20	50												

华池县主要经济作物1956年种植情况补充统计见表5.20。

5.20 华池县主要经济作物1956年种植情况补充汇总表

年份	作物种类	作物名称	培育品种代表名称1	培育品种代表品种面积1（亩）	培育品种代表品种单产1（千克/亩）	培育品种代表名称2	培育品种代表品种面积2（亩）	培育品种代表品种单产2（千克/亩）	培育品种代表名称3	培育品种代表品种面积3（亩）	培育品种代表品种单产3（千克/亩）	培育品种代表名称4	培育品种代表品种面积4（亩）	培育品种代表品种单产4（千克/亩）	培育品种代表名称5	培育品种代表品种面积5（亩）
1956	经济作物	油菜														
1956	经济作物	亚麻														
1956	经济作物	向日葵														
1956	经济作物	甜菜														
1956	经济作物	大麻														

第五章 农作物普查情况

续表

年份	作物种类	作物名称	培育品种代表名称1	培育品种代表品种面积1（亩）	培育品种代表品种单产1（千克/亩）	培育品种代表名称2	培育品种代表品种面积2（亩）	培育品种代表品种单产2（千克/亩）	培育品种代表名称3	培育品种代表品种面积3（亩）	培育品种代表品种单产3（千克/亩）	培育品种代表名称4	培育品种代表品种面积4（亩）	培育品种代表品种单产4（千克/亩）	培育品种代表品种名称5	培育品种代表品种面积5（亩）
1956	经济作物	烟草														
1956	蔬菜	西瓜														
1956	蔬菜	甜瓜														
1956	蔬菜	白菜	包头白	200	1000											
1956	蔬菜	萝卜														
1956	蔬菜	芹菜	津南实芹	50	750											
1956	蔬菜	甘蓝	晚丰	100	1000	京丰	100	800	秋丰	100	800					
1956	蔬菜	番茄														

续表

年份	作物种类	作物名称	培育品种代表名称1	培育品种代表品种面积1(亩)	培育品种代表品种单产1(千克/亩)	培育品种代表名称2	培育品种代表品种面积2(亩)	培育品种代表品种单产2(千克/亩)	培育品种代表名称3	培育品种代表品种面积3(亩)	培育品种代表品种单产3(千克/亩)	培育品种代表名称4	培育品种代表品种面积4(亩)	培育品种代表品种单产4(千克/亩)	培育品种代表名称5	培育品种代表品种面积5(亩)
1956	蔬菜	菠菜														
1956	蔬菜	茄子														
1956	蔬菜	辣椒														
1956	蔬菜	黄瓜														
1956	蔬菜	韭菜														
1956	蔬菜	菜豆														
1956	蔬菜	大葱														
1956	蔬菜	大蒜														
1956	蔬菜	冬瓜														

第五章 农作物普查情况

华池县主要经济作物1981年种植情况统计见表5.21。

表5.21 华池县主要经济作物1981年种植情况汇总表

县名	年份	作物种类	作物名称	种植面积(亩)	地方种数目	培育品种数目	地方种代表品种名称1	地方种代表品种面积1(亩)	地方种代表品种单产1(千克/亩)	地方种代表品种名称2	地方种代表品种面积2(亩)	地方种代表品种单产2(千克/亩)	地方种代表品种名称3	地方种代表品种面积3(亩)	地方种代表品种单产3(千克/亩)	地方种代表品种名称4	地方种代表品种面积4(亩)	地方种代表品种单产4(千克/亩)	地方种代表品种名称5	地方种代表品种面积5(亩)	地方种代表品种单产5(千克/亩)
华池县	1981	经济作物	油菜	3000	1	1	菜籽	1500	40												
华池县	1981	经济作物	亚麻	1850	1	2	胡麻	10000	22												
华池县	1981	经济作物	向日葵	300	3		黑葵花	100	80	白葵花	100	75	百子葵	100	80						
华池县	1981	经济作物	甜菜	164	1		糖萝卜	164	800												

续表

县名	年份	作物种类	作物名称	种植面积（亩）	地方种数目	培育品种数目	地方种代表品种名称1	地方种代表品种面积1（亩）	地方种代表品种单产1（千克/亩）	地方种代表品种名称2	地方种代表品种面积2（亩）	地方种代表品种单产2（千克/亩）	地方种代表品种名称3	地方种代表品种面积3（亩）	地方种代表品种单产3（千克/亩）	地方种代表品种名称4	地方种代表品种面积4（亩）	地方种代表品种单产4（千克/亩）	地方种代表品种名称5	地方种代表品种面积5（亩）	地方种代表品种单产5（千克/亩）
华池县	1981	经济作物	大麻	404	2		大麻子	200	12.5	小麻子	204	12.5									
华池县	1981	经济作物	烟草	178	2		小烟叶	100	10.5	大烟叶	78	10.5									
华池县	1981	蔬菜	西瓜	1000	2		花皮红瓤黑籽西瓜	800	800	黑皮黄瓤红籽西瓜	200	800									
华池县	1981	蔬菜	甜瓜	1300	2		灯笼红	500	1000	白脆瓜	800	1000									
华池县	1981	蔬菜	白菜	500		3															

续表

县名	年份	作物种类	作物名称	种植面积（亩）	地方种数目	培育品种数目	地方种代表品种名称1	地方种代表品种面积1（亩）	地方种代表品种单产1（千克/亩）	地方种代表品种名称2	地方种代表品种面积2（亩）	地方种代表品种单产2（千克/亩）	地方种代表品种名称3	地方种代表品种面积3（亩）	地方种代表品种单产3（千克/亩）	地方种代表品种名称4	地方种代表品种面积4（亩）	地方种代表品种单产4（千克/亩）	地方种代表品种名称5	地方种代表品种面积5（亩）	地方种代表品种单产5（千克/亩）
华池县	1981	蔬菜	萝卜	600	3	1	大头黄胡萝卜	150	600	红萝卜	150	800	冬萝卜	200	900						
华池县	1981	蔬菜	芹菜	100		1															
华池县	1981	蔬菜	甘蓝	500		1															
华池县	1981	蔬菜	番茄	200	1		西红柿	200	1500												
华池县	1981	蔬菜	菠菜	100	1		菠菜	100	800												
华池县	1981	蔬菜	茄子	200		2															

续表

县名	年份	作物种类	作物名称	种植面积（亩）	地方种数目	培育品种数目	地方种代表品种名称1	地方种代表品种面积1（亩）	地方种代表品种单产1（千克/亩）	地方种代表品种名称2	地方种代表品种面积2（亩）	地方种代表品种单产2（千克/亩）	地方种代表品种名称3	地方种代表品种面积3（亩）	地方种代表品种单产3（千克/亩）	地方种代表品种名称4	地方种代表品种面积4（亩）	地方种代表品种单产4（千克/亩）	地方种代表品种名称5	地方种代表品种面积5（亩）	地方种代表品种单产5（千克/亩）
华池县	1981	蔬菜	辣椒	300	3		线辣椒	100	1500	小辣子	100	1000	羊角辣椒	100	1600						
华池县	1981	蔬菜	黄瓜	200	2		黄黄瓜	100	1100	绿黄瓜	100	1200									
华池县	1981	蔬菜	韭菜	100	1		线韭菜	100	1000												
华池县	1981	蔬菜	菜豆	100	1		白豆子	100	800												
华池县	1981	蔬菜	大葱	200	1		龙葱（红葱）	200	1500												

第五章 农作物普查情况

续表

县名	年份	作物种类	作物名称	种植面积(亩)	地方种数目	培育品种数目	地方种代表品种名称1	地方种代表品种面积1(亩)	地方种代表品种单产1(千克/亩)	地方种代表品种名称2	地方种代表品种面积2(亩)	地方种代表品种单产2(千克/亩)	地方种代表品种名称3	地方种代表品种面积3(亩)	地方种代表品种单产3(千克/亩)	地方种代表品种名称4	地方种代表品种面积4(亩)	地方种代表品种单产4(千克/亩)	地方种代表品种名称5	地方种代表品种面积5(亩)	地方种代表品种单产5(千克/亩)
华池县	1981	蔬菜	大蒜	100	1		白蒜	100	500												
华池县	1981	蔬菜	冬瓜	500	1		冬瓜	500	1200												
华池县	1981	蔬菜	南瓜	600	4		黑皮番瓜	100	1500	红皮番瓜	100	1500	花棱番瓜	100	1500	山庄白瓜子	300	25			
华池县	1981	蔬菜	黄花菜	1400	1		针金	1400	100												

139

续表

县名	年份	作物种类	作物名称	种植面积（亩）	地方种数目	培育品种数目	地方种代表名称1	地方种代表品种面积1（亩）	地方种代表品种单产1（千克/亩）	地方种代表名称2	地方种代表品种面积2（亩）	地方种代表品种单产2（千克/亩）	地方种代表名称3	地方种代表品种面积3（亩）	地方种代表品种单产3（千克/亩）	地方种代表名称4	地方种代表品种面积4（亩）	地方种代表品种单产4（千克/亩）	地方种代表名称5	地方种代表品种面积5（亩）	地方种代表品种单产5（千克/亩）
华池县	1981	蔬菜	菊芋	100	1		洋姜	100	1500												
华池县	1981	蔬菜	芫荽	5	1		香菜	5	150												
华池县	1981	蔬菜	茴香	67	1		小茴香	87	3.5												
华池县	1981	蔬菜	雪里蕻	10	1		雪里蕻	10	1000												

第五章 农作物普查情况

续表

县名	年份	作物种类	作物名称	种植面积(亩)	地方种数目	培育品种数目	地方种代表品种名称1	地方种代表品种面积1(亩)	地方种代表品种单产1(千克/亩)	地方种代表品种名称2	地方种代表品种面积2(亩)	地方种代表品种单产2(千克/亩)	地方种代表品种名称3	地方种代表品种面积3(亩)	地方种代表品种单产3(千克/亩)	地方种代表品种名称4	地方种代表品种面积4(亩)	地方种代表品种单产4(千克/亩)	地方种代表品种名称5	地方种代表品种面积5(亩)	地方种代表品种单产5(千克/亩)
华池县	1981	蔬菜	宝塔菜	10	1		地溜子	10	100												
华池县	1981	牧草绿肥	苜蓿	167300		1															
华池县	1981	牧草绿肥	沙打旺	135700	1		沙打旺	135700	790												
华池县	1981	果树	梨	80	1	3	本地梨	50	550												
华池县	1981	果树	苹果	1000	3	1	国光	500	800	红元帅	200	900	黄香蕉	200	800						

续表

县名	年份	作物种类	作物名称	种植面积（亩）	地方种数目	培育品种数目	地方种代表名称1	地方种代表品种面积1（亩）	地方种代表品种单产1（千克/亩）	地方种代表名称2	地方种代表品种面积2（亩）	地方种代表品种单产2（千克/亩）	地方种代表名称3	地方种代表品种面积3（亩）	地方种代表品种单产3（千克/亩）	地方种代表名称4	地方种代表品种面积4（亩）	地方种代表品种单产4（千克/亩）	地方种代表名称5	地方种代表品种面积5（亩）	地方种代表品种单产5（千克/亩）
华池县	1981	果树	桃	70	1		本地桃	70	450												
华池县	1981	果树	杏	3100	1		山杏	3100	1100												
华池县	1981	果树	枣	100	1		枣	100	120												
华池县	1981	果树	核桃	210	1		核桃	210	560												
华池县	1981	果树	花椒	180	1		花椒	180	25												

华池县主要经济作物1981年种植情况补充统计见表5.22。

表5.22 华池县主要经济作物1981年种植情况补充汇总表

年份	作物种类	作物名称	培育品种代表名称1	培育品种代表品种面积1（亩）	培育品种代表品种单产1（千克/亩）	培育品种代表种代表名称2	培育品种代表品种面积2（亩）	培育品种代表品种单产2（千克/亩）	培育品种代表名称3	培育品种代表品种面积3（亩）	培育品种代表品种单产3（千克/亩）	培育品种代表名称4	培育品种代表品种面积4（亩）	培育品种代表品种单产4（千克/亩）	培育品种代表名称5	培育品种代表品种面积5（亩）
1981	经济作物	油菜	奥罗油菜	1500	50											
1981	经济作物	亚麻	雁农1号	4500	36	天亚2号	4000	40								
1981	经济作物	向日葵														
1981	经济作物	甜菜														
1981	经济作物	大麻														

续表

年份	作物种类	作物名称	培育品种代表品种名称1	培育品种代表品种面积1（亩）	培育品种代表品种单产1（千克/亩）	培育品种代表品种名称2	培育品种代表品种面积2（亩）	培育品种代表品种单产2（千克/亩）	培育品种代表品种名称3	培育品种代表品种面积3（亩）	培育品种代表品种单产3（千克/亩）	培育品种代表品种名称4	培育品种代表品种面积4（亩）	培育品种代表品种单产4（千克/亩）	培育品种代表品种名称5	培育品种代表品种面积5（亩）
1981	经济作物	烟草														
1981	蔬菜	西瓜														
1981	蔬菜	甜瓜														
1981	蔬菜	白菜	包头白	200	1000	晋菜3号	150	1000	天津绿	150	1000					
1981	蔬菜	萝卜	一支蜡	100	800											
1981	蔬菜	芹菜	津南实芹	100	750											
1981	蔬菜	甘蓝	晚丰	200	1000	京丰	150	800	秋丰	150	800					

续表

年份	作物种类	作物名称	培育品种代表名称1	培育品种代表品种面积1（亩）	培育品种代表品种单产1（千克/亩）	培育品种代表名称2	培育品种代表品种面积2（亩）	培育品种代表品种单产2（千克/亩）	培育品种代表名称3	培育品种代表品种面积3（亩）	培育品种代表品种单产3（千克/亩）	培育品种代表名称4	培育品种代表品种面积4（亩）	培育品种代表品种单产4（千克/亩）	培育品种代表名称5	培育品种代表品种面积5（亩）
1981	蔬菜	番茄														
1981	蔬菜	菠菜														
1981	蔬菜	茄子	山东罐罐茄	100	1000	牛心茄	100	1000								
1981	蔬菜	辣椒														
1981	蔬菜	黄瓜														
1981	蔬菜	韭菜														
1981	蔬菜	菜豆														
1981	蔬菜	大葱														

续表

年份	作物种类	作物名称	培育品种代表名称1	培育品种代表品种面积1（亩）	培育品种代表品种单产1（千克/亩）	培育品种代表名称2	培育品种代表品种面积2（亩）	培育品种代表品种单产2（千克/亩）	培育品种代表名称3	培育品种代表品种面积3（亩）	培育品种代表品种单产3（千克/亩）	培育品种代表名称4	培育品种代表品种面积4（亩）	培育品种代表品种单产4（千克/亩）	培育品种代表名称5	培育品种代表品种面积5（亩）
1981	蔬菜	大蒜														
1981	蔬菜	冬瓜														
1981	蔬菜	南瓜														
1981	蔬菜	黄花菜														
1981	蔬菜	菊芋														
1981	蔬菜	苋菜														
1981	蔬菜	茴香														

续表

年份	作物种类	作物名称	培育品种代表名称1	培育品种代表面积1（亩）	培育品种代表单产1（千克/亩）	培育品种代表名称2	培育品种代表面积2（亩）	培育品种代表单产2（千克/亩）	培育品种代表名称3	培育品种代表面积3（亩）	培育品种代表单产3（千克/亩）	培育品种代表名称4	培育品种代表面积4（亩）	培育品种代表单产4（千克/亩）	培育品种代表名称5	培育品种代表面积5（亩）
1981	蔬菜	雪里蕻														
1981	蔬菜	宝塔菜														
1981	牧草绿肥	苜蓿	陇东紫花苜蓿	167300	630											
1981	牧草绿肥	牧草	香蕉梨	10	500	鸭梨	10	500	莱阳梨	10	500					
1981	果树	梨														

147

续表

年份	作物种类	作物名称	培育品种代表名称1	培育品种代表品种面积1(亩)	培育品种代表品种单产1(千克/亩)	培育品种代表名称2	培育品种代表品种面积2(亩)	培育品种代表品种单产2(千克/亩)	培育品种代表名称3	培育品种代表品种面积3(亩)	培育品种代表品种单产3(千克/亩)	培育品种代表名称4	培育品种代表品种面积4(亩)	培育品种代表品种单产4(千克/亩)	培育品种代表名称5	培育品种代表品种面积5(亩)
1981	果树	苹果	红星	100	800											
1981	果树	桃														
1981	果树	杏														
1981	果树	枣														
1981	果树	核桃														
1981	果树	花椒														

华池县主要经济作物2014年种植情况统计见表5.23。

表5.23 华池县主要经济作物2014年种植情况汇总表

县名	年份	作物种类	作物名称	种植面积（亩）	地方种数目	培育品种数目	地方种代表品种名称1	地方种代表品种种面积1（亩）	地方种代表品种单产1（千克/亩）	地方种代表品种名称2	地方种代表品种种面积2（亩）	地方种代表品种单产2（千克/亩）	地方种代表品种名称3	地方种代表品种种面积3（亩）	地方种代表品种单产3（千克/亩）	地方种代表品种名称4	地方种代表品种种面积4（亩）	地方种代表品种单产4（千克/亩）	地方种代表品种名称5	地方种代表品种种面积5（亩）	地方种代表品种单产5（千克/亩）
华池县	2014	经济作物	油菜	5000		2															
华池县	2014	经济作物	亚麻	50000		3															
华池县	2014	经济作物	向日葵	500	3	3	白子葵	50	100	白葵花	50	100	黑葵花	100	100						
华池县	2014	蔬菜	西瓜	8000																	

续表

县名	年份	作物种类	作物名称	种植面积（亩）	地方种数目	培育品种数目	地方种代表名称1	地方种代表品种面积1（亩）	地方种代表品种单产1（千克/亩）	地方种代表名称2	地方种代表品种面积2（亩）	地方种代表品种单产2（千克/亩）	地方种代表名称3	地方种代表品种面积3（亩）	地方种代表品种单产3（千克/亩）	地方种代表名称4	地方种代表品种面积4（亩）	地方种代表品种单产4（千克/亩）	地方种代表名称5	地方种代表品种面积5（亩）	地方种代表品种单产5（千克/亩）
华池县	2014	蔬菜	甜瓜	2500		4															
华池县	2014	蔬菜	籽瓜	8154		10															
华池县	2014	蔬菜	白菜	7100		3															
华池县	2014	蔬菜	萝卜	6100		4															
华池县	2014	蔬菜	甘蓝	2600		3															
华池县	2014	蔬菜	番茄	6200		3															

第五章 农作物普查情况

续表

县名	年份	作物种类	作物名称	种植面积(亩)	地方种数目	培育品种数目	地方种代表品种名称1	地方种代表品种面积1(亩)	地方种代表品种单产1(千克/亩)	地方种代表品种名称2	地方种代表品种面积2(亩)	地方种代表品种单产2(千克/亩)	地方种代表品种名称3	地方种代表品种面积3(亩)	地方种代表品种单产3(千克/亩)	地方种代表品种名称4	地方种代表品种面积4(亩)	地方种代表品种单产4(千克/亩)	地方种代表品种名称5	地方种代表品种面积5(亩)	地方种代表品种单产5(千克/亩)
华池县	2014	蔬菜	菠菜	1200		2															
华池县	2014	蔬菜	茄子	4500		3															
华池县	2014	蔬菜	辣椒	10900	1	7	线辣子	500	2000												
华池县	2014	蔬菜	黄瓜	2550	2	3	黄黄瓜	300	1500	绿黄瓜	600	1500									
华池县	2014	蔬菜	韭菜	150	2	2	马兰韭菜	35	1500	线韭菜	35	1200									

续表

县名	年份	作物种类	作物名称	种植面积(亩)	地方种数目	培育品种数目	地方种代表名称1	地方种代表品种面积1(亩)	地方种代表品种单产1(千克/亩)	地方种代表名称2	地方种代表品种面积2(亩)	地方种代表品种单产2(千克/亩)	地方种代表名称3	地方种代表品种面积3(亩)	地方种代表品种单产3(千克/亩)	地方种代表名称4	地方种代表品种面积4(亩)	地方种代表品种单产4(千克/亩)	地方种代表名称5	地方种代表品种面积5(亩)	地方种代表品种单产5(千克/亩)
华池县	2014	蔬菜	菜豆	1260	1	2	白豆子	300	1000												
华池县	2014	蔬菜	大葱	970	1	1	龙葱(红葱)	300	2000												
华池县	2014	蔬菜	大蒜	150	1	1	白蒜	150	500												
华池县	2014	蔬菜	南瓜	790	3	2	黑皮番瓜	200	1800	红皮番瓜	200	1800	花梭番瓜	100	1800						

续表

县名	年份	作物种类	作物名称	种植面积（亩）	地方种数目	培育品种数目	地方种代表名称1	地方种代表品种面积1（亩）	地方种代表品种单产1（千克/亩）	地方种代表名称2	地方种代表品种面积2（亩）	地方种代表品种单产2（千克/亩）	地方种代表名称3	地方种代表品种面积3（亩）	地方种代表品种单产3（千克/亩）	地方种代表名称4	地方种代表品种面积4（亩）	地方种代表品种单产4（千克/亩）	地方种代表名称5	地方种代表品种面积5（亩）	地方种代表品种单产5（千克/亩）
华池县	2014	蔬菜	黄花菜	6000	1	1	针金	2000	1200												
华池县	2014	蔬菜	芫荽	10	1	1	香菜	5	200												
华池县	2014	蔬菜	宝塔菜	10	1	1	地溜子	10	300												
华池县	2014	牧草绿肥	苜蓿	358700		2															
华池县	2014	牧草绿肥	沙打旺	84400	1	1	沙打旺	82400	850												

续表

县名	年份	作物种类	作物名称	种植面积(亩)	地方种种数目	培育品种数目	地方种代表名称1	地方种代表品种面积1(亩)	地方种代表品种单产1(千克/亩)	地方种代表名称2	地方种代表品种面积2(亩)	地方种代表品种单产2(千克/亩)	地方种代表名称3	地方种代表品种面积3(亩)	地方种代表品种单产3(千克/亩)	地方种代表名称4	地方种代表品种面积4(亩)	地方种代表品种单产4(千克/亩)	地方种代表名称5	地方种代表品种面积5(亩)	地方种代表品种单产5(千克/亩)
华池县	2014	牧草绿肥	燕麦	13540		1															
华池县	2014	牧草绿肥	甜高粱	1165		1															
华池县	2014	果树	梨	148.17	1	3	本地梨	50	550												
华池县	2014	果树	苹果	1816.05		5															
华池县	2014	果树	桃	122.53	1	1	本地桃	110.53	704												

第五章 农作物普查情况

续表

县名	年份	作物种类	作物名称	种植面积(亩)	地方种数目	培育品种数目	地方代表品种名称1	地方代表品种面积1(亩)	地方代表品种单产1(千克/亩)	地方代表品种名称2	地方代表品种面积2(亩)	地方代表品种单产2(千克/亩)	地方代表品种名称3	地方代表品种面积3(亩)	地方代表品种单产3(千克/亩)	地方代表品种名称4	地方代表品种面积4(亩)	地方代表品种单产4(千克/亩)	地方代表品种名称5	地方代表品种面积5(亩)	地方代表品种单产5(千克/亩)
华池县	2014	果树	杏	3567.79	1	1	山杏	3467.79	1149												
华池县	2014	果树	葡萄	30	1	1															
华池县	2014	果树	枣	163.54	1	1	本地枣	153.54	350												
华池县	2014	果树	核桃	6800	1	3	本地核桃	300													
华池县	2014	果树	沙棘	350000	1	1	沙棘	300000	250												
华池县	2014	果树	花椒	300	1	1	花椒	300													

表5.24 华池县主要经济作物2014年种植情况补充统计见表5.24。华池县主要经济作物2014年种植情况补充汇总表

年份	作物种类	作物名称	培育品种代表名称1	培育品种代表面积1（亩）	培育品种代表单产1（千克/亩）	培育品种代表名称2	培育品种代表面积2（亩）	培育品种代表单产2（千克/亩）	培育品种代表名称3	培育品种代表面积3（亩）	培育品种代表单产3（千克/亩）	培育品种代表名称4	培育品种代表面积4（亩）	培育品种代表单产4（千克/亩）	培育品种代表名称5	培育品种代表面积5（亩）
2014	经济作物	油菜	龙油9号	3000	210	延油2号	2000	200								
2014	经济作物	亚麻	宁亚11	13000	170	陇亚10号	28000	160	定亚18	9000	170					
2014	经济作物	向日葵	米脂葵	100	110	辽杂5号	100	110	龙葵1号	100	120					
2014	蔬菜	西瓜	兰州P2	4000	2000	西农8号	2000	2000								

续表

年份	作物种类	作物名称	培育品种代表名称1	培育品种代表品种面积1(亩)	培育品种代表品种单产1(千克/亩)	培育品种代表名称2	培育品种代表品种面积2(亩)	培育品种代表品种单产2(千克/亩)	培育品种代表名称3	培育品种代表品种面积3(亩)	培育品种代表品种单产3(千克/亩)	培育品种代表名称4	培育品种代表品种面积4(亩)	培育品种代表品种单产4(千克/亩)	培育品种代表名称5	培育品种代表品种面积5(亩)
2014	蔬菜	甜瓜	红城7号	200	1000	绿甜甜	900	1500	永甜11号	700	1300	冰翡翠	700	1400		
2014	蔬菜	籽瓜	新瑞9号	1000	120	粒圆8号	1200	110	白雪公主6号	1000	120	瑞丰9号	1100	110	金丰9号	1314
2014	蔬菜	白菜	华南188	1000	3000	春秋88	900	3500	迎春	5200	2900					
2014	蔬菜	萝卜	水果萝卜	600	3000	顶上盛夏	2000	3300	夏王	500	3000	791萝卜	3000	3500		

续表

年份	作物种类	作物名称	培育品种代表名称1	培育品种代表面积1(亩)	培育品种代表单产1(千克/亩)	培育品种代表名称2	培育品种代表面积2(亩)	培育品种代表单产2(千克/亩)	培育品种代表名称3	培育品种代表面积3(亩)	培育品种代表单产3(千克/亩)	培育品种代表名称4	培育品种代表面积4(亩)	培育品种代表单产4(千克/亩)	培育品种代表名称5	培育品种代表面积5(亩)
2014	蔬菜	甘蓝	中甘11	1200	4600	紫甘蓝	800	4300	鸡心甘蓝	600	4200					
2014	蔬菜	番茄	浙粉202	2600	2600	北斗	600	2000	金鹏	3000	2600					
2014	蔬菜	菠菜	美国大叶菠菜	1000	1500	强盛	200	1500								
2014	蔬菜	茄子	紫圆茄	1500	2600	紫长茄	1800	2800	国茄	1200	2400					
2014	蔬菜	辣椒	陇椒系列	3500	2900	杭椒系列	1200	2700	金椒6号	2800	3000	晒辣	1000	2300	民欣早椒	1800

第五章　农作物普查情况

续表

年份	作物种类	作物名称	培育品种代表名称1	培育品种代表面积1(亩)	培育品种代表品种单产1(千克/亩)	培育品种代表名称2	培育品种代表面积2(亩)	培育品种代表品种单产2(千克/亩)	培育品种代表名称3	培育品种代表面积3(亩)	培育品种代表品种单产3(千克/亩)	培育品种代表名称4	培育品种代表面积4(亩)	培育品种代表品种单产4(千克/亩)	培育品种代表名称5	培育品种代表面积5(亩)
2014	蔬菜	黄瓜	白三叶	200	2000	甘丰袖玉	800	2600	津优系列	650	2500					
2014	蔬菜	韭菜	791雪韭	40	1800	汉中冬韭	40	1600								
2014	蔬菜	菜豆	架豆王	460	1200	之豇28	500	1200								
2014	蔬菜	大葱	章丘大葱	670	2400											
2014	蔬菜	大蒜														
2014	蔬菜	南瓜	新疆长番瓜	100	8000	甜栗	190	8500								

续表

年份	作物种类	作物名称	培育品种代表名称1	培育品种代表面积1（亩）	培育品种代表单产1（千克/亩）	培育品种代表名称2	培育品种代表面积2（亩）	培育品种代表单产2（千克/亩）	培育品种代表名称3	培育品种代表面积3（亩）	培育品种代表单产3（千克/亩）	培育品种代表名称4	培育品种代表面积4（亩）	培育品种代表单产4（千克/亩）	培育品种代表名称5	培育品种代表面积5（亩）
2014	蔬菜	黄花菜	马莲黄花	4000	160											
2014	蔬菜	芫荽	大叶香菜	5	200											
2014	蔬菜	宝塔菜														
2014	牧草绿肥	苜蓿	陇东紫花苜蓿	355200	770	德宝	3500	620								
2014	牧草绿肥	沙打旺	黄河2号	2000	1150											

续表

年份	作物种类	作物名称	培育品种代表名称1	培育品种代表面积1（亩）	培育品种代表单产1（千克/亩）	培育品种代表名称2	培育品种代表面积2（亩）	培育品种代表单产2（千克/亩）	培育品种代表名称3	培育品种代表面积3（亩）	培育品种代表单产3（千克/亩）	培育品种代表名称4	培育品种代表面积4（亩）	培育品种代表单产4（千克/亩）	培育品种代表名称5	培育品种代表面积5（亩）
2014	牧草绿肥	燕麦	白燕1号	13540	260											
2014	牧草绿肥	甜高粱	陇甜高1号	1165	3500											
2014	果树	梨	香蕉梨	20	500	鸭梨	50	500	莱阳梨	28.17	500					
2014	果树	苹果	瑞雪	3	500	瑞阳	1.5	350	中秋王	4	500	蜜脆	1.5	250	富士	1806.05
2014	果树	桃	油桃	12	730											

续表

年份	作物种类	作物名称	培育品种代表名称1	培育品种代表品种面积1(亩)	培育品种代表品种单产1(千克/亩)	培育品种代表名称2	培育品种代表品种面积2(亩)	培育品种代表品种单产2(千克/亩)	培育品种代表名称3	培育品种代表品种面积3(亩)	培育品种代表品种单产3(千克/亩)	培育品种代表名称4	培育品种代表品种面积4(亩)	培育品种代表品种单产4(千克/亩)	培育品种代表名称5	培育品种代表品种面积5(亩)
2014	果树	杏	结杏	100	1200											
2014	果树	葡萄	户太8号	30	430											
2014	果树	枣	梨枣	10	360											
2014	果树	核桃	辽核1号	1800		辽核2号	4100		香玲	600						
2014	果树	沙棘	大果沙棘	50000	300											

第六章 农作物种质资源征集情况

一、种质资源征集统计情况

华池县种质资源征集统计情况见表6.1~6.41。

表6.1 "第三次全国农作物种质资源普查与收集"种质资源征集表(一)

注:*为必填项								
样品编号*	P621023001	日期*	2021	年	7	月	13	日
普查单位*	华池县农业农村局	填表人	刘翠平	填表人联系电话		15209346088		
地 点*	甘肃 省	庆阳 市		华池 县	乔川 乡/镇		铁角城 村	
经 度	107.626779度	纬 度	36.817665度	海 拔		1393米		
作物名称	糜子		种质名称	黄软糜子				
科 名	Gramineae(禾本科)		属 名	Panicum(黍属)				
种 名	Panicum miliaceum L.(糜子)		学 名	Panicum miliaceum var. compactrm(穄子)				
种质类型	地方品种		(地方品种,选育品种,野生资源,其他)					
种质来源	当地		(当地,外地,国外)					
生长习性	一年生	(一年生,多年生,越年生)		繁殖习性	有性	(有性,无性,兼性)		
播种期	5	月	下	旬	收获期	9 月	下	旬

续表

主要特性	抗病，抗虫，抗旱，耐贫瘠		
	(可多选：高产，优质，抗病，抗虫，耐盐碱，抗旱，广适，耐寒，耐热，耐涝，耐贫瘠，其他)		
其他特性	酿黄酒，炸黏糕，吃黏面，口感甜糯		
主要特性详细描述*	生育期110天左右，亩产170千克左右，苗绿色，茎浅绿色，叶浅黄有叶舌，叶鞘有茸毛，侧穗，粒黄色，米糯性		
种质用途	食用，加工原料	(可多选：食用，饲用，药用，加工原料，其他)	
利用部位	种子（果实）	(可多选：种子（果实），根，茎，叶，花，其他)	
种质分布	广	（广，窄，少）	种质群落（野生）	群生	（群生，散生）
生态类型	农田	(农田，森林，草地，荒漠，湖泊，湿地，海湾)	
气候带	温带	(热带，亚热带，暖温带，温带，寒温带，寒带)	
地形	山地	(平原，山地，丘陵，盆地，高原)	
土壤类型	黄壤		
	(盐碱土，红壤，黄壤，棕壤，褐土，黑土，黑钙土，栗钙土，漠土，沼泽土，高山土，其他)		
采集方式	农户收集	(农户收集，田间采集，野外采集，市场购买，其他)	
采集部位	种子	(可多选：种子，植株，种茎，块根，果实，其他)	
样品数量	粒	500	克	个/条/株
样品照片	P621023001-1		
	(照片编号用中文逗号隔开)		
是否采集标本	否	(是，否)	
提供人	姓名		性别		民族	
	年龄		联系电话			
备注			

表6.2 "第三次全国农作物种质资源普查与收集"种质资源征集表（二）

注：*为必填项								
样品编号*	P621023002	日期*	2021	年	7	月	13	日
普查单位*	华池县农业农村局	填表人	刘翠平	填表人联系电话		15209346088		
地　点*	甘肃	省	庆阳	市	华池	县	乔川	乡/镇　徐背台　村
经　度	107.626365度	纬度	36.816412度	海拔		1383.1米		
作物名称	谷子			种质名称		白毛谷		
科　名	Gramineae（禾本科）			属　名		Setaria（狗尾草属）		
种　名	Setaria italica var. germanica（Mill.）Schred.（粟）			学　名		Setaria italica（谷子）		
种质类型	地方品种		（地方品种，选育品种，野生资源，其他）					
种质来源	当地		（当地，外地，国外）					
生长习性	一年生		（一年生，多年生，越年生）		繁殖习性	有性	（有性，无性，兼性）	
播种期	5	月	中	旬	收获期	10	月　上　旬	
主要特性	高产，优质，抗病，抗虫，抗旱，耐贫瘠							
	（可选：高产，优质，抗病，抗虫，耐盐碱，抗旱，广适，耐寒，耐热，耐涝，耐贫瘠，其他）							
其他特性								
主要特性详细描述*	刚毛长且硬，能防雀，皮白米白							

续表

种质用途	食用，加工原料	（可多选：食用，饲用，药用，加工原料，其他）		
利用部位	种子（果实）	（可多选：种子（果实），根，茎，叶，花，其他）		
种质分布	广	（广，窄，少）	种质群落（野生）	群生	（群生，散生）
生态类型	农田	（农田，森林，草地，荒漠，湖泊，湿地，海湾）		
气候带	温带	（热带，亚热带，暖温带，温带，寒温带，寒带）		
地形	山地	（平原，山地，丘陵，盆地，高原）		
土壤类型	黄壤			
	（盐碱土，红壤，黄壤，棕壤，褐土，黑土，黑钙土，栗钙土，漠土，沼泽土，高山土，其他）			
采集方式	农户收集	（农户收集，田间采集，野外采集，市场购买，其他）		
采集部位	种子	（可多选：种子，植株，种茎，块根，果实，其他）		
样品数量	粒	500	克	个/条/株
样品照片	P621023002-1			
	（照片编号用中文逗号隔开）			
是否采集标本	否	（是，否）		
提供人	姓名		性别		民族	
	年龄		联系电话			
备注				

表6.3 "第三次全国农作物种质资源普查与收集"种质资源征集表(三)

注：*为必填项							
样品编号*	P621023003	日期*	2021	年	7	月	13 日
普查单位*	华池县农业农村局	填表人	刘翠平	填表人联系电话		15209346088	
地　点*	甘肃 省	庆阳 市	华池 县	乔川 乡/镇		徐背台 村	
经　度	107.626365度	纬度	36.816412度	海拔		1383.1米	
作物名称	大豆		种质名称	黑豆			
科　名	Leguminosae（豆科）		属　名	Glycine（大豆属）			
种　名	Glycine max L. Merrill（大豆）		学　名	Glycinemax（L.）merr（黑豆）			
种质类型	地方品种	（地方品种，选育品种，野生资源，其他）					
种质来源	当地	（当地，外地，国外）					
生长习性	一年生	（一年生，多年生，越年生）		繁殖习性	有性	（有性，无性，兼性）	
播种期	5	月	下	旬	收获期	9 月 下 旬	
主要特性	优质，抗病，抗旱，耐贫瘠						
	（可多选：高产，优质，抗病，抗虫，耐盐碱，抗旱，广适，耐寒，耐热，耐涝，耐贫瘠，其他）						
其他特性	生豆芽，磨豆浆，营养价值高						
主要特性详细描述*	豆扁，椭圆形，长9毫米，宽5毫米，厚3毫米；豆粒黑色，有光泽，种仁深黄色，种皮不易破碎						

续表

种质用途	食用,饲用		(可多选:食用,饲用,药用,加工原料,其他)		
利用部位	种子(果实)		(可多选:种子(果实),根,茎,叶,花,其他)		
种质分布	广	(广,窄,少)	种质群落(野生)	群生	(群生,散生)
生态类型	农田		(农田,森林,草地,荒漠,湖泊,湿地,海湾)		
气候带	温带		(热带,亚热带,暖温带,温带,寒温带,寒带)		
地 形	山地		(平原,山地,丘陵,盆地,高原)		
土壤类型	黄壤				
	(盐碱土,红壤,黄壤,棕壤,褐土,黑土,黑钙土,栗钙土,漠土,沼泽土,高山土,其他)				
采集方式	农户收集		(农户收集,田间采集,野外采集,市场购买,其他)		
采集部位	种子		(可多选:种子,植株,种茎,块根,果实,其他)		
样品数量		粒	750 克		个/条/株
样品照片	P621023003-1				
	(照片编号用中文逗号隔开)				
是否采集标本	否		(是,否)		
提供人	姓名		性别		民族
	年龄		联系电话		
备 注					

表6.4 "第三次全国农作物种质资源普查与收集"种质资源征集表（四）

注：*为必填项							
样品编号*	P621023004	日期*	2021	年	11	月	4 日
普查单位*	华池县农业农村局	填表人	杨晓媛	填表人联系电话	13519349962		
地　点*	甘肃 省	庆阳 市	华池 县	乔川 乡/镇	铁角城 村		
经度	107.626779度	纬度	36.817665度	海拔	1393米		
作物名称	大豆		种质名称	生菜豆			
科　名	*Leguminosae*（豆科）		属　名	*Glycine*（大豆属）			
种　名	*Glycine max* L. Merrill（大豆）		学　名	*Glycine max*（Linn.）Merr.（大豆）			
种质类型	地方品种	（地方品种，选育品种，野生资源，其他）					
种质来源	当地	（当地，外地，国外）					
生长习性	一年生	（一年生，多年生，越年生）	繁殖习性	有性	（有性，无性，兼性）		
播种期	4 月 上 旬			收获期	9 月 中 旬		
主要特性	高产，优质，抗旱 （可多选：高产，优质，抗病，抗虫，耐盐碱，抗旱，广适，耐寒，耐热，耐涝，耐贫瘠，其他）						
其他特性							
主要特性详细描述*	株高53~65厘米，豆荚扁平，每个豆荚产豆2~3粒，根系发达，亩产300千克左右						

续表

种质用途	食用，加工原料	(可多选：食用，饲用，药用，加工原料，其他)		
利用部位	种子（果实）	(可多选：种子（果实），根，茎，叶，花，其他)		
种质分布	广	（广，窄，少）	种质群落（野生）	群生	（群生，散生）
生态类型	农田	(农田，森林，草地，荒漠，湖泊，湿地，海湾)		
气候带	温带	(热带，亚热带，暖温带，温带，寒温带，寒带)		
地形	山地	(平原，山地，丘陵，盆地，高原)		
土壤类型	黄壤			
	(盐碱土，红壤，黄壤，棕壤，褐土，黑土，黑钙土，栗钙土，漠土，沼泽土，高山土，其他)			
采集方式	农户收集	(农户收集，田间采集，野外采集，市场购买，其他)		
采集部位	种子	(可多选：种子，植株，种茎，块根，果实，其他)		
样品数量	粒 581	克	个/条/株	
样品照片	P621023004-1，P621023004-2			
	(照片编号用中文逗号隔开)			
是否采集标本	否	(是，否)		
提供人	姓名		性别		民族	
	年龄		联系电话			
备注				

表6.5 "第三次全国农作物种质资源普查与收集"种质资源征集表(五)

注:*为必填项							
样品编号*	P621023005	日期*	2021	年	7	月	15 日
普查单位*	华池县农业农村局	填表人	刘翠平	填表人联系电话	15209346088		
地 点*	甘肃 省	庆阳 市	华池 县	乔川 乡/镇	铁角城 村		
经 度	107.626779度	纬度	36.817665度	海 拔	1393米		
作物名称	糜子		种质名称	红糜子			
科 名	*Gramineae*(禾本科)		属 名	*Panicum*(黍属)			
种 名	*Panicum miliaceum* L.(糜子)		学 名	*Panicum miliaceum* var. compactrm(穄子)			
种质类型	地方品种	(地方品种,选育品种,野生资源,其他)					
种质来源	当地	(当地,外地,国外)					
生长习性	一年生	(一年生,多年生,越年生)	繁殖习性	有性	(有性,无性,兼性)		
播 种 期	5	月	下	旬	收获期	9 月 下 旬	
主要特性	优质,抗病,抗虫,抗旱						
	(可多选:高产,优质,抗病,抗虫,耐盐碱,抗旱,广适,耐寒,耐热,耐涝,耐贫瘠,其他)						
其他特性	做米面馍馍,黄米干饭等						
主要特性详细描述*	株高110厘米左右,亩产量200千克左右,叶片及叶鞘有茸毛,有分枝;粒红棕色,有光泽,米淡黄色						

续表

种质用途	食用		(可多选：食用，饲用，药用，加工原料，其他)		
利用部位	种子（果实）		(可多选：种子（果实），根，茎，叶，花，其他)		
种质分布	广	(广，窄，少)	种质群落（野生）	群生	(群生，散生)
生态类型	农田		(农田，森林，草地，荒漠，湖泊，湿地，海湾)		
气候带	温带		(热带，亚热带，暖温带，温带，寒温带，寒带)		
地形	山地		(平原，山地，丘陵，盆地，高原)		
土壤类型	黄壤				
	(盐碱土，红壤，黄壤，棕壤，褐土，黑土，黑钙土，栗钙土，漠土，沼泽土，高山土，其他)				
采集方式	农户收集		(农户收集，田间采集，野外采集，市场购买，其他)		
采集部位	种子		(可多选：种子，植株，种茎，块根，果实，其他)		
样品数量		粒	500 克		个/条/株
样品照片	P621023005-1				
	(照片编号用中文逗号隔开)				
是否采集标本	否		(是，否)		
提供人	姓名		性别	民族	
	年龄		联系电话		
备注					

表6.6 "第三次全国农作物种质资源普查与收集"种质资源征集表(六)

注：*为必填项							
样品编号*	P621023006	日期*	2021 年	7 月	15 日		
普查单位*	华池县农业农村局	填表人	张武锋	填表人联系电话	13993421978		
地 点*	甘肃 省	庆阳 市	华池 县	乔川 乡/镇	铁角城 村		
经 度	107.626779度	纬 度	36.817665度	海 拔	1393米		
作物名称	糜子		种质名称	黑软糜子			
科 名	Gramineae（禾本科）		属 名	Panicum（黍属）			
种 名	Panicum miliaceum L.（糜子）		学 名	Panicum miliaceum var. compactrm（穄子）			
种质类型	地方品种	（地方品种，选育品种，野生资源，其他）					
种质来源	当地	（当地，外地，国外）					
生长习性	一年生	（一年生，多年生，越年生）		繁殖习性	有性	（有性，无性，兼性）	
播种期	5 月	下	旬	收获期	9 月	下	旬
主要特性	优质，抗病，抗旱，耐贫瘠						
	（可多选：高产，优质，抗病，抗虫，耐盐碱，抗旱，广适，耐寒，耐热，耐涝，耐贫瘠，其他）						
其他特性	酿酒，吃黏糕						
主要特性详细描述*	苗绿色，茎浅绿色，有叶舌，叶片及叶鞘有茸毛，侧穗，粒黑色，有光泽，糯性；米白色，肚脐黄褐色						

续表

种质用途	食用			(可多选：食用，饲用，药用，加工原料，其他)		
利用部位	种子（果实）			(可多选：种子（果实），根，茎，叶，花，其他)		
种质分布	广	(广，窄，少)		种质群落（野生）	群生	(群生，散生)
生态类型	农田			(农田，森林，草地，荒漠，湖泊，湿地，海湾)		
气候带	温带			(热带，亚热带，暖温带，温带，寒温带，寒带)		
地形	山地			(平原，山地，丘陵，盆地，高原)		
土壤类型	(盐碱土，红壤，黄壤，棕壤，褐土，黑土，黑钙土，栗钙土，漠土，沼泽土，高山土，其他)					
采集方式	农户收集			(农户收集，田间采集，野外采集，市场购买，其他)		
采集部位	种子			(可多选：种子，植株，种茎，块根，果实，其他)		
样品数量	粒	450	克		个/条/株	
样品照片	（照片编号用中文逗号隔开）					
是否采集标本	否			（是，否）		
提供人	姓名		性别		民族	
	年龄		联系电话			
备注						

表6.7 "第三次全国农作物种质资源普查与收集"种质资源征集表（七）

注：*为必填项							
样品编号*	P621023007	日期*	2021	年	7	月	15	日
普查单位*	华池县农业农村局	填表人	刘翠平	填表人联系电话	15209346088		
地　　点*	甘肃　省	庆阳　市	华池　县	乔川　乡/镇	徐背台　村		
经　　度	107.626365度	纬度	36.816412度	海拔	1383.1米		
作物名称	糜子	种质名称	白糜子				
科　　名	Gramineae（禾本科）	属　名	Panicum（黍属）				
种　　名	Panicum miliaceum L.（糜子）	学　名	Panicum miliaceum var. compactrm（穄子）				
种质类型	地方品种	（地方品种，选育品种，野生资源，其他）					
种质来源	当地	（当地，外地，国外）					
生长习性	一年生	（一年生，多年生，越年生）	繁殖习性	有性	（有性，无性，兼性）		
播种期	5	月	下	旬	收获期	9	月	下	旬
主要特性	抗病，耐盐碱，抗旱 （可多选：高产，优质，抗病，抗虫，耐盐碱，抗旱，广适，耐寒，耐热，耐涝，耐贫瘠，其他）						
其他特性							
主要特性详细描述*	苗绿色，茎浅绿色，有叶舌，叶片及叶鞘有茸毛，侧穗，粒白色，有光泽；米乳白色，粳性						

续表

种质用途	食用		(可多选：食用，饲用，药用，加工原料，其他)		
利用部位	种子（果实）		(可多选：种子（果实），根，茎，叶，花，其他)		
种质分布	广	(广，窄，少)	种质群落（野生）	群生	(群生，散生)
生态类型	农田		(农田，森林，草地，荒漠，湖泊，湿地，海湾)		
气候带	温带		(热带，亚热带，暖温带，温带，寒温带，寒带)		
地形	山地		(平原，山地，丘陵，盆地，高原)		
土壤类型	黄壤				
	(盐碱土，红壤，黄壤，棕壤，褐土，黑土，黑钙土，栗钙土，漠土，沼泽土，高山土，其他)				
采集方式	农户收集		(农户收集，田间采集，野外采集，市场购买，其他)		
采集部位	种子		(可多选：种子，植株，种茎，块根，果实，其他)		
样品数量	粒	500	克		个/条/株
样品照片	P621023007-1				
	（照片编号用中文逗号隔开）				
是否采集标本	否		(是，否)		
提供人	姓名		性别		民族
	年龄		联系电话		
备注					

表6.8 "第三次全国农作物种质资源普查与收集"种质资源征集表(八)

注:*为必填项							
样品编号*	P621023008	日期*	2021	年	7	月	15 日
普查单位*	华池县农业农村局	填表人	慕东华	填表人联系电话		15339465081	
地点*	甘肃 省	庆阳 市	华池 县	乔川 乡/镇		徐背台 村	
经度	107.626365度	纬度	36.816412度	海拔		1383.1米	
作物名称	苦荞麦		种质名称	麻苦荞			
科名	Polygonum(蓼科)		属名	Fagopyrum(荞麦属)			
种名	Fagopyrum tataricum(L.)Gaertn(苦荞麦)		学名	Fagopyrum tataricum(L.)Gaertn.(苦荞麦)			
种质类型	地方品种	(地方品种,选育品种,野生资源,其他)					
种质来源	当地	(当地,外地,国外)					
生长习性	一年生	(一年生,多年生,越年生)		繁殖习性	有性	(有性,无性,兼性)	
播种期	7 月	上	旬	收获期	10 月	中	旬
主要特性	抗病,抗虫,抗旱						
	(可多选:高产,优质,抗病,抗虫,耐盐碱,抗旱,广适,耐寒,耐热,耐涝,耐贫瘠,其他)						
其他特性							
主要特性详细描述*	瘦果长卵形,长5~6毫米,具3棱及3条纵沟,上部棱角锐利,下部圆钝,麻灰色,无光泽;亩平均产量200千克,抗旱、抗病虫害,稳产						

续表

种质用途	食用		（可多选：食用，饲用，药用，加工原料，其他）		
利用部位	种子（果实）		（可多选：种子（果实），根，茎，叶，花，其他）		
种质分布	广	（广，窄，少）	种质群落（野生）	群生	（群生，散生）
生态类型	农田		（农田，森林，草地，荒漠，湖泊，湿地，海湾）		
气候带	温带		（热带，亚热带，暖温带，温带，寒温带，寒带）		
地形	山地		（平原，山地，丘陵，盆地，高原）		
土壤类型	黄壤				
	（盐碱土，红壤，黄壤，棕壤，褐土，黑土，黑钙土，栗钙土，漠土，沼泽土，高山土，其他）				
采集方式	农户收集		（农户收集，田间采集，野外采集，市场购买，其他）		
采集部位	种子		（可多选：种子，植株，种茎，块根，果实，其他）		
样品数量	粒	750	克		个/条/株
样品照片	P621023008-1				
	（照片编号用中文逗号隔开）				
是否采集标本	否		（是，否）		
提供人	姓名		性别		民族
	年龄		联系电话		
备注					

表6.9 "第三次全国农作物种质资源普查与收集"种质资源征集表（九）

注：*为必填项							
样品编号*	P621023009	日期*	2021 年	6	月	25	日
普查单位*	华池县农业农村局	填表人	刘翠平	填表人联系电话		15209346088	
地　点*	甘肃 省	庆阳 市	华池 县	乔川 乡/镇		徐背台 村	
经　度	107.626365度	纬度	36.816412度	海拔		1383.1米	
作物名称	苦荞麦		种质名称	黑苦荞			
科　名	Polygonum（蓼科）		属　名	Fagopyrum（荞麦属）			
种　名	Fagopyrum tataricum（L.）Gaertn（苦荞麦）		学　名	Fagopyrum tataricum（L.）Gaertn.（苦荞麦）			
种质类型	地方品种	（地方品种，选育品种，野生资源，其他）					
种质来源	当地	（当地，外地，国外）					
生长习性	一年生	（一年生，多年生，越年生）		繁殖习性	有性	（有性，无性，兼性）	
播种期	7 月	上	旬	收获期	10 月	中	旬
主要特性	抗病，抗虫，抗旱						
	（可多选：高产，优质，抗病，抗虫，耐盐碱，抗旱，广适，耐寒，耐热，耐涝，耐贫瘠，其他）						
其他特性							
主要特性详细描述*	茎绿色，叶绿色，花淡绿色，瘦果长卵形，长5~6毫米，具3棱及3条纵沟，上部棱角锐利，下部圆钝有时具波状齿，黑褐色，无光泽，亩平均产量200千克，抗旱、抗病虫害，稳产						

续表

种质用途	食用，药用		（可多选：食用，饲用，药用，加工原料，其他）		
利用部位	种子（果实）		（可多选：种子（果实），根，茎，叶，花，其他）		
种质分布	广	（广，窄，少）	种质群落（野生）	群生	（群生，散生）
生态类型	农田		（农田，森林，草地，荒漠，湖泊，湿地，海湾）		
气候带	温带		（热带，亚热带，暖温带，温带，寒温带，寒带）		
地形	山地		（平原，山地，丘陵，盆地，高原）		
土壤类型	黄壤				
	（盐碱土，红壤，黄壤，棕壤，褐土，黑土，黑钙土，栗钙土，漠土，沼泽土，高山土，其他）				
采集方式	农户收集		（农户收集，田间采集，野外采集，市场购买，其他）		
采集部位	种子		（可多选：种子，植株，种茎，块根，果实，其他）		
样品数量	粒	750	克		个/条/株
样品照片	P621023009-1				
	（照片编号用中文逗号隔开）				
是否采集标本	否		（是，否）		
提供人	姓名		性别	民族	
	年龄		联系电话		
备注					

表6.10 "第三次全国农作物种质资源普查与收集"种质资源征集表(十)

注：*为必填项							
样品编号*	P621023010	日期*	2021 年		6 月	25	日
普查单位*	华池县农业农村局	填表人	杨晓媛	填表人联系电话		13519349962	
地　　点*	甘肃 省	庆阳 市	华池 县		乔川 乡/镇	徐背台	村
经　　度	107.626365度	纬　度	36.816412度	海　拔		1383.1米	
作物名称	荞麦		种质名称		荞麦		
科　　名	*Polygonum*（蓼科）		属　名		*Fagopyrum*（荞麦属）		
种　　名	*Fagopyrum esculentum* Moench（荞麦）		学　名		*Fagopyrum esculentum* Moench（荞麦）		
种质类型	地方品种	（地方品种，选育品种，野生资源，其他）					
种质来源	当地	（当地，外地，国外）					
生长习性	一年生	（一年生，多年生，越年生）		繁殖习性	有性	（有性，无性，兼性）	
播种期	7 月	上	旬	收获期	10 月	中	旬
主要特性	高产，优质，抗病，抗虫，抗旱 （可多选：高产，优质，抗病，抗虫，耐盐碱，抗旱，广适，耐寒，耐热，耐涝，耐贫瘠，其他）						
其他特性	乔川荞麦品质最佳，当地人习惯婚丧嫁娶事宜吃荞面饸饹						
主要特性详细描述*	生育期67~70天，茎淡红色，叶绿色，花粉红色，分枝4~7个，种皮黑色，具3棱，单株粒数49粒，千粒重32.06克，亩均产量60千克，抗旱、抗病虫害，优质、高产						

续表

种质用途	食用		(可多选：食用，饲用，药用，加工原料，其他)		
利用部位	种子（果实）		(可多选：种子（果实），根，茎，叶，花，其他)		
种质分布	广	（广，窄，少）	种质群落（野生）	群生	（群生，散生）
生态类型	农田		(农田，森林，草地，荒漠，湖泊，湿地，海湾)		
气候带	温带		(热带，亚热带，暖温带，温带，寒温带，寒带)		
地形	山地		(平原，山地，丘陵，盆地，高原)		
土壤类型	黄壤				
	(盐碱土，红壤，黄壤，棕壤，褐土，黑土，黑钙土，栗钙土，漠土，沼泽土，高山土，其他)				
采集方式	农户收集		(农户收集，田间采集，野外采集，市场购买，其他)		
采集部位	种子		(可多选：种子，植株，种茎，块根，果实，其他)		
样品数量	粒	750	克		个/条/株
样品照片	P621023010-1				
	(照片编号用中文逗号隔开)				
是否采集标本	否		(是，否)		
提供人	姓名		性别		民族
	年龄		联系电话		
备注					

表6.11 "第三次全国农作物种质资源普查与收集"种质资源征集表(十一)

注：*为必填项								
样品编号*	P621023011		日期*	2021	年	6	月	25	日
普查单位*	华池县农业农村局		填表人	杨晓媛	填表人联系电话		13519349962	
地　点*	甘肃	省	庆阳	市	华池	县	乔川	乡/镇	徐背台	村
经　度	107.626365度		纬度	36.816412度	海拔		1383.1米	
作物名称	大麻			种质名称		小麻子		
科　名	Moraceae（桑科）			属　名		Cannabis（大麻属）		
种　名	Cannabis sativa L.（大麻）			学　名		Cannabis sativa L.（大麻）		
种质类型	地方品种		（地方品种，选育品种，野生资源，其他）					
种质来源	当地		（当地，外地，国外）					
生长习性	一年生		（一年生，多年生，越年生）		繁殖习性	有性	（有性，无性，兼性）	
播种期	4	月	下	旬	收获期	10	月	上	旬
主要特性	抗病，抗虫，抗旱 （可多选：高产，优质，抗病，抗虫，耐盐碱，抗旱，广适，耐寒，耐热，耐涝，耐贫瘠，其他）							
其他特性	用于榨油							
主要特性详细描述*	植株高大，1米以上，分叉多，麻子种子相对一般大麻较小，所以当地人称之为小麻子							

续表

种质用途	食用		(可多选：食用，饲用，药用，加工原料，其他)		
利用部位	种子（果实）		(可多选：种子(果实)，根，茎，叶，花，其他)		
种质分布	窄	（广，窄，少）	种质群落（野生）	群生	（群生，散生）
生态类型	农田		(农田，森林，草地，荒漠，湖泊，湿地，海湾)		
气候带	温带		(热带，亚热带，暖温带，温带，寒温带，寒带)		
地形	山地		(平原，山地，丘陵，盆地，高原)		
土壤类型	黄壤				
	(盐碱土，红壤，黄壤，棕壤，褐土，黑土，黑钙土，栗钙土，漠土，沼泽土，高山土，其他)				
采集方式	农户收集		(农户收集，田间采集，野外采集，市场购买，其他)		
采集部位	种子		(可多选：种子，植株，种茎，块根，果实，其他)		
样品数量	粒	750 克		个/条/株	
样品照片	P621023011-1				
	（照片编号用中文逗号隔开）				
是否采集标本	否		（是，否）		
提供人	姓名		性别	民族	
	年龄		联系电话		
备注					

表6.12 "第三次全国农作物种质资源普查与收集"种质资源征集表(十二)

注：*为必填项							
样品编号*	P621023012	日期*	2021	年	5	月	24	日
普查单位*	华池县农业农村局	填表人	杨晓媛	填表人联系电话	13519349962		
地 点*	甘肃 省	庆阳 市	华池 县	乔川 乡/镇	铁角城 村		
经 度	107.731631度	纬度	36.771356度	海 拔	1484米		
作物名称	谷子		种质名称	红酒谷			
科 名	Gramineae（禾本科）		属 名	Setaria（狗尾草属）			
种 名	Setaria italica var. germanica（Mill.）Schred.（粟）		学 名	Setaria italica（谷子）			
种质类型	地方品种	（地方品种，选育品种，野生资源，其他）					
种质来源	当地	（当地，外地，国外）					
生长习性	一年生	（一年生，多年生，越年生）	繁殖习性	有性	（有性，无性，兼性）		
播 种 期	5	月	中	旬	收获期	9	月	下	旬
主要特性	抗病，抗虫，抗旱，耐贫瘠						
	（可多选：高产，优质，抗病，抗虫，耐盐碱，抗旱，广适，耐寒，耐热，耐涝，耐贫瘠，其他）						
其他特性	用于酿黄酒						
主要特性详细描述*	生育期125~130天，株高96厘米左右，谷穗红色，米黄色						

续表

种质用途	食用，加工原料	（可多选：食用，饲用，药用，加工原料，其他）		
利用部位	种子（果实）	（可多选：种子（果实），根，茎，叶，花，其他）		
种质分布	广	（广，窄，少）	种质群落（野生）	群生	（群生，散生）
生态类型	农田	（农田，森林，草地，荒漠，湖泊，湿地，海湾）		
气候带	温带	（热带，亚热带，暖温带，温带，寒温带，寒带）		
地形	山地	（平原，山地，丘陵，盆地，高原）		
土壤类型	黄壤			
	（盐碱土，红壤，黄壤，棕壤，褐土，黑土，黑钙土，栗钙土，漠土，沼泽土，高山土，其他）			
采集方式	农户收集	（农户收集，田间采集，野外采集，市场购买，其他）		
采集部位	种子	（可多选：种子，植株，种茎，块根，果实，其他）		
样品数量	粒 600 克		个/条/株	
样品照片	P621023012-1			
	（照片编号用中文逗号隔开）			
是否采集标本	否	（是，否）		
提供人	姓名		性别		民族	
	年龄		联系电话			
备注				

第六章 农作物种质资源征集情况

表6.13 "第三次全国农作物种质资源普查与收集"种质资源征集表（十三）

注：*为必填项

样品编号*	P621023013	日期*	2021	年	4	月	13	日
普查单位*	华池县农业农村局	填表人	慕东华	填表人联系电话	15339465081			
地 点*	甘肃 省	庆阳 市		华池 县		柔远 乡/镇		李庄 村
经 度	107.988368度	纬度	36.521076度	海拔	1264米			
作物名称	菜豆		种质名称		小白芸豆			
科 名	*Leguminosae*（豆科）		属 名		*Phaseolus*（菜豆属）			
种 名	*Phaseolus vulgaris*（菜豆）		学 名		*Phaseolus vulgaris* Linn.（菜豆）			
种质类型	地方品种	（地方品种，选育品种，野生资源，其他）						
种质来源	当地	（当地，外地，国外）						
生长习性	一年生	（一年生，多年生，越年生）		繁殖习性	有性	（有性，无性，兼性）		
播种期	5	月	上	旬	收获期	9	月	下 旬
主要特性	优质，抗病，抗旱							
	（可多选：高产，优质，抗病，抗虫，耐盐碱，抗旱，广适，耐寒，耐热，耐涝，耐贫瘠，其他）							
其他特性	用于制作豆馅，豆沙，有药用价值							
主要特性详细描述*	豆粒白色，见条状隐形花纹，有光泽，种脐白色，长8.4毫米，宽5.2毫米，厚4毫米，种粒整齐，饱满							

续表

种质用途	食用，药用		(可多选：食用，饲用，药用，加工原料，其他)	
利用部位	种子（果实）		(可多选：种子(果实)，根，茎，叶，花，其他)	
种质分布	窄	（广，窄，少）	种质群落（野生）	群生	（群生，散生）
生态类型	农田		(农田，森林，草地，荒漠，湖泊，湿地，海湾)	
气候带	温带		(热带，亚热带，暖温带，温带，寒温带，寒带)	
地形	山地		(平原，山地，丘陵，盆地，高原)	
土壤类型	黄壤			
	(盐碱土，红壤，黄壤，棕壤，褐土，黑土，黑钙土，栗钙土，漠土，沼泽土，高山土，其他)			
采集方式	农户收集		(农户收集，田间采集，野外采集，市场购买，其他)	
采集部位	种子		(可多选：种子，植株，种茎，块根，果实，其他)	
样品数量	粒	750	克	个/条/株
样品照片	P621023013-1			
	（照片编号用中文逗号隔开）			
是否采集标本	否		(是，否)	
提供人	姓名		性别		民族	
	年龄		联系电话			
备注				

表6.14 "第三次全国农作物种质资源普查与收集"种质资源征集表(十四)

注：*为必填项							
样品编号*	P621023014	日期*	2021 年	4 月	13 日		
普查单位*	华池县农业农村局	填表人	张武锋	填表人联系电话	13993421978		
地　点*	甘肃 省	庆阳 市	华池 县	柔远 乡/镇	白家川 村		
经　度	107.919865度	纬度	36.402421度	海拔	1186.2米		
作物名称	西葫芦	种质名称	白瓜子				
科　名	Cucurbitaceae（葫芦科）	属　名	Cucurbita（南瓜属）				
种　名	Cucurbita pepo Linn.（西葫芦）	学　名	Cucurbita pepo Linn.（西葫芦）				
种质类型	地方品种	（地方品种，选育品种，野生资源，其他）					
种质来源	当地	（当地，外地，国外）					
生长习性	一年生	（一年生，多年生，越年生）	繁殖习性	有性	（有性，无性，兼性）		
播种期	4 月	下 旬	收获期	10 月	上 旬		
主要特性	抗病，抗旱						
	（可多选：高产，优质，抗病，抗虫，耐盐碱，抗旱，广适，耐寒，耐热，耐涝，耐贫瘠，其他）						
其他特性							
主要特性详细描述*	长蔓，蔓长3米左右，瓜形圆盘状，籽长1.98厘米，宽1.08厘米，籽含油量大，适口性好						

续表

种质用途	食用		(可多选：食用，饲用，药用，加工原料，其他)		
利用部位	种子（果实）		(可多选：种子（果实），根，茎，叶，花，其他)		
种质分布	广	（广，窄，少）	种质群落（野生）	群生	（群生，散生）
生态类型	农田		(农田，森林，草地，荒漠，湖泊，湿地，海湾)		
气候带	温带		(热带，亚热带，暖温带，温带，寒温带，寒带)		
地形	山地		(平原，山地，丘陵，盆地，高原)		
土壤类型	黄壤				
	(盐碱土，红壤，黄壤，棕壤，褐土，黑土，黑钙土，栗钙土，漠土，沼泽土，高山土，其他)				
采集方式	农户收集		(农户收集，田间采集，野外采集，市场购买，其他)		
采集部位	种子		(可多选：种子，植株，种茎，块根，果实，其他)		
样品数量	粒	750	克		个/条/株
样品照片	P621023014-1				
	（照片编号用中文逗号隔开）				
是否采集标本	否		（是，否）		
提供人	姓名		性别	民族	
	年龄		联系电话		
备注					

表6.15 "第三次全国农作物种质资源普查与收集"种质资源征集表(十五)

注：*为必填项							
样品编号*	P621023015	日期*	2021	年	4	月	26 日
普查单位*	华池县农业农村局	填表人	刘翠平	填表人联系电话		15209346088	
地 点*	甘肃 省	庆阳 市	华池 县	柔远 乡/镇		土坪 村	
经 度	107.926068度	纬 度	36.460654度	海 拔		1387米	
作物名称	豇豆		种质名称	鸡蛋豆			
科 名	Leguminosae（豆科）		属 名	Vigna Savi（豇豆属）			
种 名	Vigna sinensis.Savi（豇豆）		学 名	Vigna unguiculata（Linn.）Walp（豇豆）			
种质类型	地方品种	（地方品种，选育品种，野生资源，其他）					
种质来源	当地	（当地，外地，国外）					
生长习性	一年生	（一年生，多年生，越年生）		繁殖习性	有性	（有性，无性，兼性）	
播种期	5 月	上	旬	收获期	9 月	下	旬
主要特性	抗病，抗旱						
	（可多选：高产，优质，抗病，抗虫，耐盐碱，抗旱，广适，耐寒，耐热，耐涝，耐贫瘠，其他）						
其他特性							
主要特性详细描述*	种皮淡黄色，椭圆形，长1厘米，直径7毫米；种脐明显，圆形具黑圈						

续表

种质用途	食用		(可多选：食用，饲用，药用，加工原料，其他)	
利用部位	种子（果实）		(可多选：种子（果实），根，茎，叶，花，其他)	
种质分布	窄	（广，窄，少）	种质群落（野生）	群生	（群生，散生）
生态类型	农田		(农田，森林，草地，荒漠，湖泊，湿地，海湾)	
气候带	温带		(热带，亚热带，暖温带，温带，寒温带，寒带)	
地形	山地		(平原，山地，丘陵，盆地，高原)	
土壤类型	黄壤			
	(盐碱土，红壤，黄壤，棕壤，褐土，黑土，黑钙土，栗钙土，漠土，沼泽土，高山土，其他)			
采集方式	农户收集		(农户收集，田间采集，野外采集，市场购买，其他)	
采集部位	种子		(可多选：种子，植株，种茎，块根，果实，其他)	
样品数量	粒	830	克	个/条/株
样品照片	P621023015-1			
	(照片编号用中文逗号隔开)			
是否采集标本	否		(是，否)	
提供人	姓名		性别	民族
	年龄		联系电话	
备注				

表6.16 "第三次全国农作物种质资源普查与收集"种质资源征集表(十六)

注:*为必填项							
样品编号*	P621023016	日期*	2021	年	11	月	4	日
普查单位*	华池县农业农村局	填表人	杨晓媛	填表人联系电话	13519349962		
地 点*	甘肃 省	庆阳 市	华池 县	乔川乡 乡/镇	章渠子 村		
经 度	107.665424度	纬 度	36.767134度	海 拔	1366米		
作物名称	菜豆		种质名称	红豆			
科 名	*Leguminosae*(豆科)		属 名	*Phaseolus*(菜豆属)			
种 名	*Phaseolus vulgaris* Linn.(菜豆)		学 名	*Phaseolus vulgaris*(菜豆)			
种质类型	地方品种	(地方品种,选育品种,野生资源,其他)					
种质来源	当地	(当地,外地,国外)					
生长习性	一年生	(一年生,多年生,越年生)	繁殖习性	有性	(有性,无性,兼性)		
播种期	5	月	上	旬	收获期	9 月 下 旬	
主要特性	抗病,抗旱,耐贫瘠						
	(可多选:高产,优质,抗病,抗虫,耐盐碱,抗旱,广适,耐寒,耐热,耐涝,耐贫瘠,其他)						
其他特性							
主要特性详细描述*	豆大,红色,椭圆形						

续表

种质用途	食用		(可多选：食用，饲用，药用，加工原料，其他)	
利用部位	种子（果实）		(可多选：种子（果实），根，茎，叶，花，其他)	
种质分布	窄	（广，窄，少）	种质群落（野生）	群生	(群生，散生)
生态类型	农田		(农田，森林，草地，荒漠，湖泊，湿地，海湾)	
气候带	温带		(热带，亚热带，暖温带，温带，寒温带，寒带)	
地形	山地		(平原，山地，丘陵，盆地，高原)	
土壤类型	黄壤			
	(盐碱土，红壤，黄壤，棕壤，褐土，黑土，黑钙土，栗钙土，漠土，沼泽土，高山土，其他)			
采集方式	农户收集		(农户收集，田间采集，野外采集，市场购买，其他)	
采集部位	种子		(可多选：种子，植株，种茎，块根，果实，其他)	
样品数量	粒	500	克	个/条/株
样品照片	P621023016-1			
	(照片编号用中文逗号隔开)			
是否采集标本	否		(是，否)	
提供人	姓名		性别		民族	
	年龄		联系电话			
备注				

表6.17 "第三次全国农作物种质资源普查与收集"种质资源征集表（十七）

注：*为必填项							
样品编号*	P621023017	日期*	2021 年		5 月	17	日
普查单位*	华池县农业农村局	填表人	杨晓媛	填表人联系电话		13519349962	
地　点*	甘肃 省	庆阳 市	华池 县		悦乐 乡/镇	店坪	村
经　度	107.87261度	纬度	36.321557度	海拔		1319米	
作物名称	苜蓿		种质名称		苜蓿		
科　名	*Leguminosae*（豆科）		属　名		*Medicago* L.（苜蓿属）		
种　名	*Medicago Sativa* Linn（苜蓿）		学　名		*Medicago Sativa* Linn（苜蓿）		
种质类型	地方品种	（地方品种，选育品种，野生资源，其他）					
种质来源	当地	（当地，外地，国外）					
生长习性	多年生	（一年生，多年生，越年生）		繁殖习性	有性	（有性，无性，兼性）	
播种期	9 月	上	旬	收获期	5 月	下	旬
主要特性	抗病，抗虫，抗旱，耐贫瘠						
	（可多选：高产，优质，抗病，抗虫，耐盐碱，抗旱，广适，耐寒，耐热，耐涝，耐贫瘠，其他）						
其他特性							
主要特性详细描述*	适应性广，喜温暖、半干燥、半湿润的气候条件和干燥疏松、排水良好、高钙质的土壤生长；花紫色						

续表

种质用途	饲用		(可多选：食用，饲用，药用，加工原料，其他)		
利用部位	种子（果实），茎，叶		(可多选：种子（果实），根，茎，叶，花，其他)		
种质分布	广	（广，窄，少）	种质群落（野生）	群生	（群生，散生）
生态类型	农田		（农田，森林，草地，荒漠，湖泊，湿地，海湾）		
气候带	温带		（热带，亚热带，暖温带，温带，寒温带，寒带）		
地　形	山地		（平原，山地，丘陵，盆地，高原）		
土壤类型	黄壤				
	（盐碱土，红壤，黄壤，棕壤，褐土，黑土，黑钙土，栗钙土，漠土，沼泽土，高山土，其他）				
采集方式	农户收集		（农户收集，田间采集，野外采集，市场购买，其他）		
采集部位	种子		（可多选：种子，植株，种茎，块根，果实，其他）		
样品数量	粒	500	克		个/条/株
样品照片	P621023017-1				
	（照片编号用中文逗号隔开）				
是否采集标本	是		（是，否）		
提供人	姓名		性别		民族
	年龄		联系电话		
备　注					

表6.18 "第三次全国农作物种质资源普查与收集"种质资源征集表（十八）

注：*为必填项							
样品编号*	P621023018	日期*	2021	年	7	月	21	日
普查单位*	华池县农业农村局	填表人	王树琼	填表人联系电话	13809342828		
地 点*	甘肃 省	庆阳 市	华池 县	怀安 乡/镇	宋咀子 村		
经 度	107.868406度	纬 度	36.666292度	海 拔	1570米		
作物名称	豌豆		种质名称	草豌豆			
科 名	*Leguminosae*（豆科）		属 名	*Pisum* Linn（豌豆属）			
种 名	*Pisum sativum* Linn（豌豆）		学 名	*Pisum sativum* L.（豌豆）			
种质类型	地方品种	（地方品种，选育品种，野生资源，其他）					
种质来源	当地	（当地，外地，国外）					
生长习性	一年生	（一年生，多年生，越年生）	繁殖习性	有性	（有性，无性，兼性）		
播种期	4 月 下 旬			收获期	9 月 下 旬		
主要特性	优质，抗旱，耐寒（可多选：高产，优质，抗病，抗虫，耐盐碱，抗旱，广适，耐寒，耐热，耐涝，耐贫瘠，其他）						
其他特性							
主要特性详细描述*	豆彩色，不规则，形似小石头						

续表

种质用途	饲用		(可多选：食用，饲用，药用，加工原料，其他)		
利用部位	种子（果实）		(可多选：种子（果实），根，茎，叶，花，其他)		
种质分布	窄	（广，窄，少）	种质群落（野生）	群生	（群生，散生）
生态类型	农田		(农田，森林，草地，荒漠，湖泊，湿地，海湾)		
气候带	温带		(热带，亚热带，暖温带，温带，寒温带，寒带)		
地形	山地		(平原，山地，丘陵，盆地，高原)		
土壤类型	黄壤				
	(盐碱土，红壤，黄壤，棕壤，褐土，黑土，黑钙土，栗钙土，漠土，沼泽土，高山土，其他)				
采集方式	农户收集		(农户收集，田间采集，野外采集，市场购买，其他)		
采集部位	种子		(可多选：种子，植株，种茎，块根，果实，其他)		
样品数量	粒	750	克		个/条/株
样品照片	P621023018-1				
	(照片编号用中文逗号隔开)				
是否采集标本	否		(是，否)		
提供人	姓名		性别	民族	
	年龄		联系电话		
备注					

| 198 |

表6.19 "第三次全国农作物种质资源普查与收集"种质资源征集表(十九)

注：*为必填项							
样品编号*	P621023019	日期*	2021年		7月		28日
普查单位*	华池县农业农村局	填表人	刘翠平	填表人联系电话		15209346088	
地点*	甘肃省	庆阳市	华池县	悦乐乡/镇		乔崾岘村	
经度	107.821827度	纬度	36.303348度	海拔		1215.7米	
作物名称	豇豆		种质名称	豇豆			
科名	Leguminosae（豆科）		属名	Vigna Savi（豇豆属）			
种名	Vigna sinensis.Savi（豇豆）		学名	Vigna unguiculata（Linn.）Walp（豇豆）			
种质类型	地方品种	（地方品种，选育品种，野生资源，其他）					
种质来源	当地	（当地，外地，国外）					
生长习性	一年生	（一年生，多年生，越年生）		繁殖习性	有性	（有性，无性，兼性）	
播种期	4月 中旬			收获期	8月 上旬		
主要特性	优质，抗旱，耐寒，耐贫瘠（可多选：高产，优质，抗病，抗虫，耐盐碱，抗旱，广适，耐寒，耐热，耐涝，耐贫瘠，其他）						
其他特性							
主要特性详细描述*	豆角长10厘米，豆呈黄色或黄褐色，易生象甲						

续表

种质用途	食用		(可多选：食用，饲用，药用，加工原料，其他)	
利用部位	种子（果实）		(可多选：种子（果实），根，茎，叶，花，其他)	
种质分布	窄	（广，窄，少）	种质群落（野生）	群生	(群生，散生)
生态类型	农田		(农田，森林，草地，荒漠，湖泊，湿地，海湾)	
气候带	温带		(热带，亚热带，暖温带，温带，寒温带，寒带)	
地 形	山地		(平原，山地，丘陵，盆地，高原)	
土壤类型	黄壤			
	(盐碱土，红壤，黄壤，棕壤，褐土，黑土，黑钙土，栗钙土，漠土，沼泽土，高山土，其他)			
采集方式	农户收集		(农户收集，田间采集，野外采集，市场购买，其他)	
采集部位	种子		(可多选：种子，植株，种茎，块根，果实，其他)	
样品数量	粒	750	克	个/条/株
样品照片	P621023019-1，P621023019-2			
	(照片编号用中文逗号隔开)			
是否采集标本	否		(是，否)	
提供人	姓名		性别	民族
	年龄		联系电话	
备 注	有20多年种植史			

表6.20 "第三次全国农作物种质资源普查与收集"种质资源征集表(二十)

注：*为必填项							
样品编号*	P621023024	日期*	2021 年		7 月	29	日
普查单位*	华池县农业农村局	填表人	刘翠平	填表人联系电话		15209346088	
地　　点*	甘肃 省	庆阳 市	华池 县	悦乐	乡/镇	张桥	村
经　　度	107.905439度	纬 度	36.317287度	海 拔		1182.5米	
作物名称	紫苏		种质名称	荏			
科　　名	*Labiatae*（唇形科）		属　　名	*Perilla* L（紫苏属）			
种　　名	*Perillafrutescens*（L.）Britt.（紫苏）		学　　名	*Perillafrutescens*（L.）Britt.（紫苏）			
种质类型	地方品种	（地方品种，选育品种，野生资源，其他）					
种质来源	当地	（当地，外地，国外）					
生长习性	一年生	（一年生，多年生，越年生）		繁殖习性	有性	（有性，无性，兼性）	
播　种　期	4	月	上	旬	收获期	9 月 中 旬	
主要特性	优质，耐寒，耐贫瘠 （可多选：高产，优质，抗病，抗虫，耐盐碱，抗旱，广适，耐寒，耐热，耐涝，耐贫瘠，其他）						
其他特性							
主要特性详细描述*	株高85厘米左右，坚果近球形，直径约2.4毫米，具网纹						

续表

种质用途	食用		（可多选：食用，饲用，药用，加工原料，其他）	
利用部位	种子（果实）		（可多选：种子（果实），根，茎，叶，花，其他）	
种质分布	少	（广，窄，少）	种质群落（野生）	群生	（群生，散生）
生态类型	农田		（农田，森林，草地，荒漠，湖泊，湿地，海湾）	
气候带	温带		（热带，亚热带，暖温带，温带，寒温带，寒带）	
地形	山地		（平原，山地，丘陵，盆地，高原）	
土壤类型	黄壤			
	（盐碱土，红壤，黄壤，棕壤，褐土，黑土，黑钙土，栗钙土，漠土，沼泽土，高山土，其他）			
采集方式	农户收集		（农户收集，田间采集，野外采集，市场购买，其他）	
采集部位	种茎		（可多选：种子，植株，种茎，块根，果实，其他）	
样品数量		粒	400 克	个/条/株
样品照片	P621023024-1			
	（照片编号用中文逗号隔开）			
是否采集标本	否		（是，否）	
提供人	姓名		性别	民族
	年龄		联系电话	
备注				

表6.21 "第三次全国农作物种质资源普查与收集"种质资源征集表(二十一)

注：*为必填项							
样品编号*	P621023025	日期*	2021	年	8	月	31	日
普查单位*	华池县农业农村局	填表人	王树琼	填表人联系电话	13809342828		
地点*	甘肃 省	庆阳 市	华池 县	怀安 乡/镇	宋咀子 村		
经度	107.868406度	纬度	36.666292度	海拔	1570米		
作物名称	大豆	种质名称	黑滚豆				
科名	*Leguminosae*（豆科）	属名	*Glycine*（大豆属）				
种名	*Glycine max* L. Merrill（大豆）	学名	*Glycine max*（Linn.）Merr.（大豆）				
种质类型	地方品种	（地方品种，选育品种，野生资源，其他）					
种质来源	当地	（当地，外地，国外）					
生长习性	一年生	（一年生，多年生，越年生）	繁殖习性	有性	（有性，无性，兼性）		
播种期	4	月	下	旬	收获期	9	月	下	旬
主要特性	高产，优质，耐寒						
	（可多选：高产，优质，抗病，抗虫，耐盐碱，抗旱，广适，耐寒，耐热，耐涝，耐贫瘠，其他）						
其他特性							
主要特性详细描述*	茎直立，亚有限花序，豆椭圆，豆皮黑色，豆脐带形，白色						

续表

种质用途	食用		(可多选：食用，饲用，药用，加工原料，其他)		
利用部位	种子（果实）		(可多选：种子（果实），根，茎，叶，花，其他)		
种质分布	窄	（广，窄，少）	种质群落（野生）	群生	（群生，散生）
生态类型	农田		(农田，森林，草地，荒漠，湖泊，湿地，海湾)		
气候带	温带		(热带，亚热带，暖温带，温带，寒温带，寒带)		
地形	山地		(平原，山地，丘陵，盆地，高原)		
土壤类型	黄壤				
	(盐碱土，红壤，黄壤，棕壤，褐土，黑土，黑钙土，栗钙土，漠土，沼泽土，高山土，其他)				
采集方式	农户收集		(农户收集，田间采集，野外采集，市场购买，其他)		
采集部位	种子		(可多选：种子，植株，种茎，块根，果实，其他)		
样品数量	粒	750	克		个/条/株
样品照片	P621023025-1				
	(照片编号用中文逗号隔开)				
是否采集标本			(是，否)		
提供人	姓名		性别		民族
	年龄		联系电话		
备注					

表6.22 "第三次全国农作物种质资源普查与收集"种质资源征集表（二十二）

注：*为必填项							
样品编号*	P621023030	日期*	2021 年	9	月	10	日
普查单位*	华池县农业农村局	填表人	卢柯宁	填表人联系电话		18219741968	
地 点*	甘肃 省	庆阳 市	华池 县	柔远 乡/镇		黄岔 村	
经 度	107.915691度	纬 度	36.502567度	海 拔		1297米	
作物名称	绿豆		种质名称	绿小豆			
科 名	Leguminosae（豆科）		属 名	Vigna（豇豆属）			
种 名	Vigna rabiata (L.) Wilczek（绿豆）		学 名	Vigna radiata (Linn.) Wilczek. （绿豆）			
种质类型	地方品种	（地方品种，选育品种，野生资源，其他）					
种质来源	当地	（当地，外地，国外）					
生长习性	一年生	（一年生，多年生，越年生）		繁殖习性	有性	（有性，无性，兼性）	
播种期	5	月	中 旬	收获期	8 月	上	旬
主要特性	优质，耐寒，耐贫瘠						
	（可多选：高产，优质，抗病，抗虫，耐盐碱，抗旱，广适，耐寒，耐热，耐涝，耐贫瘠，其他）						
其他特性							
主要特性详细描述*	茎直立，无限花序，豆荚成熟后褐色，豆淡绿色，产量低，亩产50千克左右						

续表

种质用途	食用，加工原料		（可多选：食用，饲用，药用，加工原料，其他）		
利用部位	种子（果实）		（可多选：种子（果实），根，茎，叶，花，其他）		
种质分布	少	（广，窄，少）	种质群落（野生）	群生	（群生，散生）
生态类型	农田		（农田，森林，草地，荒漠，湖泊，湿地，海湾）		
气候带	温带		（热带，亚热带，暖温带，温带，寒温带，寒带）		
土壤类型	（盐碱土，红壤，黄壤，棕壤，褐土，黑土，黑钙土，栗钙土，漠土，沼泽土，高山土，其他）				
采集方式	农户收集		（农户收集，田间采集，野外采集，市场购买，其他）		
采集部位	种子		（可多选：种子，植株，种茎，块根，果实，其他）		
样品数量	粒	500	克		个/条/株
样品照片	P621023030-1，P621023030-2				
	（照片编号用中文逗号隔开）				
是否采集标本	否		（是，否）		
提供人	姓名		性别		民族
	年龄		联系电话		
备注					

表6.23 "第三次全国农作物种质资源普查与收集"种质资源征集表(二十三)

注：*为必填项							
样品编号*	P621023031	日期*	2021	年	8	月	15 日
普查单位*	华池县农业农村局	填表人	刘翠平	填表人联系电话		15209346088	
地　　点*	甘肃 省	庆阳 市		华池 县	五蛟 乡/镇	蒋塬	村
经　　度	107.857861度	纬 度	36.427428度	海 拔		1412.2米	
作物名称	葱			种质名称		红葱	
科　　名	*Liliaceae*（百合科）			属　名		*Allium*（葱属）	
种　　名	*Allium fistulosum* L.（葱）			学　名		*Allium fistulosum* L.（葱）	
种质类型	地方品种	（地方品种，选育品种，野生资源，其他）					
种质来源	当地	（当地，外地，国外）					
生长习性	越年生	（一年生，多年生，越年生）		繁殖习性	无性	（有性，无性，兼性）	
播 种 期	4	月	中	旬	收获期	9 月 上	旬
主要特性	高产，优质，抗病，抗虫，耐盐碱，抗旱，广适，耐寒，耐贫瘠 （可多选：高产，优质，抗病，抗虫，耐盐碱，抗旱，广适，耐寒，耐热，耐涝，耐贫瘠，其他）						
其他特性							
主要特性详细描述*	红葱也称楼葱，以鳞茎作种，皮红色，味辛辣芳香						

续表

种质用途	食用		(可多选：食用，饲用，药用，加工原料，其他)	
利用部位	茎		(可多选：种子（果实），根，茎，叶，花，其他)	
种质分布	广	（广，窄，少）	种质群落（野生）	群生	(群生，散生)
生态类型	农田		(农田，森林，草地，荒漠，湖泊，湿地，海湾)	
气候带	温带		(热带，亚热带，暖温带，温带，寒温带，寒带)	
地形	山地		(平原，山地，丘陵，盆地，高原)	
土壤类型	黄壤			
	(盐碱土，红壤，黄壤，棕壤，褐土，黑土，黑钙土，栗钙土，漠土，沼泽土，高山土，其他)			
采集方式	农户收集		(农户收集，田间采集，野外采集，市场购买，其他)	
采集部位	种茎		(可多选：种子，植株，种茎，块根，果实，其他)	
样品数量		粒	克	30	个/条/株
是否采集标本	否		（是，否）	
提供人	姓名		性别		民族	
	年龄		联系电话			
备注				

表6.24 "第三次全国农作物种质资源普查与收集"种质资源征集表（二十四）

注：*为必填项							
样品编号*	P621023032	日期*	2021	年	8	月	15 日
普查单位*	华池县农业农村局	填表人	刘翠平	填表人联系电话		15209346088	
地　点*	甘肃 省	庆阳 市	华池 县	五蛟 乡/镇		蒋塬 村	
经　度	107.857861度	纬 度	36.427428度	海 拔		1412.2米	
作物名称	红葱头		种质名称	洋蒜			
科　名	Liliaceae（百合科）		属　名	Allium（葱属）			
种　名	Allium fistulosum L.（葱）		学　名	Allium fistulosum L.（红葱头）			
种质类型	地方品种	（地方品种，选育品种，野生资源，其他）					
种质来源	当地	（当地，外地，国外）					
生长习性	一年生	（一年生，多年生，越年生）	繁殖习性	无性	（有性，无性，兼性）		
播种期	4	月	上	旬	收获期	7 月	中 旬
主要特性	抗病，抗虫，抗旱，耐寒，耐贫瘠（可多选：高产，优质，抗病，抗虫，耐盐碱，抗旱，广适，耐寒，耐热，耐涝，耐贫瘠，其他）						
其他特性							
主要特性详细描述*	蒜皮红色，6个以上葱头，鳞茎繁殖						

续表

种质用途	食用		(可多选：食用，饲用，药用，加工原料，其他)		
利用部位	茎		(可多选：种子（果实），根，茎，叶，花，其他)		
种质分布	少	(广，窄，少)	种质群落（野生）	群生	(群生，散生)
生态类型	农田		(农田，森林，草地，荒漠，湖泊，湿地，海湾)		
气候带	温带		(热带，亚热带，暖温带，温带，寒温带，寒带)		
地形	山地		(平原，山地，丘陵，盆地，高原)		
土壤类型	黄壤				
	(盐碱土，红壤，黄壤，棕壤，褐土，黑土，黑钙土，栗钙土，漠土，沼泽土，高山土，其他)				
采集方式	农户收集		(农户收集，田间采集，野外采集，市场购买，其他)		
采集部位	种茎		(可多选：种子，植株，种茎，块根，果实，其他)		
样品数量	粒	克	30	个/条/株	
样品照片	P621023032-1，P621023032-2				
	(照片编号用中文逗号隔开)				
是否采集标本	否		(是，否)		
提供人	姓名		性别	民族	
	年龄		联系电话		
备注					

表6.25 "第三次全国农作物种质资源普查与收集"种质资源征集表(二十五)

注：*为必填项							
样品编号*	P621023033	日期*	2021	年	8	月	15 日
普查单位*	华池县农业农村局	填表人	刘翠平	填表人联系电话	15209346088		
地　　点*	甘肃 省	庆阳 市	华池 县	五蛟 乡/镇	蒋塬 村		
经　　度	107.857861度	纬度	36.427428度	海拔	1412.2米		
作物名称	蒜		种质名称	白蒜			
科　　名	*Liliaceae*（百合科）		属　名	*Allium*（葱属）			
种　　名	*Allium sativum* L.（大蒜）		学　名	*Alliumsativum*（蒜）			
种质类型	地方品种	（地方品种，选育品种，野生资源，其他）					
种质来源	当地	（当地，外地，国外）					
生长习性	一年生	（一年生，多年生，越年生）	繁殖习性	无性	（有性，无性，兼性）		
播种期	4 月	上 旬		收获期	8 月	中 旬	
主要特性	抗病，抗虫，抗旱，耐寒，耐贫瘠						
	（可多选：高产，优质，抗病，抗虫，耐盐碱，抗旱，广适，耐寒，耐热，耐涝，耐贫瘠，其他）						
其他特性							
主要特性详细描述*	产量低，蒜瓣多而薄						

续表

种质用途	食用		(可多选：食用，饲用，药用，加工原料，其他)	
利用部位	茎		(可多选：种子（果实），根，茎，叶，花，其他)	
种质分布	少	(广，窄，少)	种质群落（野生）	群生	(群生，散生)
生态类型	农田		(农田，森林，草地，荒漠，湖泊，湿地，海湾)	
气候带	温带		(热带，亚热带，暖温带，温带，寒温带，寒带)	
地形	山地		(平原，山地，丘陵，盆地，高原)	
土壤类型	黄壤			
	(盐碱土，红壤，黄壤，棕壤，褐土，黑土，黑钙土，栗钙土，漠土，沼泽土，高山土，其他)			
采集方式	农户收集		(农户收集，田间采集，野外采集，市场购买，其他)	
采集部位	种茎		(可多选：种子，植株，种茎，块根，果实，其他)	
样品数量		粒	克	16	个/条/株
样品照片	P621023033-1			
	(照片编号用中文逗号隔开)			
是否采集标本	否		(是，否)	
提供人	姓名		性别		民族	
	年龄		联系电话			
备注				

表6.26 "第三次全国农作物种质资源普查与收集"种质资源征集表(二十六)

注：*为必填项							
样品编号*	P621023034	日期*	2021	年	8	月	15 日
普查单位*	华池县农业农村局	填表人	刘翠平	填表人联系电话		15209346088	
地 点*	甘肃 省	庆阳 市	华池 县	五蛟 乡/镇		蒋塬 村	
经 度	107.857861度	纬度	36.427428度	海拔		1412.2米	
作物名称	黄瓜		种质名称		唐山秋		
科 名	Cucurbitaceae（葫芦科）		属 名		Cucumis（甜瓜属）		
种 名	Cucumis sativus L.（黄瓜）		学 名		Cucumis sativus L.（黄瓜）		
种质类型	地方品种	（地方品种，选育品种，野生资源，其他）					
种质来源	当地	（当地，外地，国外）					
生长习性	一年生	（一年生，多年生，越年生）		繁殖习性	有性	（有性，无性，兼性）	
播种期	4	月	下	旬	收获期	8 月 中	旬
主要特性	优质，抗病，抗虫，抗旱，耐贫瘠						
	（可多选：高产，优质，抗病，抗虫，耐盐碱，抗旱，广适，耐寒，耐热，耐涝，耐贫瘠，其他）						
其他特性							
主要特性详细描述*	果实长圆形，长15厘米，瓜皮厚，果肉白色，熟时黄褐色，表面粗糙，具瘤状突起，极稀近于平滑；种子小，狭卵形，白色，无边缘，一端弧形，一端具急尖						

续表

种质用途	食用	(可多选：食用，饲用，药用，加工原料，其他)		
利用部位	种子（果实）	(可多选：种子（果实），根，茎，叶，花，其他)		
种质分布	少	（广，窄，少）	种质群落（野生）	群生	（群生，散生）
生态类型	农田	(农田，森林，草地，荒漠，湖泊，湿地，海湾)		
气候带	温带	(热带，亚热带，暖温带，温带，寒温带，寒带)		
地形	山地	(平原，山地，丘陵，盆地，高原)		
土壤类型	黄壤			
	(盐碱土，红壤，黄壤，棕壤，褐土，黑土，黑钙土，栗钙土，漠土，沼泽土，高山土，其他)			
采集方式	农户收集	(农户收集，田间采集，野外采集，市场购买，其他)		
采集部位	种子	(可多选：种子，植株，种茎，块根，果实，其他)		
样品数量	粒	34	克	个/条/株
样品照片	P621023034-1，P621023034-2，P621023034-3			
	（照片编号用中文逗号隔开）			
是否采集标本	否	（是，否）		
提供人	姓名		性别		民族	
	年龄		联系电话			
备注				

表6.27 "第三次全国农作物种质资源普查与收集"种质资源征集表（二十七）

注：*为必填项							
样品编号*	P621023035	日期*	2021	年	8	月	15 日
普查单位*	华池县农业农村局	填表人	刘翠平	填表人联系电话		15209346088	
地　点*	甘肃 省	庆阳 市	华池 县		五蛟 乡/镇	蒋塬	村
经　度	107.857861度	纬度	36.427428度	海拔		1412.2米	
作物名称	菜豆		种质名称		红豆		
科　名	Leguminosae（豆科）		属　名		Phaseolus（菜豆属）		
种　名	Phaseolus vulgaris Linn.（菜豆）		学　名		Phaseolus vulgaris（菜豆）		
种质类型	地方品种		（地方品种，选育品种，野生资源，其他）				
种质来源	当地		（当地，外地，国外）				
生长习性	一年生	（一年生，多年生，越年生）		繁殖习性	有性	（有性，无性，兼性）	
播种期	4 月	中	旬	收获期	7 月	上	旬
主要特性	优质，抗病，抗虫，抗旱，广适						
	（可多选：高产，优质，抗病，抗虫，耐盐碱，抗旱，广适，耐寒，耐热，耐涝，耐贫瘠，其他）						
其他特性							
主要特性详细描述*	缠绕蔓，荚果带形，稍弯曲，种子长扁椭圆似肾形，成熟后黄褐色，种脐白色						

续表

种质用途	食用		(可多选：食用，饲用，药用，加工原料，其他)	
利用部位	种子（果实）		(可多选：种子（果实），根，茎，叶，花，其他)	
种质分布	少	（广，窄，少）	种质群落（野生）	群生	（群生，散生）
生态类型	农田		(农田，森林，草地，荒漠，湖泊，湿地，海湾)	
气候带	温带		(热带，亚热带，暖温带，温带，寒温带，寒带)	
地形	山地		(平原，山地，丘陵，盆地，高原)	
土壤类型	黄壤			
	(盐碱土，红壤，黄壤，棕壤，褐土，黑土，黑钙土，栗钙土，漠土，沼泽土，高山土，其他)			
采集方式	农户收集		(农户收集，田间采集，野外采集，市场购买，其他)	
采集部位	种子		(可多选：种子，植株，种茎，块根，果实，其他)	
样品数量	粒	230 克		个/条/株
样品照片	P621023035-1			
	（照片编号用中文逗号隔开）			
是否采集标本	否		（是，否）	
提供人	姓名		性别		民族	
	年龄		联系电话			
备注				

表6.28 "第三次全国农作物种质资源普查与收集"种质资源征集表(二十八)

注:*为必填项							
样品编号*	P621023036	日期*	2021	年	8	月	15	日
普查单位*	华池县农业农村局	填表人	刘翠平	填表人联系电话	15209346088		
地 点*	甘肃	省	庆阳	市	华池	县	五蛟	乡/镇	蒋塬	村
经 度	107.857861度	纬度	36.427428度	海拔	1412.2米		
作物名称	辣椒		种质名称	线辣子			
科 名	Solanaceae(茄科)		属 名	Capsicum(辣椒属)			
种 名	Capsicum annum L.(辣椒)		学 名	Capsicum annum L.(辣椒)			
种质类型	地方品种	(地方品种,选育品种,野生资源,其他)					
种质来源	当地	(当地,外地,国外)					
生长习性	一年生	(一年生,多年生,越年生)	繁殖习性	有性	(有性,无性,兼性)		
播 种 期	4	月	下	旬	收获期	10	月	上	旬
主要特性	高产,优质,抗病,抗旱,广适 (可多选:高产,优质,抗病,抗虫,耐盐碱,抗旱,广适,耐寒,耐热,耐涝,耐贫瘠,其他)						
其他特性							
主要特性详细描述*	果实细长,皮薄,容易晒干,做辣子面,味辣						

续表

种质用途	食用		(可多选：食用，饲用，药用，加工原料，其他)		
利用部位	种子（果实）		(可多选：种子（果实），根，茎，叶，花，其他)		
种质分布	少	(广，窄，少)	种质群落（野生）	群生	(群生，散生)
生态类型	农田		(农田，森林，草地，荒漠，湖泊，湿地，海湾)		
气候带	温带		(热带，亚热带，暖温带，温带，寒温带，寒带)		
地　形	山地		(平原，山地，丘陵，盆地，高原)		
土壤类型	黄壤				
	(盐碱土，红壤，黄壤，棕壤，褐土，黑土，黑钙土，栗钙土，漠土，沼泽土，高山土，其他)				
采集方式	农户收集		(农户收集，田间采集，野外采集，市场购买，其他)		
采集部位	种子		(可多选：种子，植株，种茎，块根，果实，其他)		
样品数量	粒	178 克		个/条/株	
样品照片	P621023036-1，P621023036-2				
	(照片编号用中文逗号隔开)				
是否采集标本	否		(是，否)		
提供人	姓名		性别	民族	
	年龄		联系电话		
备　注					

表6.29 "第三次全国农作物种质资源普查与收集"种质资源征集表（二十九）

注：*为必填项							
样品编号*	P621023037	日期*	2021年	8月	30日		
普查单位*	华池县农业农村局	填表人	穆红霞	填表人联系电话	15339347382		
地　点*	甘肃省	庆阳市	华池县	乔川乡/镇	铁角城村		
经　度	107.626779度	纬　度	36.817665度	海　拔	1393米		
作物名称	大豆		种质名称	羊眼睛豆豆、赖豆			
科　名	*Leguminosae*（豆科）		属　名	*Glycine*（大豆属）			
种　名	*Glycine max* L. Merrill（大豆）		学　名	*Glycine max*（Linn.）Merr.（大豆）			
种质类型	地方品种	（地方品种，选育品种，野生资源，其他）					
种质来源	当地	（当地，外地，国外）					
生长习性	一年生	（一年生，多年生，越年生）		繁殖习性	有性	（有性，无性，兼性）	
播种期	5	月	上	旬	收获期	9月 下 旬	
主要特性	优质，抗病，抗旱						
	（可多选：高产，优质，抗病，抗虫，耐盐碱，抗旱，广适，耐寒，耐热，耐涝，耐贫瘠，其他）						
其他特性	宜生豆芽菜						
主要特性详细描述*	株高50~58厘米，每个豆荚有2~3个豆粒，豆粒小，豆深棕色，花纹为黑色条状、点状、圈状						

续表

种质用途	食用		(可多选：食用，饲用，药用，加工原料，其他)	
利用部位	种子（果实）		(可多选：种子（果实），根，茎，叶，花，其他)	
种质分布	窄	（广，窄，少）	种质群落（野生）	群生	（群生，散生）
生态类型	农田		(农田，森林，草地，荒漠，湖泊，湿地，海湾)	
气候带	温带		(热带，亚热带，暖温带，温带，寒温带，寒带)	
地形	山地		(平原，山地，丘陵，盆地，高原)	
土壤类型	黄壤			
	(盐碱土，红壤，黄壤，棕壤，褐土，黑土，黑钙土，栗钙土，漠土，沼泽土，高山土，其他)			
采集方式	农户收集		(农户收集，田间采集，野外采集，市场购买，其他)	
采集部位	种子		(可多选：种子，植株，种茎，块根，果实，其他)	
样品数量	粒	750	克	个/条/株
样品照片	P621023037-1，P621023037-2			
	（照片编号用中文逗号隔开）			
是否采集标本	否		（是，否）	
提供人	姓名		性别	民族
	年龄		联系电话	
备注				

表6.30 "第三次全国农作物种质资源普查与收集"种质资源征集表（三十）

注：*为必填项							
样品编号*	P621023038	日期*	2021 年		8 月	29	日
普查单位*	华池县农业农村局	填表人	王树琼	填表人联系电话		13809342828	
地点*	甘肃 省	庆阳 市	华池 县	怀安 乡/镇		宋咀子 村	
经度	107.868406度	纬度	36.666292度	海拔		1570米	
作物名称	菜豆		种质名称	红豆、架豆			
科 名	Leguminosae（豆科）		属 名	Phaseolus（菜豆属）			
种 名	Phaseolus vulgaris（菜豆）		学 名	Phaseolus vulgaris Linn.（菜豆）			
种质类型	地方品种		（地方品种，选育品种，野生资源，其他）				
种质来源	当地		（当地，外地，国外）				
生长习性	一年生	（一年生，多年生，越年生）		繁殖习性	有性	（有性，无性，兼性）	
播种期	4	月	中	旬	收获期	8 月 上	旬
主要特性	高产，优质						
	（可多选：高产，优质，抗病，抗虫，耐盐碱，抗旱，广适，耐寒，耐热，耐涝，耐贫瘠，其他）						
其他特性							
主要特性详细描述*	架豆，豆粉色，花纹深紫红色						

续表

种质用途	食用	(可多选：食用，饲用，药用，加工原料，其他)		
利用部位	种子（果实）	(可多选：种子（果实），根，茎，叶，花，其他)		
种质分布	广	（广，窄，少）	种质群落（野生）	群生	（群生，散生）
生态类型	农田	(农田，森林，草地，荒漠，湖泊，湿地，海湾)		
气候带	温带	(热带，亚热带，暖温带，温带，寒温带，寒带)		
地形	山地	(平原，山地，丘陵，盆地，高原)		
土壤类型	黄壤			
	(盐碱土，红壤，黄壤，棕壤，褐土，黑土，黑钙土，栗钙土，漠土，沼泽土，高山土，其他)			
采集方式	农户收集	(农户收集，田间采集，野外采集，市场购买，其他)		
采集部位	种子	(可多选：种子，植株，种茎，块根，果实，其他)		
样品数量	粒	750	克	个/条/株
样品照片	P621023038-1			
	（照片编号用中文逗号隔开）			
是否采集标本	否	（是，否）		
提供人	姓名		性别		民族	
	年龄		联系电话			
备注				

第六章 农作物种质资源征集情况

表6.31 "第三次全国农作物种质资源普查与收集"种质资源征集表（三十一）

注：*为必填项							
样品编号*	P621023039	日期*	2021	年	9	月	7日
普查单位*	华池县农业农村局	填表人	杨晓媛	填表人联系电话	13519349962		
地　点*	甘肃省		庆阳市	华池县	城壕乡/镇		城壕村
经　度	107.995750度	纬度		36.285866度	海拔	1339米	
作物名称	芫荽		种质名称		香菜		
科　名	*Apiaceae* Lindl.（1836）（伞形科）		属　名		*Coriandrum* L.（芫荽属）		
种　名	*Coriandrum sativum* L.（芫荽）		学　名		*Coriandrum sativum* L.（芫荽）		
种质类型	地方品种	（地方品种，选育品种，野生资源，其他）					
种质来源	当地	（当地，外地，国外）					
生长习性	一年生	（一年生，多年生，越年生）		繁殖习性	有性	（有性，无性，兼性）	
播种期	3	月	中	旬	收获期	5月 上旬	
主要特性	抗病，抗虫，抗旱，广适，耐贫瘠						
	（可多选：高产，优质，抗病，抗虫，耐盐碱，抗旱，广适，耐寒，耐热，耐涝，耐贫瘠，其他）						
其他特性							
主要特性详细描述*	茎纤细，味郁香，是汤饮中的佐料；果实圆球形						

续表

种质用途	食用		(可多选:食用,饲用,药用,加工原料,其他)		
利用部位	茎,叶		(可多选:种子(果实),根,茎,叶,花,其他)		
种质分布	窄	(广,窄,少)	种质群落(野生)	群生	(群生,散生)
生态类型	农田		(农田,森林,草地,荒漠,湖泊,湿地,海湾)		
气候带	温带		(热带,亚热带,暖温带,温带,寒温带,寒带)		
地形	山地		(平原,山地,丘陵,盆地,高原)		
土壤类型	黄壤				
	(盐碱土,红壤,黄壤,棕壤,褐土,黑土,黑钙土,栗钙土,漠土,沼泽土,高山土,其他)				
采集方式	农户收集		(农户收集,田间采集,野外采集,市场购买,其他)		
采集部位	种子		(可多选:种子,植株,种茎,块根,果实,其他)		
样品数量	粒	48	克		个/条/株
样品照片	P621023039-1				
	(照片编号用中文逗号隔开)				
是否采集标本	否		(是,否)		
提供人	姓名		性别		民族
	年龄		联系电话		
备注					

表6.32 "第三次全国农作物种质资源普查与收集"种质资源征集表（三十二）

注：*为必填项							
样品编号*	P621023040	日期*	2021	年	9	月	18	日
普查单位*	华池县农业农村局	填表人	杨晓媛	填表人联系电话	13519349962		
地　　点*	甘肃	省	庆阳	市	华池	县	元城	乡/镇	元城	村
经　　度	107.788708度	纬　度	36.670142度	海　拔	1269米		
作物名称	菜豆		种质名称	大羊眼睛豆			
科　　名	*Leguminosae*（豆科）		属　名	*Phaseolus*（菜豆属）			
种　　名	*Phaseolus vulgaris*（菜豆）		学　名	*Phaseolus vulgaris* Linn.（菜豆）			
种质类型	地方品种	（地方品种，选育品种，野生资源，其他）					
种质来源	当地	（当地，外地，国外）					
生长习性	一年生	（一年生，多年生，越年生）	繁殖习性	有性	（有性，无性，兼性）		
播种期	5	月	上	旬	收获期	9	月	中	旬
主要特性	抗病，抗虫						
	（可多选：高产，优质，抗病，抗虫，耐盐碱，抗旱，广适，耐寒，耐热，耐涝，耐贫瘠，其他）						
其他特性							
主要特性详细描述*	架豆，豆粒大红褐色，花纹深棕色，条纹状、点状；豆长1.3厘米，宽1厘米，豆脐小，白色						

续表

种质用途	食用		(可多选：食用，饲用，药用，加工原料，其他)		
利用部位	种子（果实）		(可多选：种子（果实），根，茎，叶，花，其他)		
种质分布	窄	（广，窄，少）	种质群落（野生）	群生	（群生，散生）
生态类型	农田		(农田，森林，草地，荒漠，湖泊，湿地，海湾)		
气候带	温带		(热带，亚热带，暖温带，温带，寒温带，寒带)		
地形	山地		(平原，山地，丘陵，盆地，高原)		
土壤类型	黄壤				
	(盐碱土，红壤，黄壤，棕壤，褐土，黑土，黑钙土，栗钙土，漠土，沼泽土，高山土，其他)				
采集方式	农户收集		(农户收集，田间采集，野外采集，市场购买，其他)		
采集部位	种子		(可多选：种子，植株，种茎，块根，果实，其他)		
样品数量		粒	500 克	个/条/株	
样品照片	P621023040-1				
	(照片编号用中文逗号隔开)				
是否采集标本	否		(是，否)		
提供人	姓名		性别	民族	
	年龄		联系电话		
备注					

表6.33 "第三次全国农作物种质资源普查与收集"种质资源征集表（三十三）

注：*为必填项							
样品编号*	P621023041	日期*	2021 年		9 月		7 日
普查单位*	华池县农业农村局	填表人	刘翠平	填表人联系电话		15209346088	
地　点*	甘肃 省	庆阳 市	华池 县	城壕 乡/镇		城壕 村	
经　度	107.994075度	纬　度	36.224616度	海　拔		1325米	
作物名称	谷子		种质名称	马缰绳谷子、黑谷子			
科　名	Gramineae（禾本科）		属　名	Setaria（狗尾草属）			
种　名	Setaria italica var. germanica（Mill.) Schred.（粟）		学　名	Setaria italica（谷子）			
种质类型	地方品种		（地方品种，选育品种，野生资源，其他）				
种质来源	当地		（当地，外地，国外）				
生长习性	一年生	（一年生，多年生，越年生）		繁殖习性	有性	（有性，无性，兼性）	
播种期	5 月	中	旬	收获期	9 月	下	旬
主要特性	抗病，抗虫						
	（可多选：高产，优质，抗病，抗虫，耐盐碱，抗旱，广适，耐寒，耐热，耐涝，耐贫瘠，其他）						
其他特性							
主要特性详细描述*	穗形如缰绳，谷穗细长，谷小穗之间间距大，小穗紧实；谷皮淡黄色，米黑褐色，透亮；分蘖性强，较密实						

续表

种质用途	食用		（可多选：食用，饲用，药用，加工原料，其他）	
利用部位	种子（果实）		（可多选：种子（果实），根，茎，叶，花，其他）	
种质分布	窄	（广，窄，少）	种质群落（野生）	群生	（群生，散生）
生态类型	农田		（农田，森林，草地，荒漠，湖泊，湿地，海湾）	
气候带	温带		（热带，亚热带，暖温带，温带，寒温带，寒带）	
地形	山地		（平原，山地，丘陵，盆地，高原）	
土壤类型	黄壤			
	（盐碱土，红壤，黄壤，棕壤，褐土，黑土，黑钙土，栗钙土，漠土，沼泽土，高山土，其他）			
采集方式	农户收集		（农户收集，田间采集，野外采集，市场购买，其他）	
采集部位	种子		（可多选：种子，植株，种茎，块根，果实，其他）	
样品数量	粒	524	克	个/条/株
样品照片	P621023041-1，P621023041-2			
	（照片编号用中文逗号隔开）			
是否采集标本	否		（是，否）	
提供人	姓名		性别	民族
	年龄		联系电话	
备注				

表6.34 "第三次全国农作物种质资源普查与收集"种质资源征集表（三十四）

注：*为必填项							
样品编号*	P621023042	日期*	2021 年	9	月	7	日
普查单位*	华池县农业农村局	填表人	杨晓媛	填表人联系电话	13519349962		
地　　点*	甘肃 省	庆阳 市	华池 县	城壕 乡/镇	城壕 村		
经　　度	107.994760度	纬　度	36.225095度	海　拔	1336米		
作物名称	糜子		种质名称	红二汉糜子			
科　　名	Gramineae（禾本科）		属　名	Panicum（黍属）			
种　　名	Panicum miliaceum L.（糜子）		学　名	Panicum miliaceum var. compactrm（糜子）			
种质类型	地方品种		（地方品种，选育品种，野生资源，其他）				
种质来源	当地		（当地，外地，国外）				
生长习性	一年生	（一年生，多年生，越年生）		繁殖习性	有性	（有性，无性，兼性）	
播种期	5	月	下	旬	收获期	9 月 下 旬	
主要特性	高产，优质，抗病，抗旱，广适，耐贫瘠 （可多选：高产，优质，抗病，抗虫，耐盐碱，抗旱，广适，耐寒，耐热，耐涝，耐贫瘠，其他）						
其他特性	可以酿黄酒，熬米汤，蒸米饭，做米面馍，营养价值高						
主要特性详细描述*	植株高105~113厘米，分枝3~4株，叶片及叶鞘有茸毛，粒红棕色，有光泽，米淡黄色，硬性，亩产量200千克左右						

续表

种质用途	食用		(可多选：食用，饲用，药用，加工原料，其他)		
利用部位	种子（果实）		(可多选：种子（果实），根，茎，叶，花，其他)		
种质分布	窄	（广，窄，少）	种质群落（野生）	群生	（群生，散生）
生态类型	农田		(农田，森林，草地，荒漠，湖泊，湿地，海湾)		
气候带	温带		(热带，亚热带，暖温带，温带，寒温带，寒带)		
地形	山地		(平原，山地，丘陵，盆地，高原)		
土壤类型	黄壤				
	(盐碱土，红壤，黄壤，棕壤，褐土，黑土，黑钙土，栗钙土，漠土，沼泽土，高山土，其他)				
采集方式	农户收集		(农户收集，田间采集，野外采集，市场购买，其他)		
采集部位	种子		(可多选：种子，植株，种茎，块根，果实，其他)		
样品数量	粒	475	克		个/条/株
样品照片	P621023042-1，P621023042-2，P621023042-3				
	(照片编号用中文逗号隔开)				
是否采集标本	否		(是，否)		
提供人	姓名		性别		民族
	年龄		联系电话		
备注					

表6.35 "第三次全国农作物种质资源普查与收集"种质资源征集表（三十五）

注：*为必填项								
样品编号*	P621023043	日期*	2021	年	9	月	30	日
普查单位*	华池县农业农村局	填表人	封贵琴	填表人联系电话		15294463689		
地　　点*	甘肃	省	庆阳	市	华池	县	城壕 乡/镇	城壕 村
经　　度	107.997166度	纬　度	36.285866度	海　拔		1132米		
作物名称	谷子		种质名称		红钙谷			
科　　名	Gramineae（禾本科）		属　名		Setaria（狗尾草属）			
种　　名	Setaria italica var. germanica（Mill.）Schred.（粟）		学　名		Setaria italica（谷子）			
种质类型	地方品种		（地方品种，选育品种，野生资源，其他）					
种质来源	当地		（当地，外地，国外）					
生长习性	一年生		（一年生，多年生，越年生）		繁殖习性	有性	（有性，无性，兼性）	
播种期	5	月	中	旬	收获期	9 月	中	旬
主要特性	高产，优质，抗病，抗旱，广适，耐贫瘠 （可多选：高产，优质，抗病，抗虫，耐盐碱，抗旱，广适，耐寒，耐热，耐涝，耐贫瘠，其他）							
其他特性	抗倒伏							
主要特性详细描述*	生育期短，110天左右，防倒伏；株高175~185厘米，穗长27~34厘米，穗紧实，刚毛短、少，麻雀贪食；不分蘖，皮红色，米黄色，米质硬							

续表

种质用途	食用		(可多选：食用，饲用，药用，加工原料，其他)		
利用部位	种子（果实）		(可多选：种子（果实），根，茎，叶，花，其他)		
种质分布	窄	(广，窄，少)	种质群落（野生）	群生	（群生，散生）
生态类型	农田		(农田，森林，草地，荒漠，湖泊，湿地，海湾)		
气候带	温带		(热带，亚热带，暖温带，温带，寒温带，寒带)		
地 形	山地		(平原，山地，丘陵，盆地，高原)		
土壤类型	黄壤				
	(盐碱土，红壤，黄壤，棕壤，褐土，黑土，黑钙土，栗钙土，漠土，沼泽土，高山土，其他)				
采集方式	农户收集		(农户收集，田间采集，野外采集，市场购买，其他)		
采集部位	种子		(可多选：种子，植株，种茎，块根，果实，其他)		
样品数量	粒	562	克		个/条/株
样品照片	P621023043-1，P621023043-2				
	(照片编号用中文逗号隔开)				
是否采集标本	否		(是，否)		
提供人	姓名		性别	民族	
	年龄		联系电话		
备 注					

表6.36 "第三次全国农作物种质资源普查与收集"种质资源征集表（三十六）

注：*为必填项							
样品编号*	P621023044	日期*	2021	年	9	月	7 日
普查单位*	华池县农业农村局	填表人	张武锋	填表人联系电话		13993421978	
地　点*	甘肃　省	庆阳　市	华池　县	城壕　乡/镇		城壕　村	
经　度	107.995750度	纬　度	36.285866度	海　拔		1339米	
作物名称	谷子		种质名称	大良谷、毛良谷			
科　名	Gramineae（禾本科）		属　名	Setaria（狗尾草属）			
种　名	*Setaria italica* var. *germanica*（Mill.）Schred.（粟）		学　名	*Setaria italica*（谷子）			
种质类型	地方品种		（地方品种，选育品种，野生资源，其他）				
种质来源	当地		（当地，外地，国外）				
生长习性	一年生	（一年生，多年生，越年生）		繁殖习性	有性	（有性，无性，兼性）	
播种期	5 月	中	旬	收获期	10 月	中	旬
主要特性	抗病，抗虫						
	（可多选：高产，优质，抗病，抗虫，耐盐碱，抗旱，广适，耐寒，耐热，耐涝，耐贫瘠，其他）						
其他特性							
主要特性详细描述*	植株茎红色，谷穗松散，穗长28~33厘米，株高150~160厘米，刚毛长，可以防麻雀危害；产量虽低，但口感好，籽黄米白、软；分蘖性强，株分蘖3个左右						

续表

种质用途	食用		(可多选：食用，饲用，药用，加工原料，其他)		
利用部位	种子（果实）		(可多选：种子（果实），根，茎，叶，花，其他)		
种质分布	窄	（广，窄，少）	种质群落（野生）	群生	（群生，散生）
生态类型	农田		(农田，森林，草地，荒漠，湖泊，湿地，海湾)		
气候带	温带		(热带，亚热带，暖温带，温带，寒温带，寒带)		
地形	山地		(平原，山地，丘陵，盆地，高原)		
土壤类型	黄壤				
	(盐碱土，红壤，黄壤，棕壤，褐土，黑土，黑钙土，栗钙土，漠土，沼泽土，高山土，其他)				
采集方式	农户收集		(农户收集，田间采集，野外采集，市场购买，其他)		
采集部位	种子		(可多选：种子，植株，种茎，块根，果实，其他)		
样品数量		粒 293 克		个/条/株	
样品照片	P621023044-1，P621023044-2，P621023044-3，P621023044-4				
	（照片编号用中文逗号隔开）				
是否采集标本	否		（是，否）		
提供人	姓名		性别	民族	
	年龄		联系电话		
备注					

表6.37 "第三次全国农作物种质资源普查与收集"种质资源征集表（三十七）

注：*为必填项							
样品编号*	P621023045	日期*	2021 年	10 月	30 日		
普查单位*	华池县农业农村局	填表人	刘翠平	填表人联系电话	15209346088		
地　点*	甘肃 省	庆阳 市	华池 县	柔远 乡/镇	李庄 村		
经　度	107.985719度	纬度	36.494500度	海拔	1221米		
作物名称	大豆	种质名称	扁绿豆				
科　名	*Leguminosae*（豆科）	属名	*Glycine*（大豆属）				
种　名	*Glycine max* L. Merrill（大豆）	学名	*Glycine max*（Linn.）Merr.（大豆）				
种质类型	地方品种	（地方品种，选育品种，野生资源，其他）					
生长习性	一年生	（一年生，多年生，越年生）	繁殖习性	有性	（有性，无性，兼性）		
播种期	5 月	下	旬	收获期	9 月	中	旬
主要特性	高产，抗病，耐贫瘠						
	（可多选：高产，优质，抗病，抗虫，耐盐碱，抗旱，广适，耐寒，耐热，耐涝，耐贫瘠，其他）						
其他特性							
主要特性详细描述*	豆扁椭圆，颜色淡绿色						

续表

种质用途	食用		(可多选：食用，饲用，药用，加工原料，其他)	
利用部位	种子（果实）		(可多选：种子（果实），根，茎，叶，花，其他)	
种质分布	窄	（广，窄，少）	种质群落（野生）	群生	（群生，散生）
生态类型	农田		(农田，森林，草地，荒漠，湖泊，湿地，海湾)	
气候带	温带		(热带，亚热带，暖温带，温带，寒温带，寒带)	
地形	山地		(平原，山地，丘陵，盆地，高原)	
土壤类型	黄壤			
	(盐碱土，红壤，黄壤，棕壤，褐土，黑土，黑钙土，栗钙土，漠土，沼泽土，高山土，其他)			
采集方式	农户收集		(农户收集，田间采集，野外采集，市场购买，其他)	
采集部位	种子		(可多选：种子，植株，种茎，块根，果实，其他)	
样品数量	粒	425	克	个/条/株
样品照片	P621023045-1			
	(照片编号用中文逗号隔开)			
是否采集标本	否		(是，否)	
提供人	姓名		性别		民族	
	年龄		联系电话			
备注				

表6.38 "第三次全国农作物种质资源普查与收集"种质资源征集表(三十八)

注：*为必填项

样品编号*	P621023046	日期*	2021 年	11 月	4 日		
普查单位*	华池县农业农村局	填表人	杨晓媛	填表人联系电话	13519349962		
地　　点*	甘肃 省	庆阳 市	华池 县	乔川乡 乡/镇	章渠子 村		
经　　度	107.665424度	纬度	36.767134度	海拔	1366米		
作物名称	赤豆		种质名称	红小豆			
科　　名	*Leguminosae*（豆科）		属　名	*Vigna Savi*（豇豆属）			
种　　名	*Vigna angularis*（Willd.）Ohwi et Ohashi（豇豆）		学　名	*Vigna angularis*（Willd.）Ohwi et Ohashi（豇豆）			
种质类型	地方品种		（地方品种，选育品种，野生资源，其他）				
种质来源	当地		（当地，外地，国外）				
生长习性	一年生	（一年生，多年生，越年生）	繁殖习性	有性	（有性，无性，兼性）		
播种期	5	月	上	旬	收获期	9 月 下 旬	
主要特性	优质，抗病（可多选：高产，优质，抗病，抗虫，耐盐碱，抗旱，广适，耐寒，耐热，耐涝，耐贫瘠，其他）						
其他特性							
主要特性详细描述*	豆深红色，圆形脐突出，白色						

续表

种质用途	食用		(可多选：食用，饲用，药用，加工原料，其他)		
利用部位	种子（果实）		(可多选：种子（果实），根，茎，叶，花，其他)		
种质分布	窄	（广，窄，少）	种质群落（野生）	群生	（群生，散生）
生态类型	农田		(农田，森林，草地，荒漠，湖泊，湿地，海湾)		
气候带	温带		(热带，亚热带，暖温带，温带，寒温带，寒带)		
地形	山地		(平原，山地，丘陵，盆地，高原)		
土壤类型	黄壤				
	(盐碱土，红壤，黄壤，棕壤，褐土，黑土，黑钙土，栗钙土，漠土，沼泽土，高山土，其他)				
采集方式	农户收集		(农户收集，田间采集，野外采集，市场购买，其他)		
采集部位	种子		(可多选：种子，植株，种茎，块根，果实，其他)		
样品数量	粒	505	克		个/条/株
样品照片	P621023046-1				
	(照片编号用中文逗号隔开)				
是否采集标本	否		(是，否)		
提供人	姓名		性别	民族	
	年龄		联系电话		
备注					

表6.39 "第三次全国农作物种质资源普查与收集"种质资源征集表（三十九）

注：*为必填项							
样品编号*	P621023047	日期*	2022 年	3 月	28		日
普查单位*	华池县农业农村局	填表人	杨晓媛	填表人联系电话	13519349962		
地　　点*	甘肃 省	庆阳 市	华池 县	五蛟 乡/镇	刘阳洼		村
经　　度	107.678804度	纬度	36.396066度	海拔	1408米		
作物名称	燕麦		种质名称	札燕麦			
科　　名	Gramineae（禾本科）		属　　名	Avena（燕麦属）			
种　　名	Avena sativa L.（燕麦）		学　　名	Avena sativa L.（燕麦）			
种质类型	地方品种	（地方品种，选育品种，野生资源，其他）					
种质来源	当地	（当地，外地，国外）					
生长习性	一年生	（一年生，多年生，越年生）	繁殖习性	有性	（有性，无性，兼性）		
播 种 期	4	月	下	旬	收获期	9 月 下 旬	
主要特性	优质，抗病						
	（可多选：高产，优质，抗病，抗虫，耐盐碱，抗旱，广适，耐寒，耐热，耐涝，耐贫瘠，其他）						
其他特性	用于饲草						
主要特性详细描述*	类似于燕麦，但人一般不食用，种子带草壳，仅仅用于饲草						

续表

种质用途	饲用		(可多选：食用，饲用，药用，加工原料，其他)	
利用部位	种子（果实），茎		(可多选：种子（果实），根，茎，叶，花，其他)	
种质分布	窄	（广，窄，少）	种质群落（野生）	群生	（群生，散生）
生态类型	农田		(农田，森林，草地，荒漠，湖泊，湿地，海湾)	
气候带	温带		(热带，亚热带，暖温带，温带，寒温带，寒带)	
地形	山地		(平原，山地，丘陵，盆地，高原)	
土壤类型	黄壤			
	(盐碱土，红壤，黄壤，棕壤，褐土，黑土，黑钙土，栗钙土，漠土，沼泽土，高山土，其他)			
采集方式	农户收集		(农户收集，田间采集，野外采集，市场购买，其他)	
采集部位	种子		(可多选：种子，植株，种茎，块根，果实，其他)	
样品数量		粒 910 克		个/条/株
样品照片	P621023047-1			
	（照片编号用中文逗号隔开）			
是否采集标本	否		(是，否)	
提供人	姓名		性别	民族
	年龄		联系电话	
备注				

表 6.40 "第三次全国农作物种质资源普查与收集"种质资源征集表（四十）

注：*为必填项							
样品编号*	P621023049	日期*	2022 年	3	月	28	日
普查单位*	华池县农业农村局	填表人	杨晓媛	填表人联系电话	13519349962		
地　点*	甘肃 省	庆阳 市	华池 县	五蛟 乡/镇	刘阳注 村		
经　度	107.678804度	纬度	36.396066度	海拔	1408米		
作物名称	亚麻		种质名称	胡麻			
科　名	Linaceae（亚麻科）		属　名	Linum L.（亚麻属）			
种　名	Linum usitatissimum L.（亚麻）		学　名	Linum usitatissimum L.（亚麻）			
种质类型	地方品种	（地方品种，选育品种，野生资源，其他）					
种质来源	当地	（当地，外地，国外）					
生长习性	一年生	（一年生，多年生，越年生）		繁殖习性	有性	（有性，无性，兼性）	
播种期	4 月	中	旬	收获期	9 月	下	旬
主要特性	抗旱，耐寒，耐贫瘠						
	（可多选：高产，优质，抗病，抗虫，耐盐碱，抗旱，广适，耐寒，耐热，耐涝，耐贫瘠，其他）						
其他特性	当地主要榨油；还有增加人体免疫、祛脂降压、健脑、通便、平喘等作用						
主要特性详细描述*	茎直立，高30~120厘米，多在上部分枝，有时自茎基部亦有分枝，但密植则不分枝，基部木质化，无毛，韧皮部纤维强韧弹性，构造如棉；叶互生，叶片线形，线状披针形或披针形，长2~4厘米，宽1~5毫米；花单生于枝顶或枝的上部叶腋，组成疏散的聚伞花序；花直径15~20毫米；花梗长1~3毫米，直立；蒴果球形，干后棕黄色，直径6~9毫米						

续表

种质用途	食用		（可多选：食用，饲用，药用，加工原料，其他）	
利用部位	种子（果实）		（可多选：种子（果实），根，茎，叶，花，其他）	
种质分布	广	（广，窄，少）	种质群落（野生）	群生	（群生，散生）
生态类型	农田		（农田，森林，草地，荒漠，湖泊，湿地，海湾）	
气候带	温带		（热带，亚热带，暖温带，温带，寒温带，寒带）	
地形	山地		（平原，山地，丘陵，盆地，高原）	
土壤类型	黄壤			
	（盐碱土，红壤，黄壤，棕壤，褐土，黑土，黑钙土，栗钙土，漠土，沼泽土，高山土，其他）			
采集方式	农户收集		（农户收集，田间采集，野外采集，市场购买，其他）	
采集部位	种子		（可多选：种子，植株，种茎，块根，果实，其他）	
样品数量	粒	405	克	个/条/株
样品照片	P621023049-1			
	（照片编号用中文逗号隔开）			
是否采集标本	否		（是，否）	
提供人	姓名		性别	民族
	年龄		联系电话	
备注				

表6.41 "第三次全国农作物种质资源普查与收集"种质资源征集表（四十一）

注：*为必填项							
样品编号*	P621023050	日期*	2022 年	4 月	8 日		
普查单位*	华池县农业农村局	填表人	王树琼	填表人联系电话	13809342828		
地点*	甘肃 省	庆阳 市	华池 县	乔河乡 乡/镇	打扮 村		
经度	108.061022度	纬度	36.569871度	海拔	1600米		
作物名称	芥菜		种质名称	黄芥			
科名	Cruciferae（十字花科）		属名	Brassica（芸薹属）			
种名	Brassica juncea（L.）Czern. et Coss.（芥菜）		学名	Brassica juncea（L.）Czern. et Coss.（芥菜）			
种质类型	地方品种		（地方品种，选育品种，野生资源，其他）				
种质来源	当地		（当地，外地，国外）				
生长习性	一年生	（一年生，多年生，越年生）		繁殖习性	有性	（有性，无性，兼性）	
播种期	4	月	中	旬	收获期	9 月 下 旬	
主要特性	抗旱，耐寒，耐贫瘠，耐热						
	（可多选：高产，优质，抗病，抗虫，耐盐碱，抗旱，广适，耐寒，耐热，耐涝，耐贫瘠，其他）						
其他特性							
主要特性详细描述*	黄芥植株高大，株形分散，分株部位高，大分株常与主茎高度相同，主根发达，花黄色，籽粒若同小米般大小，色黄或黄绿，生食有辛辣味						

续表

种质用途	食用		(可多选：食用，饲用，药用，加工原料，其他)	
利用部位	种子（果实）		(可多选：种子（果实），根，茎，叶，花，其他)	
种质分布	窄	(广，窄，少)	种质群落（野生）	群生	(群生，散生)
生态类型	农田		(农田，森林，草地，荒漠，湖泊，湿地，海湾)	
气候带	温带		(热带，亚热带，暖温带，温带，寒温带，寒带)	
地形	山地		(平原，山地，丘陵，盆地，高原)	
土壤类型	黄壤			
	(盐碱土，红壤，黄壤，棕壤，褐土，黑土，黑钙土，栗钙土，漠土，沼泽土，高山土，其他)			
采集方式	农户收集		(农户收集，田间采集，野外采集，市场购买，其他)	
采集部位	种子		(可多选：种子，植株，种茎，块根，果实，其他)	
样品数量	粒 347 克		个/条/株	
样品照片	P621023050-1			
	(照片编号用中文逗号隔开)			
是否采集标本	否		(是，否)	
提供人	姓名	性别	民族	
	年龄	联系电话		
备注				

二、种质资源征集汇总

华池县农作物种质资源征集情况汇总见表6.42。

表6.42 华池县农作物种质资源征集汇总表

样品编号	日期	普查单位	填表人	填表人联系电话	省	市	县	乡/镇	村	经度	纬度	海拔	作物名称	种质名称
P621023001	2021年7月13日	华池县农业农村局	刘翠平	15209346088	甘肃	庆阳	华池	乔川	徐背台	107.626365度	36.816412度	1383.1米	糜子	黄软糜子
P621023002	2021年7月13日	华池县农业农村局	刘翠平	15209346088	甘肃	庆阳	华池	乔川	徐背台	107.626365度	36.816412度	1383.1米	谷子	白毛谷
P621023003	2021年7月13日	华池县农业农村局	刘翠平	15209346088	甘肃	庆阳	华池	乔川	徐背台	107.626365度	36.816412度	1383.1米	大豆	黑豆
P621023004	2021年11月4日	华池县农业农村局	杨晓媛	13519349962	甘肃	庆阳	华池	乔川	铁角城	107.626779度	36.817665度	1393米	大豆	生菜豆豆毛

续表

样品编号	日期	普查单位	填表人	填表人联系电话	省	市	县	乡/镇	村	经度	纬度	海拔	作物名称	种质种名称
P621023005	2021年7月15日	华池县农业农村局	刘翠平	15209346088	甘肃	庆阳	华池	乔川	徐背台	107.626365度	36.816412度	1383.1米	糜子	红糜子
P621023006	2021年7月15日	华池县农业农村局	刘翠平	15209346088	甘肃	庆阳	华池	乔川	铁角城	107.626779度	36.817665度	1393米	糜子	黑软糜子
P621023007	2021年7月15日	华池县农业农村局	刘翠平	15209346088	甘肃	庆阳	华池	乔川	徐背台	107.626365度	36.816412度	1383.1米	糜子	白糜子
P621023008	2021年7月15日	华池县农业农村局	刘翠平	15209346088	甘肃	庆阳	华池	乔川	徐背台	107.626365度	36.816412度	1383.1米	苦荞麦	糜苦荞

续表

样品编号	日期	普查单位	填表人	填表人联系电话	省	市	县	乡/镇	村	经度	纬度	海拔	作物名称	种质名称
P621023009	2021年6月25日	华池县农业农村局	刘翠平	15209346088	甘肃	庆阳	华池	乔川	徐背台	107.626365度	36.816412度	1383.1米	苦荞麦	黑苦荞
P621023010	2021年6月25日	华池县农业农村局	刘翠平	15209346088	甘肃	庆阳	华池	乔川	徐背台	107.626365度	36.816412度	1383.1米	荞麦	荞麦
P621023011	2021年6月25日	华池县农业农村局	杨晓媛	13519349962	甘肃	庆阳	华池	乔川	徐背台	107.626365度	36.816412度	1383.1米	大麻	小麻子
P621023012	2021年5月24日	华池县农业农村局	慕东华	15339465081	甘肃	庆阳	华池	乔川	黄蒿掌	107.6365度	36.816412度	0米	谷子	红酒谷
P621023013	2021年5月24日	华池县农业农村局	慕东华	15339465081	甘肃	庆阳	华池	柔远	李庄	107.6365度	36.816412度	0米	菜豆	小白芸豆

续表

样品编号	日期	普查单位	填表人	填表人联系电话	省	市	县	乡/镇	村	经度	纬度	海拔	作物名称	种质名称
P621023014	2021年4月13日	华池县农业农村局	张武锋	13993421978	甘肃	庆阳	华池	柔远	白家川	107.919865度	36.402421度	1186.2米	西葫芦	白瓜子
P621023015	2021年4月26日	华池县农业农村局	刘翠平	15209346088	甘肃	庆阳	华池	柔远	土坪	107.6365度	36.816412度	0米	豇豆	鸡蛋豆
P621023016	2021年7月14日	华池县农业农村局	刘翠平	15209346088	甘肃	庆阳	华池	柔远	张岭子	107.6365度	36.816412度	0米	菜豆	羊眼睛豆
P621023017	2021年5月17日	华池县农业农村局	任茂源	13752263136	甘肃	庆阳	华池	怀安	宋明子	107.5111度	36.402度	1570米	苜蓿	苜蓿
P621023018	2021年7月21日	华池县农业农村局	王树琼	13809342828	甘肃	庆阳	华池	怀安	宋明子	107.5111度	36.402度	1570米	豌豆	草豌豆

续表

样品编号	日期	普查单位	填表人	填表人联系电话	省	市	县	乡/镇	村	经度	纬度	海拔	作物名称	种质名称
P621023019	2021年7月28日	华池县农业农村局	刘翠平	15209346088	甘肃	庆阳	华池	悦乐	乔嘌岘	107.821827度	36.303348度	1215.7米	豇豆	豇豆
P621023024	2021年7月29日	华池县农业农村局	刘翠平	15209346088	甘肃	庆阳	华池	悦乐	张桥	107.905439度	36.317287度	1182.5米	紫苏	佳
P621023025	2021年8月31日	华池县农业农村局	王树琼	13809342828	甘肃	庆阳	华池	怀安	宋明子	107.5111度	36.402度	1570米	菜豆	黑滚豆
P621023030	2021年9月28日	华池县农业农村局	卢柯宁	18219741968	甘肃	庆阳	华池	柔远	黄岔	107.915691度	36.502567度	1297米	绿豆	绿小豆
P621023036	2021年8月15日	华池县农业农村局	刘翠平	15209346088	甘肃	庆阳	华池	五蛟	蒋塬	107.857861度	36.427428度	1412.2米	辣椒	线辣子

续表

样品编号	日期	普查单位	填表人	填表人联系电话	省	市	县	乡/镇	村	经度	纬度	海拔	作物名称	种质名称
P621023037	2021年8月30日	华池县农业农村局	穆红霞	15339347382	甘肃	庆阳	华池	乔川	铁角城	107.626779度	36.817665度	1393米	大豆	羊眼睛豆、赖豆
P621023038	2021年8月29日	华池县农业农村局	王树琮	13809342828	甘肃	庆阳	华池	怀安	宋咀子	107.5111度	36.402度	1570米	菜豆	红豆架豆
P621023040	2021年9月18日	华池县农业农村局	杨晓嫒	13519349962	甘肃	庆阳	华池	元城	元城	107.4644度	36.3945度	1269米	菜豆	大羊眼睛豆
P621023041	2021年9月7日	华池县农业农村局	刘翠平	15209346088	甘肃	庆阳	华池	城壕	城壕	107.994075度	36.224616度	1325米	谷子	马缰绳谷子、黑谷子
P621023042	2021年9月30日	华池县农业农村局	杨晓嫒	13519349962	甘肃	庆阳	华池	城壕	城壕	107.994760度	36.225095度	1336米	糜子	红二汉糜子

续表

样品编号	日期	普查单位	填表人	填表人联系电话	省	市	县	乡/镇	村	经度	纬度	海拔	作物名称	种质名称
P621023043	2021年9月30日	华池县农业农村局	封贯琴	15294463689	甘肃	庆阳	华池	城壕	城壕	107.997166度	36.285866度	1132米	谷子	红钙谷
P621023044	2021年9月7日	华池县农业农村局	张武锋	13993421978	甘肃	庆阳	华池	城壕	城壕	107.995750度	36.285866度	1339米	谷子	大良谷、毛良谷
P621023046	2021年11月4日	华池县农业农村局	杨晓媛	13519349962	甘肃	庆阳	华池	乔川乡	章渠子	107.665424度	36.367134度	1366米	赤豆	红小豆
P621023047	2022年3月28日	华池县农业农村局	杨晓媛	13519349962	甘肃	庆阳	华池	五蛟	刘阳洼	107.678804度	36.396066度	1408米	燕麦	札燕麦
P621023049	2022年3月28日	华池县农业农村局	杨晓媛	13519349962	甘肃	庆阳	华池	五蛟	刘阳洼	107.678804度	36.396066度	1408米	亚麻	胡麻
P621023050	2022年4月8日	华池县农业农村局	王树琼	13809342828	甘肃	庆阳	华池	乔河乡	打扮	108.061022度	36.569871度	1600米	芥菜	黄芥

表 6.43 华池县农作物种质资源征集汇总表（补充说明）

样品编号	科名	属名	种名	学名	种质类型	种质来源	生长习性	繁殖习性	播种期	收获期	主要特性	其他特性	主要特性详细描述
P621023001	Gramineae（禾本科）	Panicum（黍属）	Panicum miliaceum L.（糜子）	Panicum miliaceum var. compactrm（穄子）	地方品种	当地	一年生	有性	5月下旬	9月下旬	抗病，抗虫，抗旱，耐贫瘠	酿黄酒，炸黏糕，吃黏面，口感甜糯	生育期110天左右，米糯性
P621023002	Gramineae（禾本科）	Setaria（狗尾草属）	Setaria italica var. germanica (Mill.) Schred.（粟）	Setaria italica（谷子）	地方品种	当地	一年生	有性	5月中旬	10月上旬	高产，优质，抗病，抗虫，抗旱，耐贫瘠	无	刚毛长且硬，能防雀，皮白米白
P621023003	Leguminosae（豆科）	Glycine（大豆属）	Glycine max L. Merrill（大豆）	Glycine max (L.) merr（黑豆）	地方品种	当地	一年生	有性	5月下旬	9月下旬	高产，优质，抗病，抗虫，抗旱，耐贫瘠	生豆芽，磨豆浆，营养价值高	生豆芽，磨豆浆，营养价值高

续表

样品编号	科名	属名	种名	学名	种质类型	种质来源	生长习性	繁殖习性	播种期	收获期	主要特性	其他特性	主要特性详细描述
P621 023004	Leguminosae(豆科)	Glycine(大豆属)	Glycine max L. Merrill(大豆)	Glycine max (Linn.) Merr.(大豆)	地方品种	当地	一年生	有性	4月上旬	9月中旬	优质,高产,抗旱	无	根系发达,亩产300千克左右
P621 023005	Gramineae(禾本科)	Panicum(黍属)	Panicum miliaceum L.(穄子)	Panicum miliaceum var. compactrm(穄子)	地方品种	当地	一年生	有性	5月下旬	9月下旬	优质,抗病,抗虫,抗旱	无	粒红棕色,米淡黄色
P621 023006	Gramineae(禾本科)	Panicum(黍属)	Panicum miliaceum L.(穄子)	Panicum miliaceum var. compactrm(穄子)	地方品种	当地	一年生	有性	5月下旬	9月下旬	优质,抗病,抗旱,耐贫瘠	酿酒,吃黏糕	米白色,糯性
P621 023007	Gramineae(禾本科)	Panicum(黍属)	Panicum miliaceum L.(穄子)	Panicum miliaceum var. compactrm(穄子)	地方品种	当地	一年生	有性	5月下旬	9月下旬	抗病,耐盐碱,抗旱	无	米乳白色,硬性
P621 023008	Polygonum(蓼科)	Fagopyrum(荞麦属)	Fagopyrum tataricum (L.)Gaertn(苦荞麦)	Fagopyrum tataricum (L.) Gaertn.(苦荞麦)	地方品种	当地	一年生	有性	7月上旬	10月中旬	抗病,抗旱	无	瘦果长卵形,麻灰色,无光泽

续表

样品编号	科名	属名	种名	学名	种质类型	种质来源	生长习性	繁殖习性	播种期	收获期	主要特性	其他特性	主要特性详细描述
P621023009	Polygonum（蓼科）	Fagopyrum（荞麦属）	Fagopyrum tataricum(L.) Gaertn.(苦荞麦)	Fagopyrum tataricum(L.) Gaertn.(苦荞麦)	地方品种	当地	一年生	有性	7月上旬	10月中旬	抗病、抗虫、抗旱	无	瘦果长卵形，黑褐色，无光泽
P621023010	Polygonum（蓼科）	Fagopyrum（荞麦属）	Fagopyrum esculentum Moench(荞麦)	Fagopyrum esculentum Moench(荞麦)	地方品种	当地	一年生	有性	7月上旬	10月中旬	抗病、抗虫、抗旱	乔川荞麦品质最佳，当地人习惯婚丧嫁娶事宜吃荞面饸饹	种子颜色深黑的为红花荞麦，浅颜色种子为白花荞麦

| 254 |

续表

样品编号	科名	属名	种名	学名	种质类型	种质来源	生长习性	繁殖习性	播种期	收获期	主要特性	其他特性	主要特性详细描述
P621 023011	Moraceae（桑科）	Cannabis（大麻属）	Cannabis sativa L.（大麻）	Cannabis sativa L.（大麻）	地方品种	当地	一年生	有性	4月下旬	10月上旬	抗病、抗虫、抗旱	无	麻子种子相对一般较小，所以当地人称之为小麻子
P621 023012	Gramineae（禾本科）	Setaria（狗尾草属）	Setaria italica var. germanica (Mill.) Schred.（粟）	Setaria italica（谷子）	地方品种	当地	一年生	有性	5月下旬	10月上旬	抗病、抗虫、抗旱、耐贫瘠	无	生育期25~130天，株高96厘米左右，谷穗红色，米黄色

续表

样品编号	科名	属名	种名	学名	种质类型	种质来源	生长习性	繁殖习性	播种期	收获期	主要特性	其他特性	主要特性详细描述
P621023013	Leguminosae(豆科)	Phaseolus(菜豆属)	Phaseolus vulgaris(菜豆)	Phaseolus vulgaris Linn.(菜豆)	地方品种	当地	一年生	有性	5月上旬	9月下旬	抗病,抗虫,抗旱	无	豆粒白色,具条状隐形花纹
P621023014	Cucurbitaceae(葫芦科)	Cucurbita(南瓜属)	Cucurbita pepo Linn.(西葫芦)	Cucurbita pepo Linn.(西葫芦)	地方品种	当地	一年生	有性	4月下旬	10月上旬	抗病,抗旱	无	瓜子大而亮
P621023015	Leguminosae(豆科)	Vigna Savi(豇豆属)	Vigna sinensis. Savi(豇豆)	Vigna unguiculata (Linn.) Walp(豇豆)	地方品种	当地	一年生	有性	5月上旬	9月下旬	抗病,抗旱	无	无
P621023016	Leguminosae(豆科)	Phaseolus(菜豆属)	Phaseolus vulgaris Linn.(菜豆)	Phaseolus vulgaris(菜豆)	地方品种	当地	一年生	有性	5月上旬	9月下旬	抗病,抗旱,耐贫瘠	无	无

第六章 农作物种质资源征集情况

续表

样品编号	科名	属名	种名	学名	种质类型	种质来源	生长习性	繁殖习性	播种期	收获期	主要特性	其他特性	主要特性详细描述
P621 023017	Leguminosae（豆科）	Medicago L.（苜蓿属）	Medicago Sativa Linn（苜蓿）	Medicago Sativa Linn（苜蓿）	地方品种	当地	多年生	有性	9月上旬	5月下旬	抗病、抗虫、抗旱、耐贫瘠	无	紫花
P621 023018	Leguminosae（豆科）	Pisum Linn（豌豆属）	Pisum sativum Linn（豌豆）	Pisum sativum L.（豌豆）	地方品种	当地	一年生	有性	4月下旬	9月下旬	优质、抗旱、耐寒	无	豌豆扁、形似马牙、又称马牙豌豆
P621 023019	Leguminosae（豆科）	Vigna Savi（豇豆属）	Vigna unguiculata (Linn.) Walp（豇豆）	Vigna unguiculata (Linn.) Walp（豇豆）	地方品种	当地	一年生	有性	4月中旬	8月上旬	优质、抗旱、耐寒、耐贫瘠	无	豆角呈黄色或黄褐色
P621 023024	Labiatae（唇形科）	Perilla L.（紫苏属）	Perillafrutescens (L.) Britt.（紫苏）	Perillafrutescens (L.) Britt.（紫苏）	地方品种	当地	一年生	有性	4月上旬	9月中旬	优质、耐寒、耐贫瘠	无	坚果近球形、具网纹

续表

样品编号	科名	属名	种名	学名	种质类型	种质来源	生长习性	繁殖习性	播种期	收获期	主要特性	其他特性	主要特性详细描述
P621023025	Leguminosae（豆科）	Phaseolus（菜豆属）	Phaseolus vulgaris（菜豆）	Phaseolus vulgaris Linn.（菜豆）	地方品种	当地	一年生	有性	4月下旬	9月下旬	高产，优质，耐寒	无	无
P621023030	Leguminosae（豆科）	Vigna（豇豆属）	Vigna rabiata (L.) Wilczek（绿豆）	Vigna radiata (L.) Wilczek.（绿豆）	地方品种	当地	一年生	有性	5月中旬	8月上旬	优质，耐寒，耐贫瘠	无	无
P621023036	Solanaceae（茄科）	Capsicum（辣椒属）	Capsicum annum L.（辣椒）	Capsicum annum L.（辣椒）	地方品种	当地	一年生	有性	4月下旬	10月上旬	高产，优质，抗病，抗旱，广适	无	果实细长，皮薄，宜干燥，做辣椒子面，味辣

续表

样品编号	科名	属名	种名	学名	种质类型	种质来源	生长习性	繁殖习性	播种期	收获期	主要特性	其他特性	主要特性详细描述
P621 023037	Leguminosae（豆科）	Glycine（大豆属）	Glycine max L. Merrill（大豆）	Glycine max L. Merrill（大豆）	地方品种	当地	一年生	有性	5月上旬	9月下旬	优质、抗病、抗旱	生豆芽菜好。	豆粒小，豆深棕色，花纹为黑色条状、点状、圈状
P621 023038	Leguminosae（豆科）	Phaseolus（菜豆属）	Phaseolus vulgaris（菜豆）	Phaseolus vulgaris（菜豆）	地方品种	当地	一年生	有性	4月中旬	8月上旬	高产、优质	无	架豆，豆粉色，花纹深紫红色
P621 023040	Leguminosae（豆科）	Phaseolus（菜豆属）	Phaseolus vulgaris（菜豆）	Phaseolus vulgaris（菜豆）	地方品种	当地	一年生	有性	5月上旬	9月中旬	抗病、抗虫	无	架豆，豆粒红褐色，花纹深棕色，条纹状、点状

续表

样品编号	科名	属名	种名	学名	种质类型	种质来源	生长习性	繁殖习性	播种期	收获期	主要特性	其他特性	主要特性详细描述
P621 023041	Gramineae（禾本科）	Setaria（狗尾草属）	Setaria italica var. germanica (Mill.) Schred.（粟）	Setaria italica（谷子）	地方品种	当地	一年生	有性	5月中旬	9月下旬	抗病、抗虫	无	穗形如缰绳，谷穗细长，谷小穗之间间距大，小穗紧实。谷皮淡黄色，米黑褐色，透亮。分蘖性强，较密实
P621 023042	Gramineae（禾本科）	Panicum（黍属）	Panicum miliaceum L.（糜子）	Panicum miliaceum var. compactrm（糜子）	地方品种	当地	一年生	有性	5月下旬	9月下旬	高产、优质、抗病、抗旱、广适、耐贫瘠	可以酿黄酒、熬米汤、蒸米饭、做米面馍，营养价值高	植株高105~113厘米，亩产量200千克左右

续表

样品编号	科名	属名	种名	学名	种质类型	种质来源	生长习性	繁殖习性	播种期	收获期	主要特性	其他特性	主要特性详细描述
P621 023043	Gramineae（禾本科）	Setaria（狗尾草属）	Setaria italica var. germanica (Mill.) Schred.（粟）	Setaria italica（谷子）	地方品种	当地	一年生	有性	5月中旬	9月中旬	高产，优质，抗病，抗旱，广适，耐贫瘠	抗倒伏	生育期短，110天左右，防倒伏，株高175~185厘米，穗长27~34厘米，穗紧实，刚毛短，少，麻雀贪食，不分蘖，皮红色，米黄色，米质硬

续表

样品编号	科名	属名	种名	学名	种质类型	种质来源	生长习性	繁殖习性	播种期	收获期	主要特性	其他特性	主要特性详细描述
P621 023044	Gramineae（禾本科）	Setaria（狗尾草属）	Setaria italica var. germanica (Mill.) Schred.（粟）	Setaria italica（谷子）	地方品种	当地	一年生	有性	5月中旬	10月中旬	抗病、抗虫	无	植株茎红色，谷穗松散，穗长28~33厘米，株高150~160厘米，刚毛长，可以防麻雀危害，但口感好，虽低，籽黄米白，软，分蘖性强，株分蘖3个左右

续表

样品编号	科名	属名	种名	学名	种质类型	种质来源	生长习性	繁殖习性	播种期	收获期	主要特性	其他特性	主要特性详细描述
P621 023046	Leguminosae（豆科）	Vigna Savi（豆豆属）	Vigna angularis (Willd.) Ohwi et Ohashi（豆豆）	Vigna angularis (Willd.) Ohwi et Ohashi（豆豆）	地方品种	当地	一年生	有性	5月上旬	9月下旬	优质，抗病。	无	豆深红色，圆形，脐突出，白色
P621 023047	Gramineae（禾本科）	Avena（燕麦属）	Avena sativa L.（燕麦）	Avena sativa L.（燕麦）	地方品种	当地	一年生	有性	4月下旬	9月下旬	无	用于饲草	类似于燕麦，但人一般不食用，种子带草壳，仅用于饲草

第六章 农作物种质资源征集情况

续表

样品编号	科名	属名	种名	学名	种质类型	种质来源	生长习性	繁殖习性	播种期	收获期	主要特性	其他特性	主要特性详细描述
P621 023049	Linaceae（亚麻科）	Linum L.（亚麻属）	Linum usitatissimum L.（亚麻）	Linum usitatissimum L.（亚麻）	地方品种	当地	一年生	有性	4月中旬	9月下旬	抗旱，耐寒，耐贫瘠	当地主要榨油，还有增加人体免疫、祛脂降压、健脑、通便、平喘等作用	茎直立，高30~120厘米，多在上部分枝，有时自茎基部亦有分枝，但密植则不分枝，基部木质化，无毛，韧皮部纤维强韧弹性，构造如棉，叶互生，叶片线形、线状披针形或披针形，长2~4厘米，宽1~5毫米，花单生于枝顶或数枝的上部叶腋，组成疏散的聚伞花序；花直径15~20毫米；花梗长1~3厘米，直立，蒴果球形，干后棕黄色，直径6~9毫米
P621 023050	Cruciferae（十字花科）	Brassica（芸薹属）	Brassica juncea (L.) Czern. et Coss.（芥菜）	Brassica juncea (L.) Czern. et Coss.（芥菜）	地方品种	当地	一年生	有性	4月中旬	9月下旬	抗旱，耐寒，耐贫瘠，耐热	无	黄芥植株高大，株形分散，分株部位高，大分株与主茎高度相同，主根发达，花黄色，籽粒若同小米般大小，色黄或黄绿，生食有辛辣味

表6.44 华池县农作物种质资源征集汇总表（详细情况）

样品编号	种质用途	利用部位	种质分布	种质群落	生态类型	气候带	地形	土壤类型	采集方式	采集部位	是否采集标本	样品数量	样品照片	提供人姓名	提供人性别	提供人民族	提供人年龄	提供人联系电话	备注
P621023001	食用、加工原料	种子（果实）	广	群生	农田	温带	山地	黄壤	农户收集	种子	否	500克	P621023001-1						
P621023002	食用、加工原料	种子（果实）	广	群生	农田	温带	山地	黄壤	农户收集	种子	否	500克	P621023002-1						
P621023003	食用、饲加工原料	种子（果实）	广	群生	农田	寒温带	丘陵	黄壤	农户收集	种子	否	750克	P621023003-1						
P621023004	食用、加工原料	种子（果实）	广	群生	农田	寒温带	丘陵	黄壤	农户收集	种子	否	581克	P621023004-1						

续表

样品编号	种质用途	利用部位	种质分布	种质群落	生态类型	气候带	地形	土壤类型	采集方式	采集部位	是否采集标本	样品数量	样品照片	提供人姓名	提供人性别	提供人民族	提供人年龄	提供人联系电话	备注
P621023005	食用，加工原料	种子（果实）	广	群生	海湾	温带	山地	黄壤	农户收集	种子	否	500克	P621023005-1						
P621023006	食用，加工原料	种子（果实）	广	群生	农田	温带	山地	黄壤	农户收集	种子	否	450克	P621023006-1						
P621023007	食用，加工原料	种子（果实）	广	群生	农田	温带	山地	黄壤	农户收集	种子	否	500克	P621023007-1						
P621023008	食用，药用，加工原料	种子（果实）	广	群生	农田	温带	山地	黄壤	农户收集	种子	否	750克	P621023008-1						

第六章 农作物种质资源征集情况

续表

样品编号	种质用途	利用部位	种质分布	种质群落	生态类型	气候带	地形	土壤类型	采集方式	采集部位	是否采集标本	样品数量	样品照片	提供人姓名	提供人性别	提供人民族	提供人年龄	提供人联系电话	备注
P621023009	食用,药用	种子(果实)	广	群生	农田	温带	山地	黄壤	农户收集	种子	否	750克	P621023009-1						
P621023010	食用	种子(果实)	广	群生	农田	温带	山地	黄壤	农户收集	种子	否	750克	P621023010-1						
P621023011	食用	种子(果实)	窄	群生	农田	温带	山地	黄壤	农户收集	种子	否	750克	P621023011-1						
P621023012	食用,加工原料	种子(果实)	广	群生	农田	温带	山地	黄壤	农户收集	种子	否	600克	P621023012-1						

续表

样品编号	种质用途	利用部位	种质分布	种质群落	生态类型	气候带	地形	土壤类型	采集方式	采集部位	是否采集标本	样品数量	样品照片	提供人姓名	提供人性别	提供人民族	提供人年龄	提供人联系电话	备注
P621023013	食用	种子(果实)	窄	群生	农田	温带	山地	黄壤	农户收集	种子	否	750克	P621023013-1						
P621023014	食用	种子(果实)	广	群生	农田	温带	山地	黄壤	农户收集	种子	否	750克	P621023014-1						
P621023015	食用	种子(果实)	窄	群生	农田	温带	山地	黄壤	农户收集	种子	否	830克	P621023015-1						
P621023016	食用	种子(果实)	窄	群生	农田	温带	山地	黄壤	农户收集	种子	否	850克	P621023016-1						

续表

样品编号	种质用途	利用部位	种质分布	种质群落	生态类型	气候带	地形	土壤类型	采集方式	采集部位	是否采集标本	样品数量	样品照片	提供人姓名	提供人性别	提供人民族	提供人年龄	提供人联系电话	备注
P621023017	饲用	种子（果实）	广	群生	农田	温带	山地	黄壤	农户收集	种子	否	500克	P621023017-1						
P621023018	饲用	种子（果实）	窄	群生	农田	温带	山地	黄壤	农户收集	种子	否	750克	P621023018-1						
P621023019	食用	种子（果实）	窄	群生	农田	温带	山地	黄壤	农户收集	种子	否	750克	P621023019-1						有20多年种植史

续表

样品编号	种质用途	利用部位	种质分布	种质群落	生态类型	气候带	地形	土壤类型	采集方式	采集部位	是否采集标本	样品数量	样品照片	提供人姓名	提供人性别	提供人民族	提供人年龄	提供人联系电话	备注
P621023024	食用	种子（果实）	少	群生	农田	温带	山地	黄壤	农户收集	种茎	否	400克	P6210230 24-1、P6210230 24-2						
P621023025	食用	种子（果实）	窄	群生	农田	温带	山地	黄壤	农户收集	种子		750克	P6210230 25-1						
P621023030	食用，加工原料	种子（果实）	少	群生	农田	温带	山地	黄壤	农户收集	种子	否	500克	P6210230 30-1、P6210230 30-2						

续表

样品编号	种质用途	利用部位	种质分布	种质群落	生态类型	气候带	地形	土壤类型	采集方式	采集部位	是否采集标本	样品数量	样品照片	提供人姓名	提供人性别	提供人民族	提供人年龄	提供人联系电话	备注
P621023036	食用	种子（果实）	少	群生	农田	温带	山地	黄壤	农户收集	种子	否	750克	P621023036-1						
P621023037	食用	种子（果实）	窄	群生	农田	温带	山地	黄壤	农户收集	种子	否	750克	P621023037-1						
P621023038	食用	种子（果实）	广	群生	农田	温带	山地	黄壤	农户收集	种子	否	750克	P621023038-1						
P621023040	食用	种子（果实）	窄	群生	农田	温带	山地	黄壤	农户收集	种子	否	500克	P621023040-1						

续表

样品编号	种质用途	利用部位	种质分布	种质群落	生态类型	气候带	地形	土壤类型	采集方式	采集部位	是否采集标本	样品数量	样品照片	提供人姓名	提供人性别	提供人民族	提供人年龄	提供人联系电话	备注
P621023041	食用	种子（果实）	窄	群生	农田	温带	山地	黄壤	农户收集	种子	否	524克	P621023041-1、P621023041-2、P6210230 41-3						
P621023042	食用	种子（果实）	窄	群生	农田	温带	山地	黄壤	农户收集	种子	否	475克	P621023042-1、P621023042-2、P621023042-3、P6210230 42-4						

第六章 农作物种质资源征集情况

样品编号	种质用途	利用部位	种质分布	种质群落	生态类型	气候带	地形	土壤类型	采集方式	采集部位	是否采集标本	样品数量	样品照片	提供人姓名	提供人性别	提供人民族	提供人年龄	提供人联系电话	备注
P621023043	食用	种子（果实）	窄	群生	农田	温带	山地	黄壤	农户收集	种子	否	562克	P621023043-1，P621023043-2						
P621023044	食用	种子（果实）	窄	群生	农田	温带	山地	黄壤	农户收集	种子	否	460克	P621023044-1，P621023044-2，P621023044-3，P621023044-4						
P621023046	食用	种子（果实）	窄	群生	农田	温带	山地	黄壤	农户收集	种子	否	505克	P621023046-1						

续表

续表

样品编号	种质用途	利用部位	种质分布	种质群落	生态类型	气候带	地形	土壤类型	采集方式	采集部位	是否采集标本	样品数量	样品照片	提供人姓名	提供人性别	提供人民族	提供人年龄	提供人联系电话	备注
P621023047	饲用	种子（果实），茎	窄	群生	农田	温带	山地	黄壤	农户收集	种子	否	910克	P621023047-1						
P621023049	食用	种子（果实）	广	群生	农田	温带	山地	黄壤	农户收集	种子	否	405克	P621023049-1						
P621023050	食用	种子（果实）	窄	群生	农田	温带	山地	黄壤	农户收集	种子	否	347克	P621023050-1						

第七章　优异农作物种质资源

第一节　粮食作物

一、糜子

糜子（学名：*Panicum miliaceum* var. Compactrm.），禾本科黍属，一年生植物。

1.黄软糜子

多在华池县西北部种植。

特征特性：抗病，抗虫，抗旱，耐贫瘠。生育期110天左右，亩产170千克左右，苗绿色，茎浅绿色，叶浅黄，有叶舌，叶鞘有茸毛，侧穗，粒黄色，米糯性。当地主要用于酿黄酒，炸黏糕，吃黏面，口感甜糯。

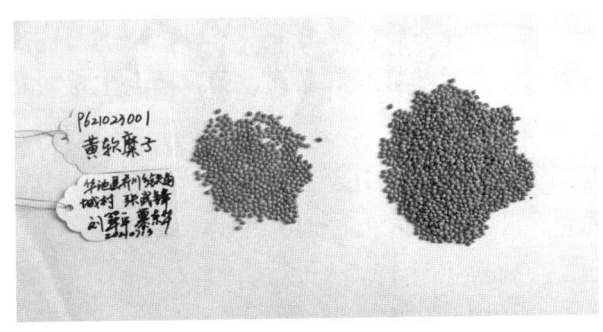

2.红糜子

华池县境内西北部、中南部种植。

特征特性：优质，抗病，抗虫，抗旱。生育期120天左右，株高110厘米左右，亩产200千克左右，叶片及叶鞘有茸毛，有分枝。粒红棕色，有光泽，米淡黄色，硬性。做米面馍馍、黄米干饭等。

3.黑软糜子

华池县境内西北部种植。

特征特性：优质，抗病，抗旱，耐贫瘠，生育期120天左右，亩产160千克左右，株高110厘米左右，苗绿色，茎浅绿色，有叶舌，叶片及叶鞘有茸毛，侧穗，粒黑色，有光泽，糯性。米白色，肚脐黄褐色。主要用于酿酒，吃黏糕。

4.白糜子

华池县境内西北部种植。

特征特性：优质，抗病，抗旱，耐贫瘠，生育期120天左右，亩产160千克，株高120~130厘米，苗绿色，茎浅绿色，有叶舌，叶片及叶鞘有茸毛，侧穗，粒白色，有光泽。米乳白色，粳性。

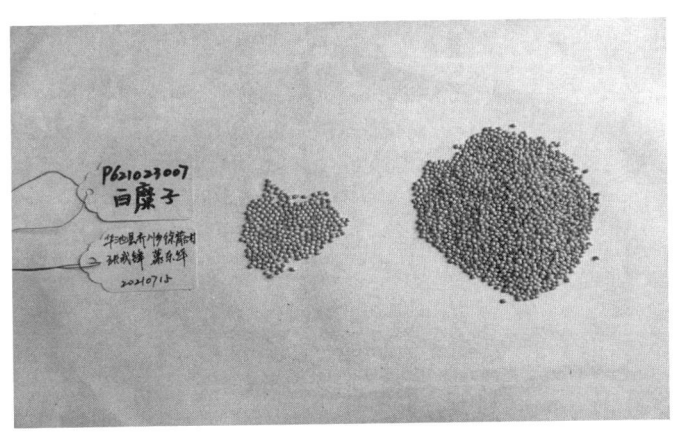

5.红二汉糜子

华池县境内零星种植。

特征特性：高产，优质，抗病，抗旱，广适，耐贫瘠，生育期120天左右，植株高105~113厘米，分枝3~4株，叶片及叶鞘有茸毛，粒红棕色，有光泽，米淡黄色，硬性，亩产200千克左右。

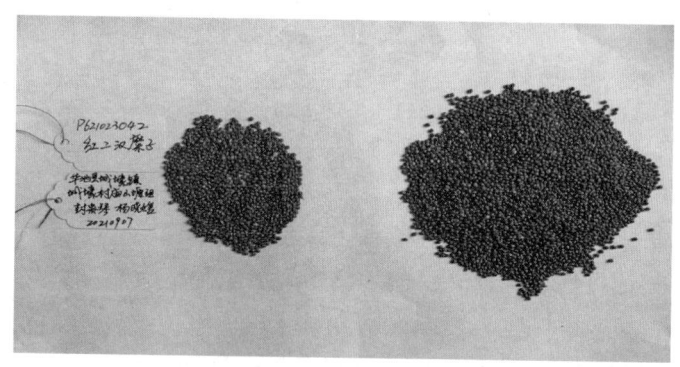

二、谷子

谷子（学名：*Setaria italica*），禾本科狗尾草属，一年生植物。

1.白毛谷

华池县境内有零星种植。

特征特性：高产，优质，抗病，抗虫，抗旱，耐贫瘠。株高100厘米左右，于5月中旬播种，9月下旬成熟，生育期130天左右，亩产120千克，刚毛长且硬，能防雀，皮白米白。

2.红酒谷

华池县境内零星种植。

特征特性：抗病，抗虫，抗旱，耐贫瘠。于5月中旬播种，9月下旬成熟，生育期125~130天，株高96厘米左右，亩产130千克，谷穗红色，米黄色。一般用来酿黄酒。

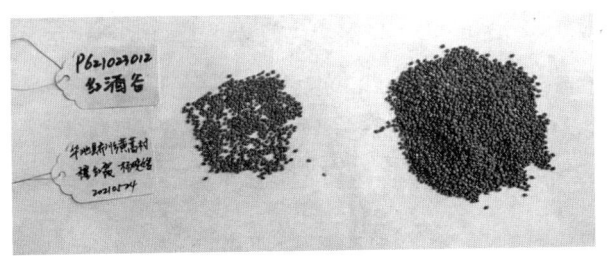

3.马缰绳谷子

华池县境内零星种植。

特征特性：抗病，抗虫，生育期130天左右，株高140厘米，亩产约140千克，穗形如缰绳，谷穗细长，谷小穗之间间距大，小穗紧实。谷皮淡黄色，米黑褐色，透亮。分蘖性强，较密实。

4.红钙谷

华池县境内种植较少。

特征特性：高产，优质，抗病，抗旱，广适，耐贫瘠，生育期短，110天左右，防倒伏。株高175~185厘米，穗长27~34厘米，亩产150~160千克，穗紧实，刚毛短、少，麻雀贪食。不分蘖，皮红色，米黄色，米质硬。

5.大良谷

华池县境内零星种植。

特征特性：抗病，抗虫，生育期150天左右，植株茎红色，谷穗松散，穗长28~33厘米，株高150~160厘米，刚毛长，可以防麻雀危害。产量虽低，但口感好，籽黄米白、软。分蘖性强，株分蘖3个左右。亩产180~200千克。

三、豆类

大豆〔学名：*Glycinemax*（L.）merr.〕，大豆属，一年生豆科植物。

1.黑豆

华池县境内有零星种植。

特征特性：优质，抗病，抗旱，耐贫瘠，生育期120天左右，亩产200千克左右，豆扁，椭圆形，长9毫米，宽5毫米，厚3毫米。豆粒黑色，有光泽，种仁深黄色，种皮不易破碎。主要用于生豆芽菜，磨豆浆，营养价值高。

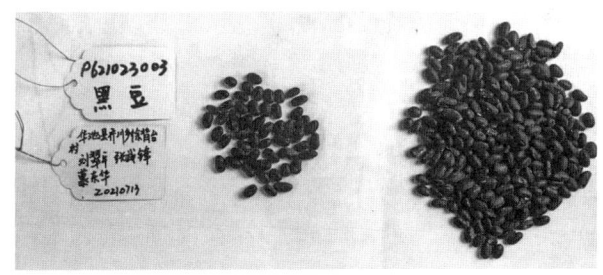

2.生菜豆豆

华池县境内西北部种植。

特征特性：高产，优质，抗旱，生育期150天左右，亩产300千克左右，株高53~65厘米，豆荚扁平，每个豆荚产豆2~3粒，根系发达，主要用于生豆芽菜。

3.羊眼睛豆

华池县境内零星种植。

特征特性：又称赖豆。优质，抗病，抗旱，生育期130天左右，株高50~58厘米，每个豆荚有2~3个豆粒，豆粒小，豆深棕色，花纹为黑色条状、点状、圈状。当地多用于生豆芽菜。

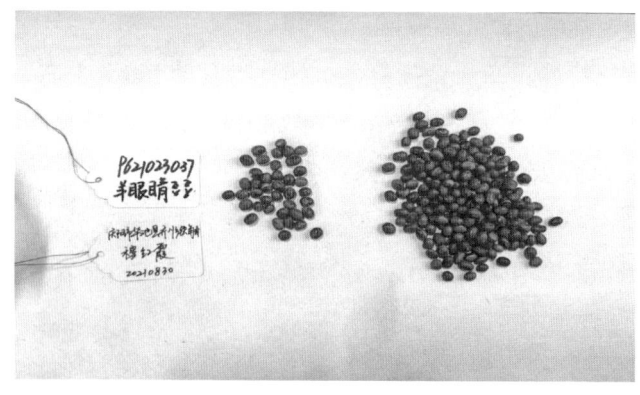

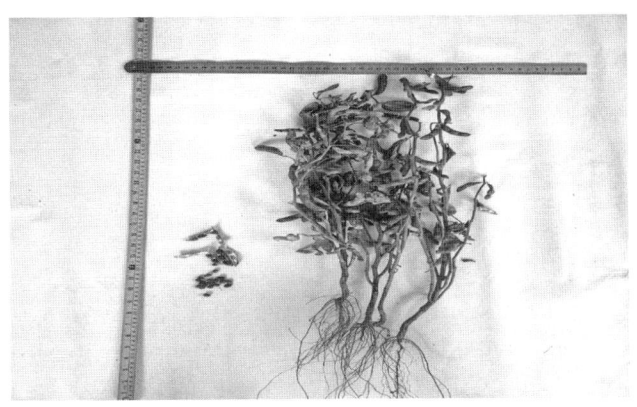

4.扁绿豆

华池县境内零星种植。

特征特性：抗病，抗旱，广适，耐寒，耐贫瘠，生育期120天左右，豆扁椭圆，颜色淡绿色。适宜生豆芽菜，磨豆腐。

5.黑滚豆

华池县境内均有种植。

特征特性：高产，优质，耐寒，生育期150天左右，株高80厘米左右，茎直立，亚有限花序，豆椭圆，豆皮黑色，豆脐带形，白色。

6.红小豆

赤豆［学名：*Vigna angularis*（Willd.）Ohwi et Ohashi.］，豇豆属，一年生豆科植物。

华池县境内零星种植。

特征特性：优质，抗病，生育期140天左右，豆深红色，圆形脐突出，白色。

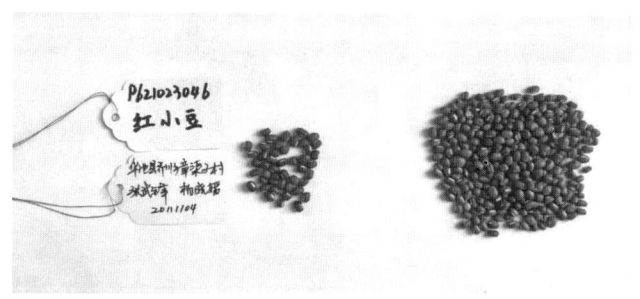

7.鸡蛋豆

豇豆［学名：*Vigna unguiculata*（Linn.）Walp.］，豇豆属，一年生豆科植物。

华池县境内零星种植。

特征特性：抗病，抗旱，生育期160天，种皮淡黄色，椭圆形，长1厘米，直径7毫米。种脐明显，圆形具黑圈。

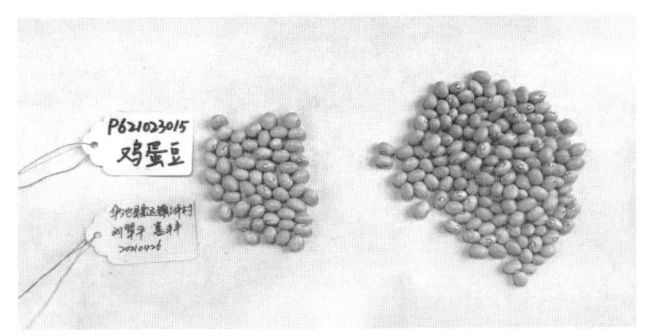

8.豇豆

华池县境内零星种植。

特征特性：优质，抗旱，耐寒，耐贫瘠，生育期110天左右，豆角长10厘米左右，豆呈黄色或黄褐色，易生象甲。

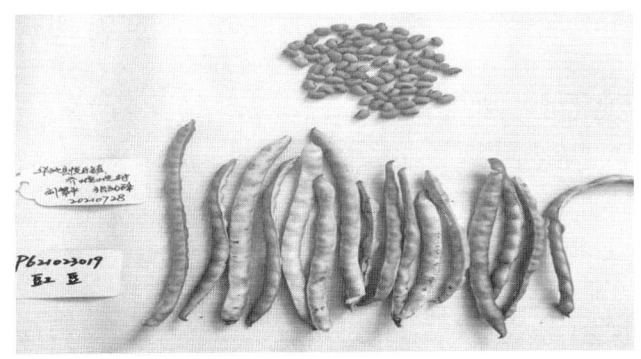

9.绿小豆

绿豆［学名：*Vigna radiata*（Linn.）Wilczek.］，豇豆属，一年生豆科植物。

华池县境内均有种植。

特征特性：优质，耐寒，耐贫瘠，生育期150天左右，株高40~50厘米左右，茎直立，无限花序，豆荚成熟后呈褐色，豆淡绿色，产量低，亩产50千克左右。

10.草豌豆

豌豆（学名：*Pisum sativum* L.），豌豆属，一年生豆科植物。华池县境内零星种植。

特征特性：优质，抗旱，耐寒，生育期100天左右，豆彩色，不规则，形似小石头。

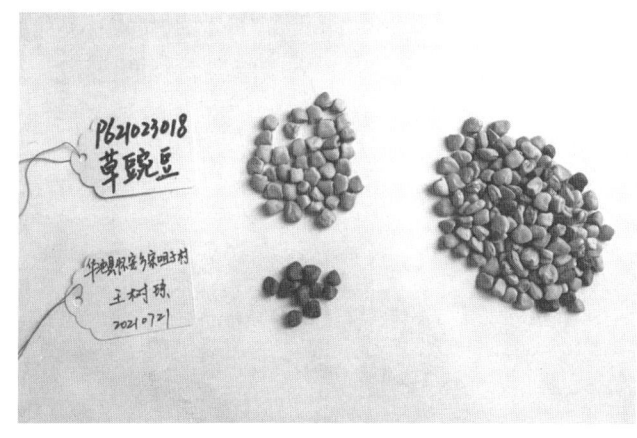

四、荞麦

荞麦[学名：*Fagopyrum tataricum*（L.）Gaertn.]，荞麦属，一年生蓼科植物。

1.麻苦荞

华池县境内零星种植。

特征特性：抗病，抗虫，抗旱，稳产。生育期120天左右，亩产200千克左右，瘦果长卵形，长5~6毫米，具3棱及3条纵沟，上部棱角锐利，下部圆钝，麻灰色，无光泽。

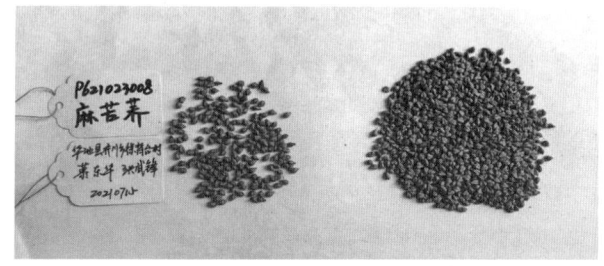

2.黑苦荞

华池县境内零星种植。

特征特性：抗病，抗虫，抗旱。生育期100天左右，亩产200千克左右，茎绿色，叶绿色，花淡绿色，瘦果长卵形，长5~6毫米，具3棱及3条纵沟，上部棱角锐利，下部圆钝有时具波状齿，黑褐色，无光泽。

3.红花荞麦

华池县西北部种植较多。

特征特性：高产，优质，抗病，抗虫，抗旱。生育期60~70天左右，亩平均产量60千克，单株粒数49粒，千粒重32.06克，茎淡红色，叶绿色，花粉红色，分枝4~7个，种皮黑色，三棱状。

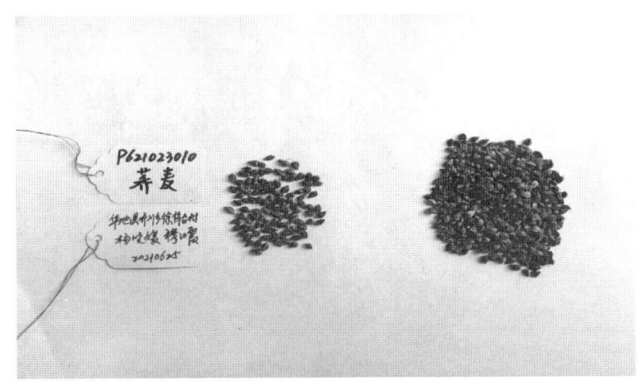

第二节 经济作物

一、紫苏

紫苏［学名：*Perillafrutescens*（L.）Britt.］，紫苏属，一年生唇形科植物。

种质名称：荏。华池县境内零星种植。

特征特性：优质，耐寒，耐贫瘠，生育期130天左右，株高85厘米左右，坚果近球形，直径约2.4毫米，具网纹。用于榨油。

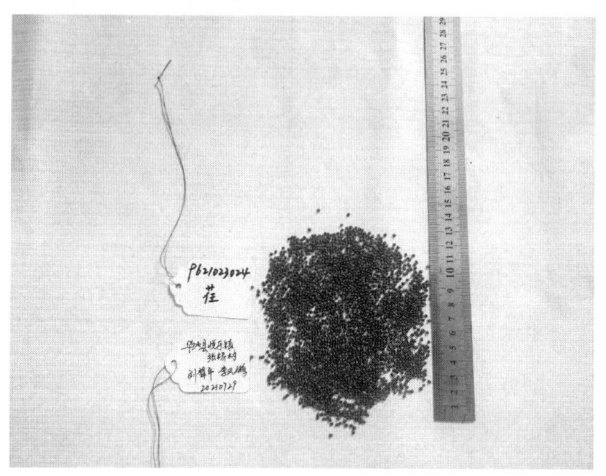

二、亚麻

亚麻（学名：*Linum usitatissimum* L.），亚麻属，一年生亚麻科植物。

种质名称：胡麻。华池县境内均有种植。

特征特性：油料作物，抗旱，耐寒，耐贫瘠、耐盐碱，4月上旬播种，生育期150天左右，茎直立，高60~120厘米，多在上部分枝，有时自茎基部亦有分枝，密植不分枝。叶互生，叶片线形或披针形，花单生于枝顶或枝的上部叶腋，组成疏散的聚伞花序；花直径15~20毫米；花梗长1~3厘米，直立。蒴果球形，干后棕黄色，直径6~9毫米。

三、大麻

大麻（学名：*Cannabis sativa* L.），大麻属，一年生桑科植物。

种质名称：小麻子。华池县境内零星种植。

特征特性：高产，优质，抗病，抗虫，抗旱。生育期160天左右，植株高大，1米以上，分叉多，麻子果实相对一般大麻子较小，所以当地人称之为小麻子。多用于榨油。

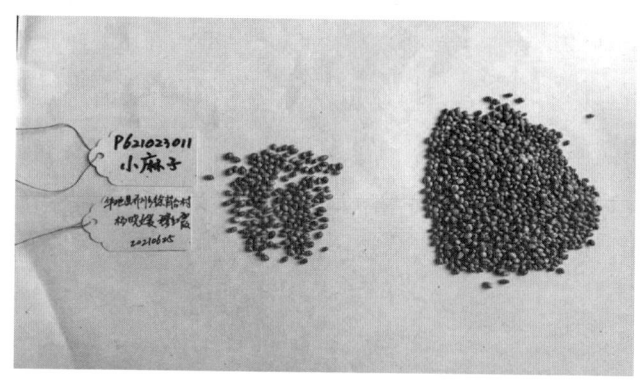

四、芥菜

芥菜［学名：*Brassica juncea*（L.）Czern. et Coss.］，芸薹属，一年生十字花科植物。

种质名称：黄芥。华池县境内零星种植。

特征特性：抗旱，耐寒，耐贫瘠，耐热，生育期150天左右，黄芥植株高大，株形分散，分株部位高，大分株常与主茎高度相同，主根发达，花黄色，籽粒若同小米般大小，色黄或黄绿，生食有辛辣味。

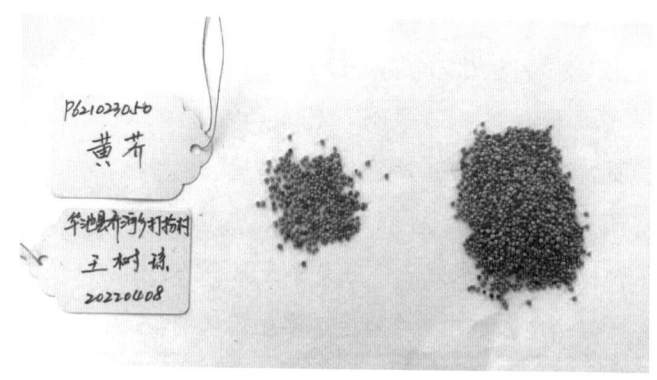

五、西葫芦

西葫芦（学名：*Cucurbita pepo* Linn.），南瓜属，一年生葫芦科植物。

种质名称：白瓜子。华池县境内中东部种植较多。

特征特性：抗病，抗旱，生育期160天，长蔓，蔓长3米左右，瓜形圆盘状，籽长1.98厘米，宽1.08厘米，籽含油量大，适口性好。

第三节　蔬菜

一、黄瓜

黄瓜（学名：*Cucumis sativus* L.），甜瓜属，一年生葫芦科植物。

种质名称：唐山秋。华池县境内零星种植，有30多年种植历史。

特征特性：优质，抗病，抗虫，抗旱，耐贫瘠。生育期110天左右，果实长圆形，长15厘米，瓜皮厚，果肉白色，熟时黄褐色，表面粗糙，具瘤状突起、极稀近于平滑。种子小，狭卵形，白色，无边缘，一端弧形，一端具急尖。

二、辣椒

辣椒（学名：*Phaseolus vulgaris.*），辣椒属，一年生茄科植物。

种质名称：线辣椒。华池县境内均有种植。

特征特性：高产，优质，抗病，抗旱，广适，生育期160天左右，株高13厘米左右，果实细长，皮薄，容易晒干，可做辣子面，味辣。

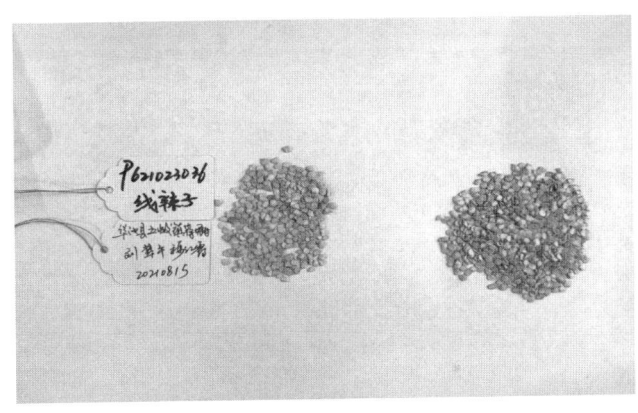

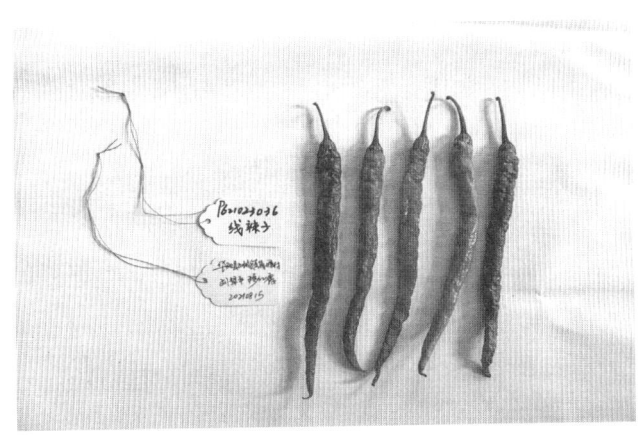

三、芫荽

芫荽（学名：*Coriandrum sativum* L.），芫荽属，一年生伞形科植物。

种质名称：香菜。华池县境内零星种植。

特征特性：抗病，抗虫，抗旱，广适，耐贫瘠。茎纤细，味郁香，生育期50天左右，是汤饮中的佐料，果实圆球形。

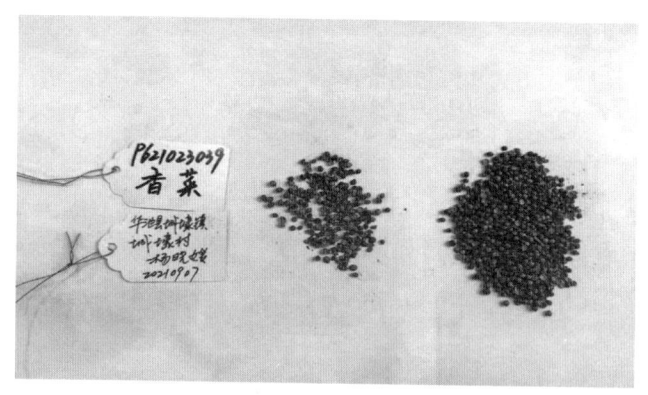

四、菜豆

菜豆（学名：*Phaseolus vulgaris* Linn.），菜豆属，一年生豆科植物。

1. 小白芸豆

华池县境内零星种植。

特征特性：优质，抗病，抗旱，豆粒白色，见条状隐形花纹，有光泽，种脐白色，长8.4毫米，宽5.2毫米，厚4毫米，种粒整齐，饱满。用于制作豆馅，豆沙，有药用价值。

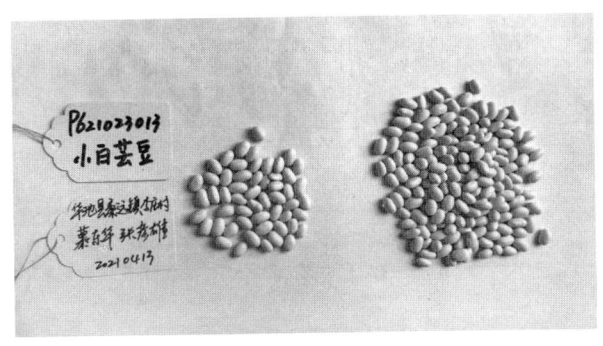

2.大羊眼睛豆

华池县境内种植极少,已有50年种植历史。

特征特性:抗病,抗虫,生育期130天左右,豆粒大红褐色,花纹深棕色,条纹状、点状。豆长1.3厘米,宽1厘米,豆脐小,白色。

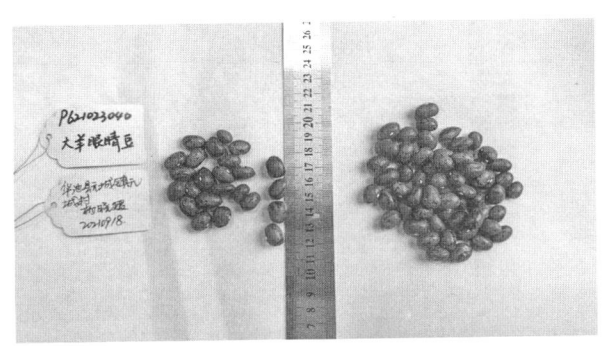

3.红豆

华池县境内零星种植。

特征特性:抗病,抗旱,耐贫瘠,生育期140天左右,豆大,红色,椭圆形。

4.菜豆

华池县境内零星种植。

特征特性：优质，抗旱，耐寒，耐贫瘠，缠绕蔓，荚果带形，稍弯曲，种子长扁椭圆似肾形，成熟后呈黑色。

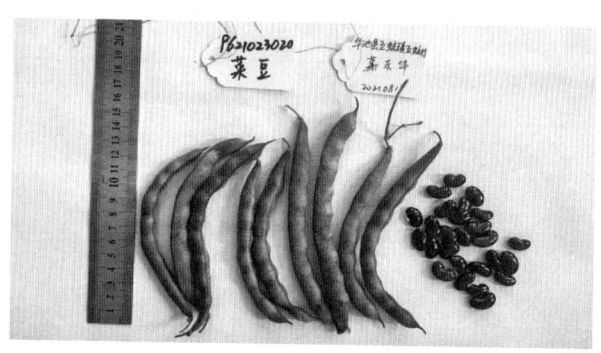

5.红豆

华池县境内零星种植。

特征特性：优质，抗病，抗虫，抗旱。广适，生育期80天左右，缠绕蔓，荚果带形，稍弯曲，种子长扁椭圆似肾形，成熟后黄褐色，种脐白色。

6.红豆

华池县境内零星种植。

特征特性：又称架豆，豆粉色，花纹深紫红色。高产，优质，生育期110天左右。

五、黄花菜

黄花菜（萱草）（学名：*Hemerocallis citrina* Baroni.），萱草属，百合科多年生草本植物。

1. 金针

华池县境内均有种植。

特征特性：优质，耐寒，耐贫瘠，株高95厘米左右，叶宽3厘米，花长13厘米，花黄色，分枝6个左右。

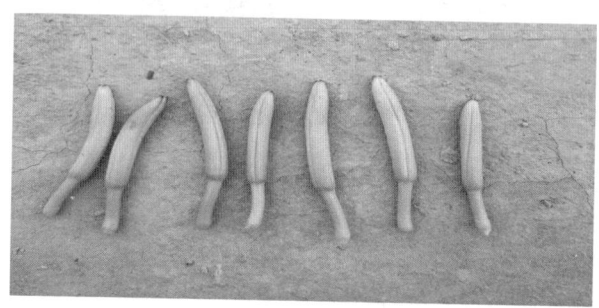

2.金针菜

华池县境内均有种植。

特征特性：又名柠檬萱草，优质，耐寒，耐贫瘠，株高60厘米左右，叶细长，性味甘凉，有止血、消炎、清热、利湿、消食、明目、安神等功效，对吐血、大便带血、小便不通、失眠、乳汁不下等有疗效，可作为病后或产后的调补品。

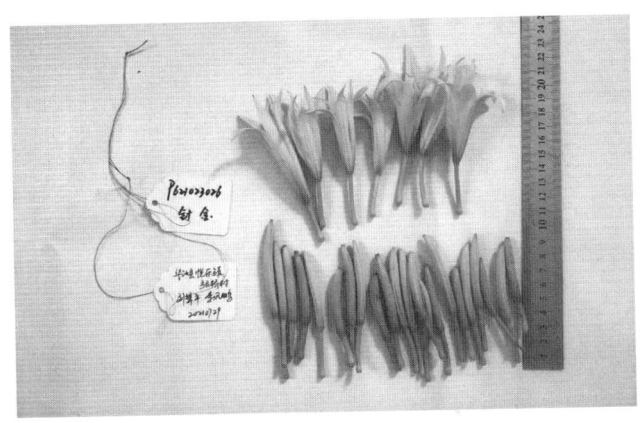

3.药金针

华池县境内少有种植。

特征特性：优质，耐寒，耐贫瘠，株高110厘米左右，叶宽2.5厘米，花长10厘米，花橘红色，有药用价值。

六、葱

葱（学名：*Allium fistulosum* L.），葱属，一年生百合科植物。

1. 红葱

华池县境内零星种植。

特征特性：高产，优质，抗病，抗虫，耐盐碱，抗旱，广适，耐寒，耐贫瘠，生育期140天左右，株高80厘米左右，红葱也称楼葱，以鳞茎作种，皮红色，味辛辣芳香。

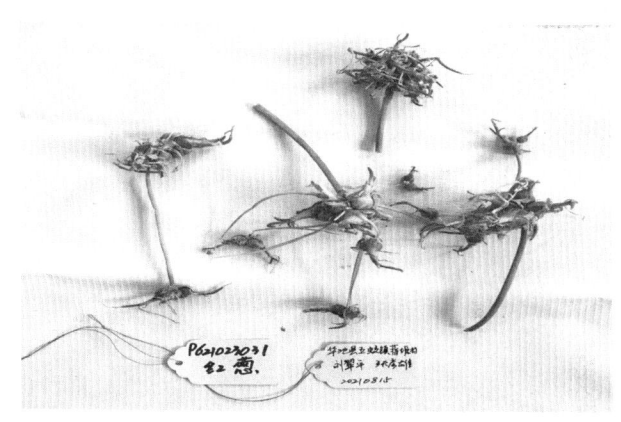

2. 洋蒜

华池县境内零星种植。

特征特性：抗病，抗虫，抗旱，耐寒，耐贫瘠。生育期80天左右，株高40厘米左右，基部形成小鳞茎，纺锤形，鳞皮紫红色，葱头有分蘖能力，出叶后根部呈6个以上葱头，鳞茎繁殖。

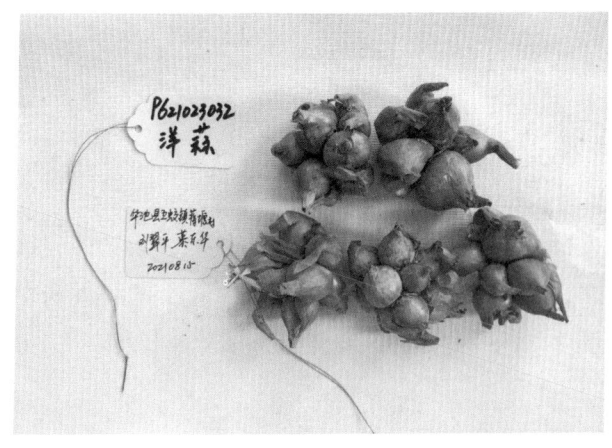

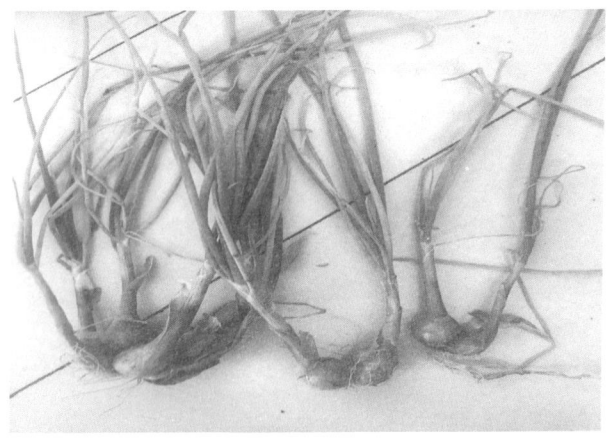

七、蒜

蒜（学名：*Allium* sativum L.），葱属，一年生百合科植物。

种质名称：白蒜。华池县境内零星种植。

特征特性：抗病，抗虫，抗旱，耐寒，耐贫瘠。生育期130天左右，株高40厘米左右，产量低，蒜瓣多而薄。

第四节 果树

一、李

李（学名：*Prunus salicina* Lindl.），李属，多年生蔷薇科植物。

种质名称：李子。华池县境内零星种植。

特征特性：优质，抗旱，耐寒，耐贫瘠，果色黄绿，甜脆，适口性好。

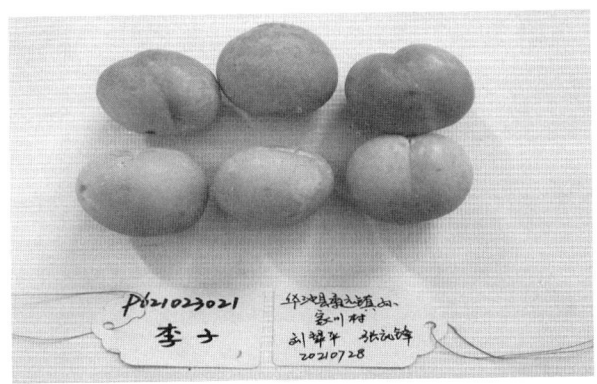

二、核桃

核桃（学名：*Juglans regia.*），胡桃科胡桃属，落叶乔木。

1. 华池县悦乐镇悦乐村朱堡子核桃

特征特性：优质，抗旱，耐寒，耐贫瘠，树龄约180年，树木长势良好，每株树年产核桃（去皮）约350千克。

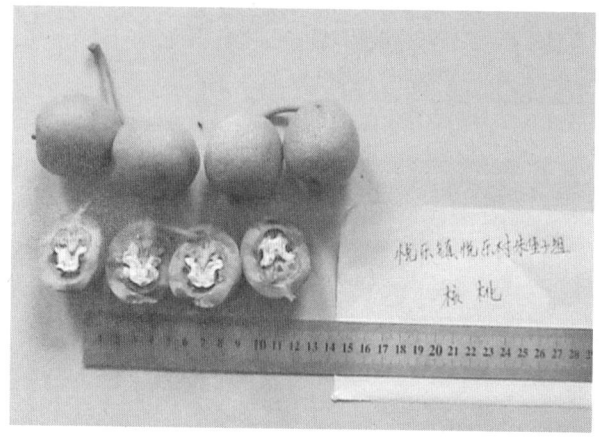

2.华池县悦乐镇上堡子核桃

特征特性：树木长势良好，树高15米，地围4.3米，冠幅8~10米，主杆0.8米，分为2杈，树龄约300年。抗病、抗旱、生长力旺盛，果实皮薄，圆形，偏小（3.5厘米×3.7厘米），含油量高，口感油腻。

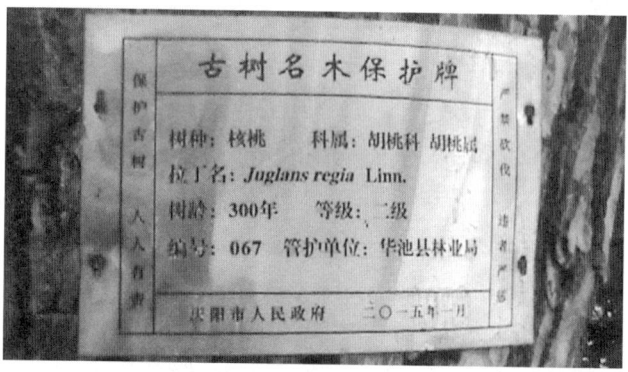

三、文冠果

文冠果（学名：*Xanthoceras sorbifolium* Bunge.），无患子科、文冠果属，落叶灌木或小乔木。

种质名称：木瓜。华池县境内野生木瓜。

特征特性：优质，耐寒，耐贫瘠，高可达5米，小枝褐红色粗壮，叶连柄长可达30厘米，小叶对生，两侧稍不对称，顶端渐尖，基部楔形，边缘有锐利锯齿，两性花的花序顶生，雄花序腋生，直立，总花梗短，花瓣白色，基部紫红色或黄色，花盘的角状附属体橙黄色，花丝无毛，蒴果长达6厘米，种子黑色而有光泽。春季开花，秋初结果。

第五节　牧草绿肥

一、燕麦

燕麦（学名：*Avena sativa* L.），燕麦属，一年生禾本科植物。

种质名称：札燕麦。华池县境内零星种植。

特征特性：优质，抗病，生育期90天左右，类似于燕麦，但人一般不食用，种子带草壳，仅仅用于饲草。

二、苜蓿

苜蓿（学名：*Medicago Sativa* Linn.），苜蓿属，多年生豆科植物。

种质名称：紫花苜蓿。华池县境内都有种植。

特征特性：抗病，抗虫，抗旱，耐贫瘠。生育期90天左右，适应性广，喜温暖、半干燥、半湿润的气候条件和干燥疏松、排水良好且高钙质的土壤生长。紫花苜蓿茎叶柔嫩鲜美，可青饲、青贮、调制青干草、加工草粉，各类畜禽喜食。寿命可达30年之久，田间栽培利用年限多达7~10年。开花期含干物质93.3%，粗蛋白22.1%，粗脂肪2.6%，无氮浸出物41%。再生性强。

第八章 优良地方农作物种质资源调查情况

为了做好地方特色种质资源保护和利用工作,全面掌握现状,促进发展特色产业,按照庆阳市农业农村局《关于印发<庆阳市优良地方畜种种质资源普查工作实施方案>等5个实施方案的通知》(庆农发〔2021〕3号)文件要求,华池县成立领导小组和普查工作队,开展了荞麦、谷子、白瓜子、黄花菜、核桃、苜蓿等优良特色农作物种质资源调查。

第一节 荞麦种质资源情况

一、发展历史及现状

荞麦具有生育期短、适应性强、耐冷凉、耐瘠薄、食疗同源、营养丰富等特点,是华池县主要特色农作物,常年播种面积10万亩左右。荞麦(甜荞)属于蓼科、蓼亚科、蓼族、荞麦属、荞麦种,是短日性作物,喜凉爽湿润,不耐高温旱风。荞麦性凉味甘,有开胃宽肠,下气消积,治绞肠痧,肠胃积滞,慢性泄泻的功效;同时荞麦还可以做面条、饸饹、凉粉等食品。苦荞即苦荞麦,学名鞑靼荞麦,属于蓼科、蓼亚科、蓼族、荞麦属、荞麦种。苦荞是自然界中甚少的药食两用作物,苦荞可以炒制后做成茶饮,每日饮用对三高患者有辅助治疗作用。

二、品种资源

华池地方品种有红花荞麦、黑苦荞、麻苦荞，甜荞主栽品种有西农9976、西农9978、榆荞4号、信农1号，搭配品种为地方品种红花荞麦。苦荞栽培以西农9920、西农9940、平荞6号以及当地黑苦荞为主。

三、品种特征特性及分布

1. 荞麦（甜荞）

荞麦（学名：*Fagopyrum esculentum* Moench.），属于蓼科（*Polygonaceae*）、荞麦属（*Fagopyrum*），别名甜荞、乌麦、三角麦等，是短日照作物，喜凉爽湿润，不耐高温旱风。华池县荞麦（甜荞）种质资源调查情况见表8.1，农艺性状见表8.2。

表8.1 华池县荞麦（甜荞）种质资源调查表

种质名称	类型	主要分布区域	来源	播种期	收获期	种植面积（公顷）	单产（千克/公顷）
华池红花荞麦	地方品种	紫坊乡、乔川乡	华池当地	6月20日~7月10日	9月下旬	380	1350
西农9976	西北农林科技大学培育品种	全县都有分布，主要区域有乔川乡、元城镇、白马乡	引进	6月20日~7月10日	9月下旬	670	1880
榆荞4号	陕西榆林农校培育品种	乔川乡、元城镇、白马乡	引进	6月20日~7月10日	9月下旬	635	1550
信农1号	宁夏农林科学院固原分院选育品种	怀安乡、柔远镇、紫坊乡	引进	6月20日~7月10日	9月下旬	460	1500

表8.2　华池县荞麦（甜荞）农艺性状

种质名称	生育期（天）	株高（厘米）	株型	主枝分枝（个）	主茎节数（节）	叶色	花色	粒形	粒色
华池红花荞麦	67~70	92	紧凑	4.7	9.4	绿色	粉红	三棱形	黑色
西农9976	79~90	98	紧凑	5.7	8.6	深绿	粉红	三棱形	黑色
榆荞4号	73~89	95	紧凑	5.9	8.4	深绿	白花	长三棱形	黑色
信农1号	77~99	94	紧凑	4.5	9.7	深绿	白花	三棱形	灰褐色

（1）地方品种种质资源

华池红花荞麦，生育期67~70天，茎淡红色，叶绿色，花粉红色，株型紧凑，株高92厘米，分枝4.7个，主茎节数9.4节，种皮黑色，三棱状，单株粒数49粒，千粒重30.06克，主要分布在紫坊乡、乔川乡，种植面积380公顷左右，每公顷平均产量1350千克，抗旱、抗病虫害、优质、高产。

（2）引进栽培品种

西农9976，西北农林科技大学培育品种，2011年华池县农技中心引进试验，2013年大面积推广，生育期79~90天，茎淡红色，叶深绿色，花粉红色，株型紧凑，株高98厘米，分枝5.7个，主茎节数8.6节，种皮黑色，三棱状，单株粒数55粒，千粒重32.05克，在全县都有分布，主要分布区域有乔川乡、元城镇、白马乡，种植面积670公顷左右，每公顷平均产量1880千克，耐旱、耐瘠薄、抗倒伏、抗病虫害、优质、高产。

榆荞4号，生育期73~89天，叶深绿色，花白色，株型紧凑，株高95厘米，分枝5.9个，主茎节数8.4节，种皮黑色，长三棱状，主要分布在乔川乡、元城镇、白马乡，种植面积635公顷左右，每公顷平均产量1550千克，抗旱、抗病虫害、优质、高产。

信农1号，生育期77~99天，叶深绿色，花白色，株型紧凑，株高94厘米，分枝4.5个，主茎节数9.7节，种皮灰黑色，三棱状，主要分布在怀安乡、柔远镇、紫坊乡，种植面积460公顷左右，每公顷平均产量1500千克，抗旱、抗病虫害。

2.苦荞麦

苦荞麦（鞑靼荞麦），[学名：*Fagopyrum tataricum*（L.）Gaertn.]，别名荞叶七、野兰荞、万年荞、菠麦、乌麦、花荞，属于蓼科（*Polygonaceae*）、荞麦属（*Fagopyrum*），喜阴湿冷凉，对土壤的适应性较强，属自花授粉作物。华池县苦荞麦种质资源调查情况见表8.3，农艺性状见表8.4。

表8.3 华池县苦荞麦种质资源调查表

种质名称	类型	来源	分布区域	播种期	收获期	种植面积（公顷）	产量（千克/公顷）
华池黑苦荞	地方品种	华池当地	柔远镇、怀安、紫坊乡	6月10日~6月25日	9月下旬	33	3150
华池麻苦荞	地方品种	华池当地	柔远镇、怀安、紫坊乡	6月10日~6月25日	9月下旬	33	3160
西农9920	西北农林科技大学培育品种	引进	乔川、乔河、紫坊乡	6月10日~6月25日	9月下旬	30	3150

续表

种质名称	类型	来源	分布区域	播种期	收获期	种植面积（公顷）	产量（千克/公顷）
西农9940	西北农林科技大学培育品种	引进	乔川、乔河、紫坊乡	6月10日~6月25日	9月下旬	30	3150
平荞6号	平凉农业科学研究所培育品种	引进	乔川、乔河、紫坊乡	6月10日~6月25日	9月下旬	30	3150

表8.4 华池县苦荞麦农艺性状

种质名称	生育期（天）	株高（厘米）	株型	主枝分枝（个）	主茎节数（节）	叶色	花色	粒形	粒色
华池黑苦荞	89	87	紧凑	4.8	11.3	绿色	淡绿色	戟形	黑褐色
华池麻苦荞	95	130	松散	5.4	13.8	绿色	白色	戟形	灰褐色
西农9920	88	102	松散	5.2	10.6	绿色	黄绿	戟形	灰褐色
西农9940	92	106	紧凑	5.6	12.4	绿色	白绿	三棱形	灰褐色
平荞6号	92	83	松散	3.8	13.9	浅绿色	浅黄	戟形	黑褐色

（1）地方品种种质资源

华池黑苦荞，当地品种，生育期89天，叶绿色，花淡绿色，株型紧凑，株高87厘米，分枝4.8个，主茎节数11.3节，瘦果戟形，长5~6毫米，具3棱及3条纵沟，上部棱角锐利，下部圆钝具波状齿,黑褐色,无光泽,主要分布在怀安乡、柔远镇、紫坊乡,种植面积33公顷左右,每公顷平均产量3150千克,抗旱、抗病虫害,稳产。

华池麻苦荞,当地品种,生育期95天,叶绿色,花白色,株型松散,株高130厘米,分枝5.4个,主茎节数13.8节,瘦果戟形,长5~6毫米,具3棱及3条纵沟,上部棱角锐利,下部圆钝,灰褐色,无光泽。主要分布在怀安乡、柔远镇、紫坊乡,种植面积33公顷左右,每公顷平均产量3160千克,抗旱、抗病虫害,稳产。

(2)引进栽培品种

西农9920,西北农林科技大学培育品种,引进栽培,生育期88天,叶绿色,花黄绿色,株型松散,株高102厘米,分枝5.2个,主茎节数10.6节,瘦果戟形,灰褐色,无光泽。主要分布在乔川乡、乔河乡、紫坊乡,种植面积30公顷左右,每公顷平均产量3150千克,抗旱、抗病虫害,稳产。

西农9940,西北农林科技大学培育品种,引进栽培,生育期92天,叶绿色,花白绿色,株型紧凑,株高106厘米,分枝5.6个,主茎节数12.4节,瘦果三棱形,灰褐色,无光泽。主要分布在乔川乡、乔河乡、紫坊乡,种植面积30公顷左右,每公顷平均产量3150千克,抗旱、抗病虫害,稳产。

平荞6号,平凉农业科学研究所培育品种,引进栽培,生育期92天,叶浅绿色,花浅黄色,株型松散,株高83厘米,分枝3.8个,主茎节数13.9节,瘦果戟形,黑褐色,无光泽。主要分布在乔川乡、乔河乡、紫坊乡,种植面积30公顷左右,每公顷平均产量3150千克,抗旱、抗病虫害,稳产。

四、发展建议

荞麦（甜荞）为异花授粉作物，当地红花荞麦品种混杂退化、群体异质化严重，保纯难度大。应充分挖掘当地荞麦品种优良特性，选育丰产、抗病虫、抗逆境、优质的优异种质，开展荞麦产品研发，加大荞麦种质资源的保护与利用。

第二节　谷子种质资源情况

一、谷子发展历史及现状

谷子属于禾本科，狗尾草属，粟种，古称稷、粟，亦称粱。一年生草本；秆粗壮、分蘖少，狭长披针形叶片，有明显的中脉和小脉，具有细毛；穗状圆锥花序；穗长20~30厘米；小穗成簇聚生在三级支梗上，小穗基本有刺毛。每穗结实数百至上千粒，籽实极小，径约0.1厘米，谷穗一般成熟后金黄色，卵圆形籽实，粒小多为黄色。去皮后俗称小米。粟的稃壳有白、红、黄、黑、橙、紫各种颜色，俗称"粟有五彩"。性喜高温，生育适温22~30摄氏度，属于耐旱稳产作物。谷子是华池县栽培历史悠久的主要小杂粮作物之一，常年播种面积1万亩左右。

二、谷子品种资源

华池地方品种有毛良谷、红钙谷、白毛谷、红酒谷，引进栽培的品种有晋谷29、陇谷11、山西黑谷子。

1.古老品种

毛良谷，种植年限15年以上。于5月中旬播种，9月下旬成熟，生育期130天左右，株高100厘米左右，谷穗黄色，多毛，米白色，种植面积300亩左右。

红钙谷，种植年限15年以上。于5月中旬播种，9月下旬成熟，生育期130天左右，株高100厘米左右，谷穗红色，米黄色，种植面积100亩左右。

白毛谷，种植年限15年以上。于5月中旬播种，9月下旬成熟，生育期130天左右，株高100厘米左右，谷穗黄色，多毛，米白色。

红酒谷，种植年限15年以上。于5月中旬播种，9月下旬成熟，生育期125~130天，株高96厘米左右，谷穗红色，米黄色。

2.引进品种

晋谷29，种植10年以上，幼苗绿色，主茎高130~135厘米，短刚毛，生育期112天左右，白谷黄米，米色鲜黄，种植面积约500亩。

陇谷11，种植10年以上，平均株高127厘米，黄谷黄米，米硬性，种植面积约100亩。

第三节 白瓜子种质资源情况

一、发展历史及现状

白瓜子是葫芦科，南瓜属，一年生蔓生草本；茎有棱沟，叶柄粗壮，被短刚毛；叶片质硬，挺立，三角形，弯缺半圆形，上面深绿色，下面颜色较浅，叶脉两面均有糙毛。卷须稍粗壮。雌雄同株。雄花单生；花梗粗壮，有棱角，被黄褐色短刚毛；花萼裂片线状披针形；花冠黄色，顶端锐尖；雄蕊花丝长15毫米，花药靠合。雌花单生，子房卵形。果梗粗壮，有明显的棱沟，果蒂变粗或稍扩大。果实形状因品种而异；种子卵形，白色，长约20毫米，边缘拱起而钝。原产北美洲南部，中国于19世纪中叶开始从欧洲引入栽培，华池县白瓜子栽培历史悠久，素有种植白瓜子的良好习惯，群众在长期的栽培过程中摸索了一定的选种、留种和栽培方式，经验丰富。20世纪90年代初，全县的白瓜子种植面积约6万亩，总产约1000吨，产值800万元。2002年，华池县政府把白瓜子生产确定为特色产业；2003年，全县白瓜子种植面积达10.75万亩，总产1800吨，产值1400万元。栽培模式由套种发展到白地膜纯种。全垄双膜沟播玉米的推广使白瓜子的种植面积萎缩，2020年种植面积5800亩。

二、品种资源

华池县地方品种有山庄花皮白瓜子，引进10年以上的品种有平凉大板白瓜子、内蒙古五原县白瓜子，近年引进种植的有新瑞9号、白雪公主6号、粒圆8号、瑞丰9号、金丰9号等杂交品种。目前山庄花皮白瓜子、平凉大板白瓜子、内蒙古五原县白瓜子已经不多见，被杂交新品种所代替。

三、品种性状及栽培模式

华池县地方品种山庄花皮白瓜子虽然经过群众多年选择，产量明显提升，从田间表现看，品种有混杂，瓜有椭圆、圆盘、菜瓜等型，有长蔓、短蔓及无蔓型，瓜椭圆，圆盘瓜产量较高。

栽培模式由玉米、大豆、马铃薯套种发展为套种及纯种相结合，以纯种为主。

四、对策建议

华池县地方品种山庄花皮白瓜子和内蒙古五原县白瓜子品种混杂、退化严重，种质资源缺失，建议提纯复壮。

第四节 黄花菜种质资源情况

一、黄花菜发展现状

黄花菜属于百合科，萱草属，黄花菜种，植株一般较高大，根的中下部常有纺锤状膨大；叶绿色；花葶基部呈三棱形，上部呈圆柱形；苞片为披针形；花梗较短，花被淡黄色，花蕾顶端有时黑紫色；蒴果呈黑色钝三棱状椭圆形；种子黑色，有棱；花果期5~9月。黄花菜因其花蕾色泽金黄而得名。黄花菜性耐寒、耐干旱、耐半阴；对土壤要求不严，沙土、黏土、平川、山地均可种植，但以红黄土壤最好，忌土壤过湿或积水；繁殖方式有分株、播种繁殖。黄花菜原产于中国，华池县的气候和土壤条件十分适合栽植黄花菜，当地普遍栽培的马莲黄花、渠县黄花等均属国内优质品种，全县都有分布，主要区域在上里塬、王咀子、五蛟等乡镇。近年来，县委、县政府加大黄花菜产业支撑力度，培育华池县蓓蕾黄花菜种植专业合作社、华池县金太阳种植农民专业合作社、华池县繁山黄花菜种植农民专业合作社、华池县忘忧黄花菜种植农民专业合作社、华池县众富康黄花菜种植农民专业合作社等，全县黄花菜栽植面积不断壮大，种植面积约1万亩，总产量850吨，总产值1700万元，平均亩产量达到85千克，产值1700元，经济效益显著。

二、品种资源

1. 地方老品种

马莲黄花，俗称金针，金黄色，分布广，植株高大，抗旱、抗冻，地头、田畔栽植多。株高95~110厘米，花长平均13

厘米。

药金针，橘红色，分布窄，县域少见，株高110厘米，花长10厘米。

2.引进品种

大荔花，近年规模纯种栽培品种。

三、繁殖方法

黄花菜分株繁殖是黄花菜最常用的繁殖方法。

四、存在问题

一是生产规模小，各乡镇发展不平衡；二是规模化生产少，零星栽培多。长期以来，华池县黄花菜只是农民田边地头、庄前屋后的小作物，在农业生产中居于配角地位，各乡镇农户都有零星栽培，近年来王咀子、上里塬、五蛟、城壕等乡镇比较重视黄花菜产业发展，形成了几个面积相对较大的基地区，但多以田间带种为主，纯种面积很小；三是生产技术落后，产量低而不稳定，收入不均衡；四是加工营销滞后，难以抵御市场波动。

五、对策建议

华池县黄花菜产业发展应以"扩大规模、主攻单产、改善品质、突破加工、实行产业化经营"为指导思想，实施"布局区域化、基地规模化、生产标准化、加工精细化、销售行业化"战略，培育成特色农产品。

第五节 核桃种质资源现状

一、栽培及野生种质资源

核桃是胡桃科、胡桃属、核桃种、乡土栽培树种，主要用途为经济林、干果，在全县各处均有分布，约2万株，中南部上里塬乡、王咀子乡多，西北、东北部少，东三乡几乎没有。核桃在华池栽培历史悠久，约300年，以农户零星栽植为主。

二、重点保护和珍稀濒危树种

华池县有重点保护核桃树种13株。悦乐镇朱堡子4株，树龄约180年，最小的树高18米，胸围1.8米，冠幅227平方米，最高的树高18.5米，胸围2.45米，冠幅363平方米，树木长势良好，每株树年产核桃（去皮）约350千克；悦乐镇上堡子村堡子组1株，树龄约300年，树高15米，地围4.3米，冠幅104平方米，树干中间分枝处已经腐烂，上部有枯枝，总体长势旺盛；悦乐镇新堡村田沟1株，树龄约140年，树高23米，胸围3.8米，冠幅551平方米；悦乐镇悦乐村田沟沟组7株，平均树高10米，胸围2.23米，估测树龄100年。

三、新引进树种（品种）种质资源

2017年至今，新引进栽培了香玲、辽核1号、辽核2号3个品种。香玲于2017年引进，主要在柔远镇李庄村、怀安乡杨坪村、上里塬乡鸭口村，种植约900亩。辽核2号于2018年引进，主要在怀安乡宋咀子村、城壕镇庙湾村、柔远镇田庄村，约1400亩，辽核1号于2019年引进，分布在悦乐镇乔崾岘、怀安乡宋咀子村、柔远镇黄岔村，约2350亩。

四、对策建议

华池有百年以上核桃树 13 株,是非常宝贵的核桃种质资源,建议加大保护力度。

第六节　苜蓿种质资源现状

一、种质资源分布区域

华池县本地品种主要以陇东紫花苜蓿为主,它适应性强、产量较高、品质优良,各种营养成分齐全,尤其是粗蛋白质、维生素和无机盐含量丰富。紫花苜蓿在华池县 15 个乡镇均有种植,作为华池县饲草的当家品种,但绝大部分在山地种植,川塬地种植较少。因此,华池县在家农户每户基本都种植几亩到几十亩不等,所以,除农作物秸秆作为饲草外,种植面积占全县其他人工牧草总面积的 95% 以上。由于陇东紫花苜蓿在华池县种植历史久远,覆盖面广,加之近几年的大力推广,目前可统计的梯田留存面积有 11.4 万亩左右,产量 9.9 万吨,每亩平均产量 860 千克,亩单产 430 千克。主要以乔川、五蛟、悦乐等乡镇为主。

二、优良特性

陇东紫花苜蓿是豆科苜蓿属多年生草本植物,根系发达,主根入土深达数米至数十米;根颈密生许多茎芽,显露于地面或埋入表土中,茎蘖枝条多达十余条至上百条。茎秆斜上或直立,光滑,略呈方形,高约 90~120 厘米,分枝很多。叶为羽状三出复叶,小叶长圆形或卵圆形,先端有锯齿,中叶略大。总状花序簇生,每簇有小花 20~30 朵,蝶形花有短柄,雄蕊 10 枚,

1离9合，组成联合雄蕊管，有弹性；雌蕊1个。荚果螺旋形，二至四回，表面光滑，有不甚明显的脉纹，幼嫩时淡绿色，成熟后呈黑褐色，不开裂，每荚含种子2~9粒。种子肾形，黄色或淡黄褐色，表面有光泽，陈旧种子色暗；千粒重1.5~2.3克，每千克约有30万~50万粒。

陇东紫花苜蓿茎叶柔嫩鲜美，不论青饲、青贮、调制青干草、加工草粉、用于配合饲料或混合饲料，各类畜禽都最喜食，也是养猪及养禽业首选青饲料。寿命可达30年之久，田间栽培利用年限多达7~10年左右。开花期含干物质93.3%，粗蛋白22.1%，粗脂肪2.6%，无氮浸出物41%。且再生性强，刈割后很快能恢复生长，一般每年可收割2~4次。紫花苜蓿的产草量因生长年限和自然条件不同而变化范围很大，新种2~5年的每亩鲜草产量一般在2~4吨，干草产量0.5~0.8吨。紫花苜蓿含有5种维生素B、维生素C、维生素E、10种矿物质及类黄酮素、类胡萝卜素、酚型酸3种植物特有的营养素，其主要作用是类黄酮素可防止胆固醇在动脉上的沉积，且避免血液凝结成块，减少动脉硬化发生的几率，还可以抑制微血管增生；酚型酸可防止血液凝结成板块，使血液在血管畅通无阻，而降低心脑血管疾病的发生；类胡萝卜素可保护眼睛，预防眼神经的退化性疾病。

三、存在问题及对策建议

1.种质资源保护意识不强，应加大宣传教育力度

走访中发现，由于种质资源保护意识淡薄，导致当地种质资源流失严重。应加大宣传力度，使广大民众意识到紫花苜蓿种质资源的重要性，提高人们对种质资源的保护意识。

2. 运输成本过高，导致农民经济效益低下

华池县地貌多属丘陵沟壑型，梁峁重叠，沟壑纵横，交通不发达。而农民习惯多将苜蓿草种植在山地和可利用的荒山荒坡地上，导致田间管理、收割晾晒、交通运输等带来诸多不便因素。加之，市场收购场所过于集中，运输成本大，效益低，挫伤了农民将苜蓿草作为商品销售的积极性。

3. 群众观念陈旧，商品意识淡薄

华池县自然条件差，农民科技文化素质有待提高，对发展草产业认识需要进一步加强，把苜蓿草作为商品的意识淡薄，长期处于自给自足状态。

4. 耕作粗放，栽培技术落后

不能充分科学地栽培与管理，紫花苜蓿种植后不采取先进管理措施，不除草、不施肥，防鼠、防虫、防病意识淡薄，致使产草量低，品质差，营养价值和饲用价值下降，商品价值不高。在苜蓿生产过程中，一些新的配套技术措施跟不上，投入不足，长期处于传统的生产状态，不但使现存的土地资源不能充分发挥潜力，更谈不上深度加工和产业化发展。

第九章 优异种质资源典型案例

第一节 华池红花荞麦
（甘肃省十大优异农作物种质资源）

作物及类型：荞麦，地方品种。

品种名称：华池红花荞麦。

来源地：甘肃省华池县。

经纬度：东经：107.626779度，北纬：36.817665度。

种植历史：荞麦在华池县有1000多年的种植历史。

种植方式：在肥力中等的山、旱地，条播、撒播种植，亩播量3.5千克，留苗7万株。

农民认知：荞麦为一年生草本植物，生育期短，每年6月播种，9月收割，抗逆性强，极耐寒瘠，深受当地百姓喜爱。其中，华池县乔川乡因盛产荞麦，素有"荞麦川"的美称，后才简称"乔川"。

入选依据：元朝农学家王桢在《农书·荞麦》中写道"北方山后，诸郡多种，治去皮壳，磨而为面……或作汤饼，谓之河漏"，荞麦在华池县有1000多年的种植历史，是主要的秋杂粮作物之一。

华池荞麦营养价值很高，每100克荞麦面中含有蛋白质

11.2%，脂肪2.4%，碳水化合物72%，所含维生素B1、B2均超过大米和小麦面粉，人体所需要的22种氨基酸，荞麦面里就含有17种，是一种医食同源食物，其元素比例搭配正合人体。荞麦可以增强血管的弹性、韧性和致密性，对预防心脑血管疾病有显著功效；又能促进细胞增生，降低血脂和胆固醇，软化血管，保护视力，调节血脂，促进新陈代谢，防治糖尿病；荞麦还具有抗菌、消炎、止咳、平喘、祛痰的作用，有"消炎粮食"的美称。

华池县荞麦具有粒大，棱角突出，皮薄，面白，粉多，筋大，质优等特点。出面率高，面粉细腻，色泽均匀，制作的食品外形光亮，入口润滑，适口性好。荞麦可以做成荞麦面、荞麦醋、荞麦黄酒等，磨成粉的荞面，能做出各种各样的美食，荞剁面、饸饹面、荞面圈圈、荞面煎饼、荞面凉粉等都是老百姓喜爱的生活美食。

第九章 优异种质资源典型案例

第二节 软糜子

作物及类型：糜子，地方品种。

品种名称：软糜子。

来源地：甘肃省华池县。

种植历史：糜子在华池县种植历史悠久，是7000多年前唯一的主粮。

种植方式：在肥力中等的山、旱地，条播、沟播种植，亩播量1千克左右。

农民认知：糜子，也叫穄或黍，属禾本科黍属，是一年生草本谷类作物。糜子根系发达，且生长速度极快；茎秆直立，中空呈圆柱形，有粗糙绒毛；其叶面和叶鞘有绒毛，且花形呈圆锥状，花期约为5~10天；种子多为卵圆形，有黄色、白色、红色、黑色等，是人类最早栽培的谷物之一，脱壳之后叫黄米，种类繁多。在华池县西北的乔川乡，有大量的糜子种植，当地的糜子按谷壳颜色分，有黄、红、白、黑之分，每一种颜色的糜子又有软硬之分，软糜子黏度高，脱壳碾成米后，磨成面，做成黏面，或炸成黏糕吃，硬糜子碾成米后，一般做成米饭吃，或磨成面，制成米面馍馍。

入选依据：在乔川，糜子除了制成吃食外，最具特色的就是酿黄酒了。乔川的家庭主妇们几乎都会酿黄酒，说起酿黄酒，每个人都有自己的一套方法和经验，这是一代一代的人们口口相授的手艺传承。酿黄酒前，首先是采曲，每年的农历七月初七，主妇们都会上山采柴胡和黄连两种草药，晒干后，熬成水，与麦册子（麦子磨成瓣状）或豌豆瓣按照一定的比例制成如盆子一样，大约15厘米厚的圆坨模型，在干净的炕上铺上麦草，再铺一层艾草，放上制好的圆坨模型，最后盖上艾草，常温下发酵一个月左右，随后取出在太阳下晒3天，以干透为宜，这样整个采曲就完成了。接下来，糜子碾成的黄米就要隆重登场了，水烧开倒入缸或其他容器中，加入黄米，泡7天左右，捞出空水，再次烧开水倒入水中焖熟，加入打碎的酒曲，用柴胡和黄连熬成的药水搅拌均匀入缸，封口，一个月后，酒就发酵好了，一般制黄酒的缸底部都有开孔，拔开塞孔的塞子，漏出的就是黄酒了，第一次接的黄酒称为头掺酒，开缸之后，再熬制药水倒入缸中发酵3~4天接出，如此反复2次，把收集到的黄酒放入缸中，随喝随取，是当地人家宴或酬亲厚友的标配。

乔川黄酒，颜色亮黄或深褐，味醇香且甘美，营养丰富，含有21种氨基酸，还包括数种未知氨基酸，而人体自身不能合成，必须依靠食物摄取的8种必需氨基酸黄酒都具备，也是烹调的上等料酒。

据历史文献载，乔川乡铁角城在北宋时期就有四大官坊，即酒坊、染坊、醋坊、糖坊，其中的酒坊，就是专门制造黄酒的官方作坊。乔川黄酒的出现也源于名篇《渔家傲·秋思》，其中"浊酒一杯家万里，燕然未勒归无计"句中的"浊酒"，指的便是黄酒了。

乔川黄酒一般都是纯手工，纯粮酿造，它具有极强的区域性，当地水土偏碱性，并且水土没有受到污染，适宜黄酒的酿造，并且人们特殊的居住环境也起到了关键性的作用，窑洞冬暖夏凉，适宜的温度适合酒曲充分发酵。乔川黄酒性温和、酒味甘醇、绵长,具有活血,通经养颜,养脾扶肝,舒筋活血、提神、御寒、强骨健身之功效,也可做中药引子。在寒冷的冬天里,烧旺火炉,在炕上招三两邻友,用锡壶烫一壶黄酒,一口下去,酒香绕舌,粮食的醇厚萦绕喉间,通体舒畅。

黄酒的酿造技艺被列为市级非物质文化遗产名录进行保护,当地乡政府也鼓励农民成立酿酒坊,开发黄酒产业,把乔川黄酒作为地方名优产品打向市场,为提高当地的农民经济收入添砖加瓦。

第十章　种质资源保护利用

华池县历来非常重视种质资源的保护利用，利用长期栽培的晋豆3号选育出了庆豆2号。利用当地红花荞麦和北海道荞麦选育出了华荞2号和华荞1号荞麦。

第一节　庆豆2号

一、品种来源

大豆新品种庆豆2号是刘世科以晋豆3号为母本，绵阳2号为父本有性杂交，采用混合法选育而成。2000年配制杂交组合，2001—2005年种植F_1~F_5代，并于5代决选，2006—2008年鉴定试验，2009—2013年品系比较试验及生产试验，2014—2016年参加甘肃省大豆品种（系）区域试验，2017年审定推广，定名为庆豆2号。

二、品种主要特征特性

该品种为亚有限结荚习性，紫花、灰色茸毛、卵圆叶，浓绿，株高73.5~90厘米，单株结荚26.2~45.3个，种皮黄色，种脐淡褐色，籽粒椭圆形，有光泽，单株粒重13.8~24.7克，百粒重19.8~23.2克，含蛋白质（粗）38.13%，脂肪（粗）20.1%。有效分枝多，单株分枝5.3个，主茎17.5节，底荚高8.9厘米，在陇东黄土高原旱作区生育期128~138天,为中晚熟品种。该品种结荚数多、抗旱、抗倒伏,高抗黑斑病,根系发达,丰产性强,在旱作区表现较好。

三、适宜种植区域

庆豆2号属于中晚熟春大豆品种,适宜在陇东黄土高原旱作区种植。

四、栽培技术要点

（一）选茬整地覆膜

选择耕层深厚、地势平坦、肥力中等的地块,实行三年以上合理轮作,前茬以小麦、玉米、马铃薯为主,不重茬。旱作区全膜双垄侧播栽培产量显著增加,可采用秋覆膜或顶凌覆膜。

（二）种子处理

剔除破瓣、病斑、虫蚀粒和杂质,播种前选用2.5%咯菌腈种衣剂包衣,或用大豆根瘤菌拌种,拌种后立即播种。

（三）播期播量及施肥

增施有机肥,有机肥亩施2000~3000千克,整地前撒施。减少化肥总量,一般亩施尿素3~5千克、磷酸二铵8~10千克、硫酸钾3~5千克、生物菌肥5~10千克。露地穴播或垄播,行距40~50厘米,株距20~30厘米,亩保苗5500~6500株。全膜双垄侧播种植,平均行距50厘米,株距20~30厘米,每穴播2粒,播种深度3~5厘米,出苗后间苗,可留单苗或双苗,亩保苗6000~6600株,肥力高的地块宜稀植,肥力差的地块宜密植。

（四）田间管理及病虫害防治

1.田间管理

露地播大豆生育期间做到两铲三趟,当大豆子叶刚拱土显形时，进行第一次机械深松土，但不培土、不压苗。此后，视田间杂草的多少，进行铲地，并随之趟地。至大豆封垄之前，完成2次铲地、3次趟地，间隔时间10~15天。

2.病虫害防治

庆豆2号大豆品种高抗黑斑病，注意防治大豆菌核病，发现中心病株，及时拔除，带出田外销毁；药剂防治可选用咪鲜胺、菌核净等药剂田间喷雾。虫害注意防治蚜虫、红蜘蛛、大豆食心虫。

（五）收获

及时收获，防止炸荚，如果大豆成熟期遇到气候干旱可适当早收，在黄熟期即可收获；如果大豆成熟期遇到雨水多、空气湿度大的年份应该适当晚收。收获后注意晾晒，防止发霉，不能太阳暴晒，防止大豆变色，影响品质。

第二节 华荞1号

一、品种来源

华荞1号由华池县农技中心选育而成，亲本来源于华池县多年栽培的白花甜荞北海道，在甜荞北海道生产大田中，大量选择优良自然变异单株，然后通过多年系谱选择法，不断优选繁殖优良后代，性状稳定后，进行比较试验选育出的甜荞新品种。

二、主要特征特性

（一）植物学特征

华荞1号子叶出土，较大，叶片浅绿至深绿色，肾圆形，顶端渐尖，全缘，较光滑，基部微凹，具掌状网脉，呈绿色。茎表面光滑、直立、圆形，成株茎绿色，幼嫩时实心，成熟时中空，稍有棱角。株高75~80厘米，主茎分枝5.6个，主茎节数9.2节，茎粗0.5~0.7厘米。花蕾白色，花瓣白色。株型紧凑，生长整齐；圆锥根系，入土深度30~50厘米。三棱形瘦果，棱角明显，浅黑色，单株粒重3.46克，千粒重32.01克，丰产性好。

（二）生物学特性

华荞1号株型紧凑，生长整齐，抗旱、耐瘠、抗病、抗倒伏性强，落粒轻、中早熟，生育期80天。一般条件下亩产120千克左右，土壤肥力好，采取配方施肥和增加钾肥施用量（亩施500千克草木灰和生长期喷施磷酸二氢钾）的生产条件下，最高亩产量143千克左右，增产显著。

三、适宜种植区域

适合于北方春荞麦区种植（适宜陇东及陕北、宁南及同类地区种植）。

四、华荞1号与北海道差异

比北海道荞麦生育期（87天）缩短5~7天，株高降低了12.5厘米，株型紧凑，结实部位比较集中，落粒轻，主茎节数增加2.1节，单株粒重增加0.26克，千粒重提高1.02克。

五、栽培技术要点

（一）播前准备

1. 选茬

华荞1号与其他荞麦品种一样对茬口选择不严格，无论在什么茬口上种植都可以生长，但不宜多年连作。为了获得荞麦高产，在轮作中最好选择好茬口，正茬荞麦比较好的茬口是豆类、马铃薯；其次是玉米、小麦、糜谷、油菜；复种荞麦以油菜、小麦茬较好。

2. 整地

华荞1号与其他荞麦品种一样根系发育弱，子叶大，顶土能力差，不易出土全苗，要求精细整地。整地质量差，易造成缺苗断垄、影响产量，抓好耕作整地这一环节是保证荞麦全苗的主要措施。正茬栽培荞麦的地块，前作收获后，应及时深耕灭茬，一般以春、秋深耕为主，要求深耕达到20~25厘米为宜，在进行春、秋深耕时，力争早耕。播前结合施基肥浅耕一次，耕深18~20厘米，浅耕后耙糖平整，为播种创造良好条件。复种荞麦应在前作收获后及时深耕灭茬，打碎坷垃，清除杂草，做到土壤疏松，平整细碎，纳水蓄墒，抢墒播种。

3. 施肥

华荞1号与其他荞麦品种一样生育期短，生长速度快，需肥集中，根部追肥困难。因此，在播种前结合浅耕一次施足底肥。正茬荞麦要求亩施优质农家肥2000千克以上，亩施有机肥2000~3000千克，尿素8~10千克，过磷酸钙30~40千克，草木灰30~40千克或硫酸钾4~5千克，或施用华池县荞麦测土配方专用肥30~40千克代替其他化肥；复种荞麦要求亩施优质农家肥2000千克以上，尿素10千克，过磷酸钙40千克，硫酸钾4~5千克，或施用华池县荞麦测土配方专用肥40千克代替其他化肥。

（二）播种

1. 适期播种

华荞1号适宜播期为6月下旬至7月上旬为宜，由北向南播种期逐渐推迟；复种荞麦在小麦、冬油菜收割后抢墒早播，力争在7月20日前播种结束。

2. 合理密植

华荞1号播种量是根据土壤肥力、品种、种子发芽率、种植制度、播种方式和群体密度确定的。在肥地适当减低密度，瘦地适当加大密度；晚熟品种留苗要稀，早熟品种则留苗要密；正茬应稀植，复种应密植；条播植株宜稀，点播植株宜密。在一般情况下，正茬甜荞亩播种量3~4千克，亩保苗6万~7万株；复种甜荞亩播种量4千克，亩保苗7万~8万株。

3. 改进播种方法，采用条播、宽幅精播，提高播种质量

荞麦是带子叶出土的作物，播种不宜太深，种深了难以出苗，播种浅了又易风干。因而，播种深度是全苗的关键措施。为了保证顺利出苗，播种不宜过深，一般以3~4厘米为宜，在沙质土和干旱区可以稍微深些，但不要超过6厘米。改进播种方式，大力推广机械和畜力牵引耧播，逐步淘汰撒播种植。

（三）田间管理

1. 苗期管理

荞麦子叶大，顶土能力差，播后遇雨易板结，影响出苗，地面板结可用钉耙轻轻耙地，破除板结，疏松地表，以利出苗。破除地表板结要注意，在雨后地表稍干时浅耙，以不损伤幼苗为度。

2. 中耕除草

中耕除草次数和时间根据苗情及杂草多少而定。第一次中耕除草在幼苗高6~7厘米时结合间苗疏苗进行。第二次中耕除草在荞麦封垄前进行，中耕深度3~5厘米。

3. 叶面追肥

荞麦始花期至盛花期叶面喷施0.4%磷酸二氢钾溶液，如叶

片尖端出现黄斑时,在100千克的磷酸二氢钾溶液中再加尿素1千克混合喷雾,每隔7~10天喷一次,连喷2~3次,防止生育后期脱肥,起到防早衰,保丰收作用。

4. 花期管理

甜荞是异花授粉作物,又为两性花,也是虫媒花作物。故在甜荞麦田养蜂、放蜂,既是提高荞麦结实率、株粒数、粒重及产量的重要增产措施,又利于养蜂事业的发展。荞麦开花前2~3天,荞麦田每公顷安放蜜蜂3~5箱。在没有放蜂条件的地方采用人工辅助授粉方法,也可提高荞麦产量。人工辅助授粉以牵绳赶花或长棒赶花为好,人工授粉应在盛花期晴天上午9~10时进行,辅助授粉要避免损坏花器,在露水大、雨天或清晨雄蕊未开放前或傍晚时,都不宜进行人工辅助授粉。

(四)病虫害防治

1. 病害

荞麦的病害主要有立枯病,可用58%甲霜·锰锌可湿性粉剂500~600倍液喷雾防治,也可用70%代森锰锌可湿性粉剂或70%甲基托布津可湿性粉剂800~1000倍液喷雾防治。

2. 虫害

主要有黏虫和钩翅蛾。

黏虫。是一种暴食性害虫,防治措施主要采用灭草杀虫、人工捕虫和药剂防治。药剂防治应掌握在黏虫3龄期前,用48%毒死蜱乳油1000~1500倍液喷雾防治,或用10%氯氰菊酯乳油4000~5000倍液或40%乐果乳油2000~3000倍液喷雾防治。

荞麦钩翅蛾。属于鳞翅目钩蛾科,俗名卷叶虫、卷叶蛾等。在华池县各地均为一年一代危害,以蛹在土壤内6~20厘米深处越冬，蛹期长达10个月，成虫羽化不整，从7月中旬到8月上旬均能找到成虫，幼虫危害期较长，7月下旬至10上旬为幼虫危害盛期，甚至荞麦收割入场后，有些幼虫仍在捆垛中取食危害。老熟幼虫于9月下旬陆续入土化蛹，直至次年7月中下旬上升地面羽化飞出。成虫具有趋光性，飞翔能力很强，幼虫食性单一，为专食性害虫，危害长达50~60天，1~2龄啃食叶片，3~4龄吃花，5~6龄蛀食籽粒为主，严重之年，白色粪便遍及植株及地面，叶、花、果实全被吃光。防治措施主要有：一是深耕灭蛹，荞麦收割后，立即深耕20厘米左右，将土壤中的蛹翻出地面，经过冬季寒冷使其失水和冷冻死亡，同时飞禽啄食消灭一部分蛹；二是灯光诱杀，在蛾子盛发产卵期利用灯光（或黑紫光灯）诱杀成虫；三是及时收割打碾，荞麦成熟后，收割打碾越快，后期危害时间越短，损失越少；四是药剂防治，在荞麦生育期用48%毒死蜱乳油1000~1500倍液喷雾防治，或用40%乐果乳油2000~3000倍液喷雾防治，也可用2.5%敌杀死乳油或20%速灭杀丁乳油2000~2500倍液喷雾防治。每隔7~10天喷1次，连喷2~3次。

（五）适时收获

荞麦花期长，成熟不一致，早花先熟，晚花迟熟。如收获过早，籽粒不饱满，影响产量，收获过晚，中下部易落粒。一般在9月下旬霜冻来临前当全株70%以上的籽实成熟时为适宜收获期，应及时采用人工镰刀或背负式小型转盘收割机收获，对留种田要采取单收、单打、单贮藏，以免防止机械混杂。

第三节 华荞2号

一、品种来源

华荞2号由华池县农技中心选育而成,亲本来源于华池县当地小红花等群体。

二、特征特性

(一) 植物学特征

子叶出土,较大,叶片浅绿至深绿色,肾圆形,顶端渐尖,全缘,较光滑,基部微凹,具掌状网脉,呈绿色。茎表面光滑、直立、圆形,成株茎绿色,幼嫩时实心,成熟时中空,稍有棱角。株高78~85厘米,主茎分枝4.8个,主茎节数8.5节,茎粗0.5~0.7厘米。花蕾粉红色,花瓣粉红色。株型紧凑,生长整齐,圆锥根系,入土深度30~50厘米。三棱形瘦果,棱角明显,浅黑色,单株粒重3.05克,千粒重31.18克,丰产性好。

(二) 生物学特性

株型紧凑,生长整齐,抗旱、耐瘠、抗病、抗倒伏性强,落粒轻、中早熟,生育期75天。同时保持了当地红花荞麦的特点。一般条件下亩产128千克,土壤肥力好,采取配方施肥和增加钾肥施用量(亩施500千克草木灰和生长期喷施磷酸二氢钾)的生产条件下,最高亩产量150千克,增产显著。

三、华荞2号与当地小红花差异

比当地小红花荞麦生育期(81天)缩短6~8天,株高降低了10.7厘米,株型紧凑,结实部位比较集中,落粒轻,主茎节数增加1.7节,单株粒重增加0.18克,千粒重提高0.98克。

四、适宜种植区域

生态上属于北方春荞麦种群,适合于北方春荞麦区种植(适宜陇东及陕北、宁南及同类地区种植)。

五、栽培技术要点

(一)播前准备

1. 选茬

华荞2号与其他荞麦品种一样对茬口选择不严格,无论在什么茬口上种植都可以生长,但不宜多年连作。为了获得荞麦高产,在轮作中最好选择好茬口,正茬荞麦比较好的茬口是豆类、马铃薯;其次是玉米、小麦、糜谷、油菜;复种荞麦以油菜、小麦茬较好。

2. 整地

华荞2号与其他荞麦品种一样根系发育弱,子叶大,顶土能力差,不易出土全苗,要求精细整地。整地质量差,易造成缺苗断垄、影响产量,抓好耕作整地这一环节是保证荞麦全苗的主要措施。正茬栽培荞麦的地块,前作收获后,应及时深耕灭茬,一般以春、秋深耕为主,要求深耕达到20~25厘米为宜,在进行春、秋深耕时,力争早耕。播前结合施基肥浅耕一次,耕深18~20厘米,浅耕后耙耱平整,为播种创造良好条件。复种荞麦应在前作收获后及时深耕灭茬,打碎坷垃,清除杂草,做到土壤疏松,平整细碎,纳水蓄墒,抢墒播种。

3. 施肥

华荞2号与其他荞麦品种一样生育期短,生长速度快,需肥集中,根部追肥困难。因此,在播种前结合浅耕一次施足底肥。正茬荞麦要求亩施优质农家肥2000千克以上,亩施有机肥

2000~3000千克，尿素8~10千克，过磷酸钙30~40千克，草木灰30~40千克或硫酸钾4~5千克，或施用华池县荞麦测土配方专用肥30~40千克代替其他化肥；复种荞麦要求亩施优质农家肥2000千克以上，尿素10千克，过磷酸钙40千克，硫酸钾4~5千克，或施用华池县荞麦测土配方专用肥40千克代替其他化肥。

（二）播种

1. 适期播种

华荞2号适宜播期为6月下旬至7月上旬为宜，由北向南播种期逐渐推迟；复种荞麦在小麦、冬油菜收割后抢墒早播，力争在7月20日前播种结束。

2. 合理密植

华荞1号播种量是根据土壤肥力、品种、种子发芽率、种植制度、播种方式和群体密度确定的。在肥地适当减低密度，瘦地适当加大密度；晚熟品种留苗要稀，早熟品种则留苗要密；正茬应稀植，复种应密植；条播植株宜稀，点播植株宜密。在一般情况下，正茬甜荞亩播种量3~4千克，保苗6万~7万株；复种甜荞亩播种量4千克，保苗7万~8万株。

（三）田间管理

1. 苗期管理

荞麦子叶大，顶土能力差，播后遇雨易板结，影响出苗，地面板结可用钉耙轻轻耙地，破除板结，疏松地表，以利出苗。破除地表板结要注意，在雨后地表稍干时浅耙，以不损伤幼苗为度。

2. 中耕除草

中耕除草次数和时间根据苗情及杂草多少而定。第一次中耕除草在幼苗高6~7厘米时结合间苗疏苗进行。第二次中耕除草在荞麦封垄前进行，中耕深度3~5厘米。

3.叶面追肥

荞麦始花期至盛花期叶面喷施0.4%磷酸二氢钾溶液，如叶片尖端出现黄斑时，在100千克的磷酸二氢钾溶液中再加尿素1千克混合喷雾，每隔7~10天喷一次，连喷2~3次，防止生育后期脱肥，起到防早衰，保丰收作用。

4.花期管理

甜荞是异花授粉作物，又为两性花，也是虫媒花作物。故在甜荞麦田养蜂、放蜂，既是提高荞麦结实率、株粒数、粒重及产量的重要增产措施，又利于养蜂事业的发展。荞麦开花前2~3天，每公顷荞麦田安放蜜蜂3~5箱。在没有放蜂条件的地方采用人工辅助授粉方法，也可提高荞麦产量。人工辅助授粉以牵绳赶花或长棒赶花为好，人工授粉应在盛花期晴天上午9~10时进行，辅助授粉要避免损坏花器，在露水大、雨天或清晨雄蕊未开放前或傍晚时，都不宜进行人工辅助授粉。

（四）病虫害防治

1.病害

荞麦的病害主要有立枯病，可用58%甲霜·锰锌可湿性粉剂500~600倍液喷雾防治，也可用70%代森锰锌可湿性粉剂或70%甲基托布津可湿性粉剂800~1000倍液喷雾防治。

2.虫害

主要有黏虫和钩翅蛾。

3.黏虫

一种暴食性害虫，防治措施主要采用灭草杀虫、人工捕虫和药剂防治。药剂防治应掌握在黏虫3龄期前，用48%毒死蜱乳油1000~1500倍液喷雾防治，或用10%氯氰菊酯乳油4000~

5000倍液或40%乐果乳油2000~3000倍液喷雾防治。

4. 荞麦钩翅蛾

属于鳞翅目钩蛾科，俗名卷叶虫、卷叶蛾等。在华池县各地均为一年一代危害，以蛹在土壤内6~20厘米深处越冬，蛹期长达10个月左右，成虫羽化不整，从7月中旬到8月上旬均能找到成虫，幼虫危害期较长，7月下旬至10上旬为幼虫危害盛期，甚至荞麦收割入场后，有些幼虫仍在捆垛中取食危害。老熟幼虫于9月下旬陆续入土化蛹，直至次年7月中下旬上升地面羽化飞出。成虫具有趋光性，飞翔能力很强，幼虫食性单一，为专食性害虫，危害长达50~60天，1~2龄啃食叶片，3~4龄吃花，5~6龄蛀食籽粒为主，严重之年，白色粪便遍及植株及地面，叶、花、果实全被吃光。防治措施主要有：一是深耕灭蛹，荞麦收割后，立即深耕20厘米左右，将土壤中的蛹翻出地面，经过冬季寒冷使其失水和冷冻死亡，同时飞禽啄食消灭一部分蛹；二是灯光诱杀，在蛾子盛发产卵期利用灯光（或黑紫光灯）诱杀成虫；三是及时收割打碾，荞麦成熟后，收割打碾越快，后期危害时间越短，损失越少；四是药剂防治。在荞麦生育期用48%毒死蜱乳油1000~1500倍液喷雾防治，或用40%乐果乳油2000~3000倍液喷雾防治，也可用2.5%敌杀死乳油或20%速灭杀丁乳油2000~2500倍液喷雾防治。每隔7~10天喷一次，连喷2~3次。

（五）适时收获

荞麦花期长，成熟不一致，早花先熟，晚花迟熟。如收获过早，籽粒不饱满，影响产量，收获过晚，中下部易落粒。一般在9月下旬霜冻来临前当全株70%以上的籽实成熟时为适宜收获期，应及时采用人工镰刀或背负式小型转盘收割机收获，对留种田要采取单收、单打、单贮藏，防止机械混杂。

第三篇 组织实施

第十一章 组织实施情况及典型经验做法

一、工作总体部署

根据农业农村部、甘肃省农业农村厅统一部署，2020年起华池县将全面开展农作物种质资源普查和收集工作，为确保此次普查与收集工作顺利实施，加大农作物种质资源保护力度，强化农作物种质创新、鉴定与利用研究，根据《全国农作物种质资源保护与利用中长期发展规划（2015—2035年）》（农办发〔2015〕2号）、《第三次全国农作物种质资源普查与收集行动2020年实施方案》（农办种〔2020〕6号）、《甘肃省第三次全国农作物种质资源普查与收集行动实施方案》（甘农种函〔2020〕11号）、《甘肃省农业农村厅、甘肃省农业科学院关于扎实推进第三次全国农作物种质资源普查与收集行动工作的通知》（甘农种发〔2020〕7号）《全国第三次全国农作物种质资源普查与收集行动技术规范》要求，华池县是全省承担普查与征集任务的79个县之一，由华池县种子管理站承担华池县农作物种质资源的全面普查和征集，制定并印发了《华池县第三次全国农作物种质资源普查与征集行动实施方案》《华池县农作物种质资源普查与征集行动技术方案》，明确了主要目标、重点任务、进度安排和保障措施，为第三次全国农作物种质资源普查打下了坚实基础。

二、普查机构队伍和专家组成立情况

华池县农业农村局及早谋划，成立了华池县农作物种质资源普查与征集行动工作领导小组，由华池县农业农村局副局长任组长，华池县种子管理站站长、副站长为副组长，华池县农技中心、蔬菜办、畜牧兽医站、果蔬站及林镇乡、乔川乡、城壕镇等相关单位主要负责人为成员，全面负责本次普查与收集行动的组织协调、方案制定、经费保障和检查督导。领导小组下设办公室，办公室设在华池县种子管理站，并确定专人负责，专人办理具体业务。抽调种质资源、育种栽培、植物分类等专业技术人员，组建普查与征集工作队，开展华池县农作物种质资源普查与征集工作。

（一）华池县第三次全国农作物种质资源普查与收集行动工作小组

组　　长：李志龙　华池县农业农村局副局长

副组长：刘翠平　华池县种子管理站站长

　　　　张武锋　华池县种子管理站副站长

成　　员：李新宇　华池县农业农村局党组成员、华池县畜牧兽医站站长

　　　　杜永生　华池县农业技术推广中心主任

　　　　李晓莉　华池县蔬菜产业办公室主任

　　　　马凤斌　华池县果树站站长

　　　　贺彦文　华池县林镇乡乡长

　　　　高如德　华池县城壕镇镇长

　　　　左有章　华池县乔川乡农业农村综合服务中心

（二）华池县第三次全国农作物种质资源普查与收集行动工

第十一章 组织实施情况及典型经验做法

作队人员

组　　长：刘翠平　华池县种子管理站站长
副组长：张武锋　华池县种子管理站副站长
　　　　慕丰丰　华池县种子管理站副站长
成　　员：杨晓媛　华池县种子管理站农艺师
　　　　穆红霞　华池县种子管理站农艺师
　　　　慕东华　华池县种子管理站农艺师
　　　　张彦雄　华池县种子管理站助理农艺师
　　　　王树琼　华池县种子管理站农艺师
　　　　杨　宏　华池县种子管理站农艺师
　　　　封世忠　华池县种子管理站高级农艺师
　　　　张娟娟　华池县执法大队助理农艺师
　　　　刘云成　华池县农技中心高级农艺师
　　　　封贵琴　华池县农技中心高级农艺师
　　　　戴郭平　华池县蔬菜办农艺师
　　　　胡雪瑛　华池县果树站干部
　　　　任茂源　华池县草畜园区办兽医师
　　　　卢柯宁　华池县白马乡农业农村综合服务中心助理农艺师
　　　　金艳红　华池县农经局农艺师
　　　　周玉瑞　华池县城壕镇农业农村综合服务中心农艺师

各相关乡镇农技服务中心人员。

三、政策支持与宣传引导

（一）开展技术培训与指导，规范普查与收集行动

组织开展普查与收集培训3次，培训150人（次）。培训主要内容包括：解读农作物种质资源普查与征集行动实施方案及管理办法、文献资料查阅、资源分类、信息采集、数据填报、样本征集、资源保存等方法，针对普查与收集行动过程中出现的技术问题及时进行指导。派1名技术骨干参加了甘肃省举办的农作物种质资源普查和征集工作培训。

（二）加强宣传引导，提升保护意识

利用网络媒体，采用制作横幅、标语、发放资料、进村入户等形式，积极宣传种质资源普查与征集行动的重要意义和主要成果，提升全社会参与保护农作物种质资源多样性的意识和行动。在华池县人民政府网及华池融媒等媒体发布了关于公开征集农作物种质资源的通告，切实推动农作物种质资源保护与利用可持续发展，确保了此次普查与征集行动取得实效。

四、典型经验和做法

（一）座谈走访，查阅文献、档案等资料

普查队走访"三老"（老领导、老技术员、老教师），邀请他们召开座谈会10场次，走访7个乡镇35个行政村75人次，对华池县近40年来农作物种质资源的分布范围、生态环境条件、适应性等做了全面而系统的了解。为得到更加精准的数据，普查队认真翻阅《华池县志》《华池县发展年鉴》《华池县农业区划资料汇编》《华池县国民经济和社会发展统计资料汇编》等资料，到华池县统计局、华池县史志办、华池县地志办、华池县气象局、华池县自然资源局、华池县档案馆、华池县粮食局等单位进一步查阅史料档案,详细掌握了全县农作物种植结构、土地、气候、资源环境、人口、民族、经济、文化、教育等情况,普查队整合各方面数据材料,高质量完成了1956年、1981年、2014年度普查表的填报任务。

(二)加强工作督导,规范项目管理

按照全国农作物种质资源普查与收集行动专项管理办法,加强人员、财务、物资、资源、信息等规范管理,对建立的数据库和专项成果等按照国家法律法规及相关规定实现共享;按照资金管理办法,严格落实经费预算、使用范围、支付方式、运转程序、责任主体等。

(三)筛选整理典型人物案例和资源案例

积极筛选整理了典型人物事迹和典型资源案例。华池县种子管理站农艺师杨晓媛同志,在华池县农作物种质资源普查和收集工作期间,作为业务人员,认真学习甘肃省农作物种质资源普查与征集行动实施方案、技术方案,借鉴先进的经验,起草了《华池县第三次全国农作物种质资源普查与征集行动实施方案》《华池县农作物种质资源普查与征集行动技术方案》及相关工作意见、工作汇报、普查报告、总结等,在省级杂志上发表了《华池县第三次全国农作物种质资源普查现状分析及对策建议》论文1篇,针对华池县农作物种质资源的家底现状,提出了对华池县农作物种质资源进行保护的对策建议,为华池县农作物种质资源的普查、征集、保护和研究提供可行性参考。她同工作队成员,以科学严谨的态度、求真务实的作风、吃苦耐劳的精神扎实开展普查与征集工作,按时完成了1956年、1981年和2014年3个时间节点3套普查表的填报,并将数据录入了普查与征集填报系统。在普查过程中，1956年、1981年的各项普查数据极难找寻，只能找到零星、不详细的信息。她协同普查队成员走访老领导、老技术员、老教师、老一辈农民，了解华池县农作物种植历史。为得到更加精准的数据，到华池县统计局、华池县史志办、华池县气象局、华池县林业和草原局、华池县土地局、华池县档案馆、华池县粮食局等单位进一步查阅史料档案，认真翻阅《华池县志》《华池县发展年鉴》《华池县农业区划资料汇编》《甘肃省华池县国民经济和社会发展统计资料汇编》等资料，详细掌握全县农作物种植结构、土地、气候、资源环境、人口、民族、经济、文化、教育等情况，普查队整合各方面数据材料，高质量完成了普查表的填报任务。组织开展普查与征集培训4次，培训70人（次）。参与建立种质资源圃，积极组织报刊、电台、电视台等媒体跟踪报道种质资源普查与收集行动的重要意义和主要成果，挖掘特异华池红花荞麦、华池县种质资源背后的小故事之荞麦、华池县种质资源征集背后的小故事之糜子等种质资源案例。

五、存在的不足及建议

（一）存在的不足和困难

一是种质资源保护难度大。华池县地域广阔，地形气候差异较大，农作物品种复杂多样，构成严谨周密，品种资源丰富。既有小麦、玉米、高粱等喜温作物，也有糜谷、马铃薯、荞麦、豆类等耐寒、耐旱、耐湿作物。由于农业的现代化进程加大，农作物品种的更新换代加快，新的优良培育品种代替了老旧的地方品种，导致有些地方品种和野生品种种质资源消失加快，加大了种质资源保护难度，收集、保存、鉴定、评价和创新利用这些农作物种质资源迫在眉睫。

二是种质资源样品保存难度大。现在没有建立专门的种质资源保存库，对于征集到的或从种质资源圃收获的种子样品无法进行较好的保存利用，再加上有些块茎、枝条等样品不易保存，保存的条件设施不健全，加大样品的保存难度。

三是农作物种质资源丢失加剧。随着中国农业产业化的发展，城镇化、现代化、工业化进程加剧，能够机械化收获、高产、优质的新品种和配套种植模式也越来越完备。这些因素将会加快种质资源的丢失，在这种形势下，地方品种和野生品种等特有种质资源丧失严重。

四是专业人才紧缺。基层现有的农业技术人员，大部分都是面向农民推广农业种植栽培技术的专业技术人员，没有高层次、懂育种、熟悉种子性状鉴定等相关的专业人才，所以在种质资源保护与利用工作开展中束手束脚，不能准确表述资源的特征、特性及深层次的性状等。

（二）对策建议

一是积极宣传引导，提升全民种质资源保护意识。利用电台、电视台及各种网络平台等媒体进行大力宣传引导，普及种质资源普查与收集行动的重要意义和主要成果，让全社会参与到种质资源保护中来，提升全民保护意识，推动种质资源保护与利用可持续发展。

二是创新利用途径，开展多样性的种质资源保护。发动当地群众，对一些种质资源进行再次开发、利用，进行抢救性保护。推"陈"出"新"是事物的发展规律，我们可以把"陈"变成"新"。例如专用于酿酒的酒谷子，种植面积一直在逐年减少，现在只有零星的种植,可以用增加黄酒的销量,来带动酒谷的种植,不但可以带动经济的发展,而且还可以起到保护的作用。

三是强化管理,建立种质资源档案。在种质资源普查、调查结束后,对所有种质资源进行收集、整理、归类,详细记载收集材料的名称、基本特性特征、采集地点和时间等信息,进行规范化的档案管理,使每一类、每一科、每一个作物的品种信息都有据可查。

四是高度重视,完善种质资源保护机制。按照分级保障原则,在统筹已有工作资源、条件以及支持政策基础上,积极争取,引起相关部门的高度重视与支持,将农作物种质资源保护和利用工作列入财政经费预算,建立农作物种质资源保护的补偿机制,切实提升保护能力。建立多元化投入机制,鼓励个人、村社、种子企业、科研机构、公益性组织等都参与种质资源保护。完善相应的种质资源保护体制与机制,促使种质资源保护利用工作常态化,确保种质资源保护工作顺利开展,并能长期坚持。

五是组建高素质的人才队伍。组建一支高素质的、专业技能强的人才队伍,不仅能为当地种质资源保护、开发和利用提供可靠的技术支撑,还能促进新品种选育、试验示范等工作的顺利开展。

六是创新技术应用。保障农作物种质资源库、圃建设,以"种子"为核心,以本土优质种质资源保护利用及新优品种引进试验示范为中心任务,配套开展多项农作物新优适用技术集成示范应用,把高质高效技术全面应用到试验示范过程中,通过示范引导、辐射带动,在做好品种科学引新推优、提纯复壮、快速更新换代的同时,整体提升全市粮食生产科技含量,夯实粮食增产基础。

第十二章 附录

一、文件资料

（一）全国第三次全国农作物种质资源普查与收集行动技术规范

"第三次全国农作物种质资源普查与收集行动"

技 术 规 范

"第三次全国农作物种质资源普查与收集行动"
项目办公室编
2020年3月

前　言

为贯彻落实《全国农作物种质资源保护与利用中长期发展规划（2015—2030年）》（农种发〔2015〕2号），在财政部支持下，自2015年起，农业部组织开展"第三次全国农作物种质资源普查与收集行动"。该项目的主要任务是对全国2228个农业县（市、区）进行普查，对665个种质资源丰富的县（市、区）进行系统调查，收集粮食、经济、蔬菜、果树、牧草绿肥等各类作物种质资源10万份，编目入库（圃）保存7万份。

为了切实完成项目任务，编制了本技术规范，包括普查与征集、系统调查与收集、鉴定评价与繁种（殖）入库（圃）、数据库建设、资料汇总与档案管理，以便保障普查和系统调查等各项工作的科学性、规范性和方法、标准的一致性。

第一部分　普查与征集

普查与征集由普查县农业局技术人员完成，主要任务是填写普查表和征集当地特色种质资源。

一、普查

（一）普查表及填写

"第三次全国农作物种质资源普查表"以县（市、区）为单位，分三个时间段，即1956年、1981年和2014年。1956年代表解放初期，1981年代表家庭联产承包初期，2014年代表农村土地流转时期。调查的内容突出农作物种质资源的多样性程度与利用，以及社会、经济、文化、宗教、环境等对农作物种质资源多样性的影响（详细内容见附件1"第三次全国农作物种质资源普查与收集行动"普查表）。

"普查表"的填写，由普查县农业局技术人员负责完成。填写前，对各县负责填写的技术人员进行培训。

（二）普查的范围和对象

普查范围主要是全国农作物种质资源相对丰富的2228个农业县（市、区）。普查对象主要包括粮食、经济、蔬菜、果树、牧草、绿肥、热作等农作物种质资源，重点突出地方品种和作物野生近缘植物。

（三）普查实施程序

1.组织措施

首先成立省级行动领导小组，省农业厅领导任组长，省农业科学院和省级种子管理机构主要负责人任副组长，负责本省农作物种质资源普查与收集行动的组织协调与监督管理。

2. 技术培训

由专项负责单位制定规范化表格和培训资料，并以省（区、市）为单位，组织技术培训。

3. 普查

县农业局相关技术人员在培训的基础上，开展普查工作，通过查阅县志、农史、档案等有关资料，访问有关专家或年长农民，逐项填写普查表中的各项内容。并将数据录入普查与征集填报系统（普查网站下载，网址http://www.cgrchina.cn/）。

（四）数据信息整理提交

各县将普查的数据信息等资料整理好，然后将电子版普查数据提交省级种子管理机构，省级种子管理机构对各县提交的数据信息进行核校、汇总，最后以省为单位统一提交国家普查办公室（简称"普查办"）。审核无误后，打印纸质版普查表提交。具体整理方式和提交流程见图1和图2。

（五）普查数据分析

必要时，县级农业局、省级种子管理机构和国家项目办可以根据实际需要，在县级、省级和全国三个层面，对各个普查县填写的普查表所填写的内容，按三个时间段，逐项进行统计，分析农作物的物种和品种的变化情况；经济、人口、自然资源等的变化趋势，以及这些变化对农作物种质资源多样性的影响。

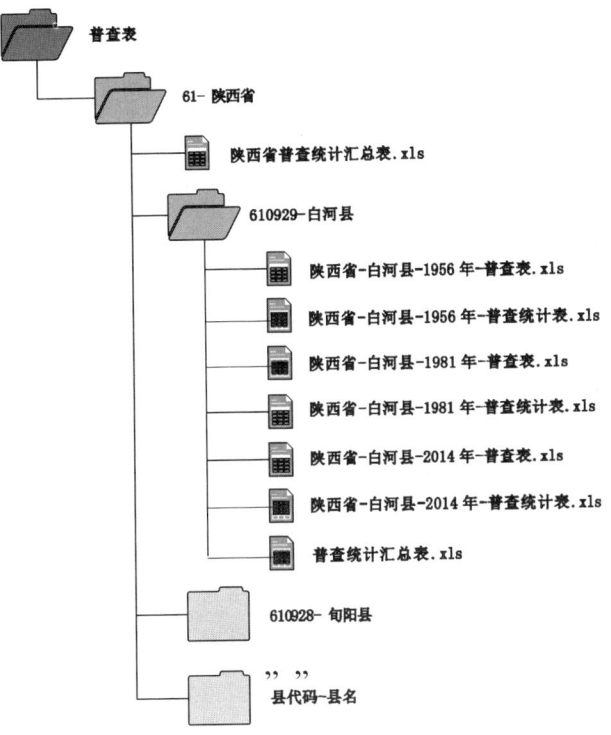

图1　普查数据整理方式

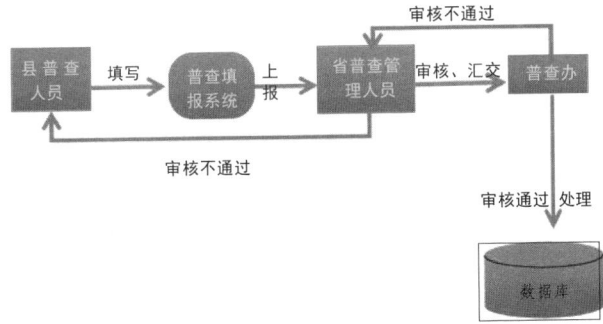

图2　普查数据提交流程

二、征集

(一) 征集的基本原则

各普查县在普查本县农作物种质资源的同时，征集当地古老、珍稀、特有、名优的作物地方品种和野生近缘植物种质资源 20~30 份。通过走访、询问、调查等方式，对其特有的营养品质、食味性、抗病虫性、抗逆性、对气候变化的适应性等方面进行详细了解，明确其在更大范围的可利用性及其推广潜力。

(二) 征集的一般方法

由经过普查与征集培训的技术人员组成征集小组，同时准备好征集资源所需要的物资材料，如种子袋、标签等（详细内容可参照系统调查与收集的物资准备表）。在普查的基础上，技术人员深入乡村和农户，开展资源的征集。对征集的每一份资源都要仔细填写种质资源征集表（详细内容见附件2"第三次全国农作物种质资源普查与收集行动"种质资源征集表）。并录入普查与征集填报系统（普查网站下载，网址 http://www.cgrchina.cn/）。

(三) 征集资源样本的采集及整理

在征集过程中，资源样本的采集及整理等方法，参照第二部分的系统调查方法中样本的采集方法。

(四) 征集资源样本的编号

征集的资源编号，由P+县代码+3位顺序号组成，共10位，顺序号由001开始递增，如"P430124008"，其中字母P代表普查，430124为湖南省宁乡市代码，008代表采集资源样本的顺序号，整体编号代表湖南省宁乡市资源普查采集的第8份资源。县代码遵照国家行政区划代码的标准执行。有关资源样本编号的其他注意事项参考"第二部分的系统调查与收集"中的样本编号要求。

(五) 采集点的定位

利用全球定位系统（GPS），对资源样本采集点进行定位，记录采集点的经纬度和海拔高度。定位的编号应与资源样（标）本的采集号一致。

(六) 图像信息

1. 摄影和录像

可以采用图像信息记录资源的样本。样本有的因失水变形变色，摄影或录像可显示真实形态和颜色。有的只是植株的一部分，需摄影显示全株特征。有的样本是枝条，而商品是果实，应拍商品部位。也可以采用图像信息记录采集点全景，以显示采集点的生境、伴生植物等。

2. 照片或录像的记录

每张照片或录像都要记录该种质资源的采集号、摄影时间、地点、画面内容和拍摄人。关于照片的整理、编辑、命名等参考系统调查中的有关内容。

(七) 征集资源和数据信息的整理提交

各县应将征集的资源及其征集表信息整理好，及时提交省级农科院，由省级农科院妥善保存并按照相关要求开展资源的鉴定评价和入库（圃）保存等工作。同时普查县将整理好的信息数据提交到省级种子管理机构，由省级种子管理机构进行汇总审核后提交普查办。具体整理方式和提交流程见图3和图4。

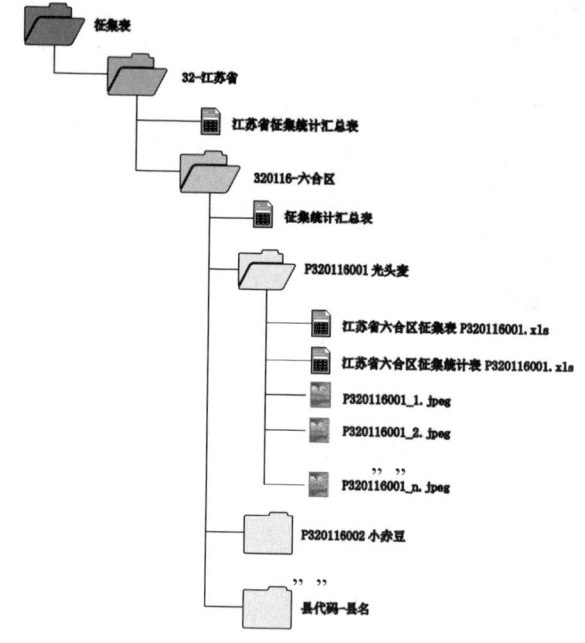

图3 征集数据整理方式

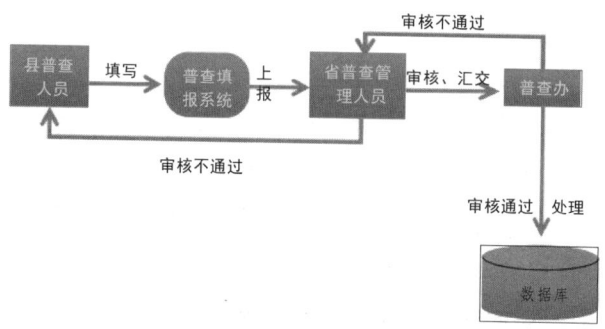

图4 征集数据提交流程

第二部分　系统调查与收集

系统调查分别由省农科院组织系统调查队，赴系统调查县进行实地调查与收集。

一、系统调查的准备

（一）组建系统调查队

系统调查属于农作物种质资源综合调查，队员应包括各种农作物种质资源的研究人员。每个系统调查队由约6人组成，专业包括粮食作物、经济作物、蔬菜、果树和牧草绿肥，调查队员应以业务水平高、身体健康的科技骨干为主，老中青相结合。调查队设队长、副队长和财务管理各一名。

（二）技术培训

系统调查按年度分批进行，每次系统调查前均进行技术培训，培训的方式可采取专家授课、专题讲座或现场观摩等方式。内容包括系统调查的工作程序、方法、样本和标本的采集及管理方法、仪器使用和维护、调查报告的撰写及注意事项等。

（三）物资准备

系统调查所需物资主要包括交通工具，采集样本、标本的用品，生活用品和医药，有关证件及其他。具体情况见系统调查物资表（表中部分仪器或物资的数量是指一个调查队的配置，各省在执行中可根据实际情况增减）。

（四）有关资料准备

全国的农作物种质资源收集和保存已开展了多年，并积累了许多数据和信息，如各种作物的资源目录，入国家种质库

（圃）的资源目录、县志、普查表资料、各种作物品种的介绍及分布情况、各地区农业生产情况等等。这些数据和信息对本次系统调查具有重要参考价值，并可减少重复收集样本。因此，应按调查县份分别整理出来备用。表12.1为系统调查所需物资表。

表12.1 系统调查所需物资表

类别	作用	数量
电子设备类		
笔记本电脑	记录、存储、整理电子表格、照片、录音等电子资料	有条件尽量保证队员每人一台
GPS	调查路线和资源采集点定位	有条件尽量保证队员每2人一台
录音笔	调查采访声音采集	有条件尽量保证队员每2人一个
数码照相机	调查过程中访谈、资源、环境等图片采集	有条件尽量保证队员每2人一个
摄像机	调查过程图像采集（可根据调查需要和条件准备）	每队1台
移动硬盘	存储电子资料	有条件尽量保证队员每人一个
工具类		
镐锄、铲	采集块根、块茎等或者活体资源	各1个
枝剪	采集枝条	2个
标本夹	压制标本	2个
吸水纸	压制标本	若干

续表

类别	作用	数量
种子袋（大、中、小）	收集不同资源	大 30 个，中 200 个，小 100 个
牛皮纸袋	用于籽粒苋等小粒种子采集	30 个
标签	记录采集编号等	每队 700 个
地图	调查路线参考	每队 1 张或 1 册
大整理箱	用于各类表格、工具等物资归类存放	每队 1 个
背景布	拍照用，灰色最好	2 块，大小各 1 块
插座	电子设备充电使用	每队 3 个
文具类		
中性笔	填写调查问卷	每人 2 支
记号笔（黑）	标签记录使用	每人 2 支
活页笔记本	调查访谈记录，便于整理	每人 1 本
记事本	调查笔录整理	每队 1 本
垫板	调查问卷填写时使用	每人 1 个
铅笔	临时记录信息	每人 2 支
橡皮	修改临时记录信息	每人 1 块
笔袋	临时登记信息或记录	每人 1 个
活页纸	调查访问记录，补充活页本的不足	每人 1 包
宽胶带	样品整理封装使用	1 卷
美工刀	样品整理封装使用	1 把

续表

类别	作用	数量
卷尺	资源植株、果实、种子测量	1个
小夹子	调查问卷分类存放	1盒
档案袋	调查问卷归类整理	10个
塑料袋	保存活体样品	50个
5号电池	录音笔使用	10粒
7号电池	GPS使用	10粒
财务包	财务管理人员使用	1个
生活用品类		
电筒	山区农村停电时应急使用	每2人1个
常用药	野外受伤应急使用	各类常备药一小箱
雨衣	野外调查随时会下雨	每人1件
交通工具		
越野车	最好是四驱或动力性强的越野车，以便适应山区道路崎岖、雨天路滑等状况。	每个调查队最好保证有2辆车

二、系统调查程序、方法和内容

（一）调查程序

调查队依据图5系统调查流程图，开展相关的系统调查工作。

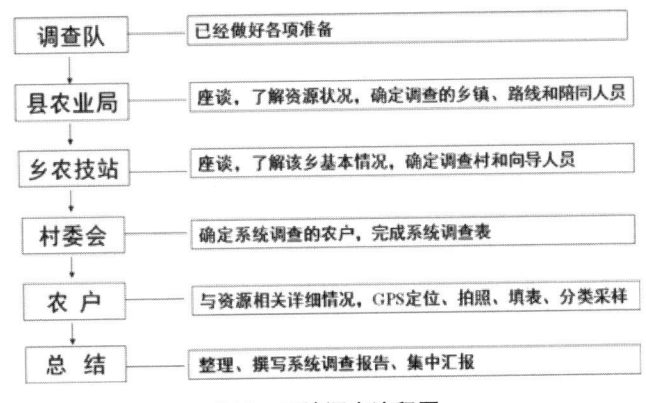

图5 系统调查流程图

（二）调查方法

1. 重点调查乡（镇）的选择

每个系统调查县重点调查3个乡（镇），每个重点调查乡（镇）至少调查3个有代表性的村。重点调查的乡（镇）应选择当地民族居住尚处于自给自足状态、交通不便、地形复杂、风土人情独特的，这类乡（镇）的农作物种质资源往往丰富多样，地方品种保留的多。同时，还应注意几个重点调查乡（镇）之间，最好是民族、气候条件、海拔高度有所不同。

2. 访谈

在实地调查中采取的调查方式是访问和座谈。访问的主要对象是富有务农经验的农民。在访问和座谈中，要掌握好方式，采用引导性的方式，这样才能得到更多想要获得的信息。

（三）调查内容

农作物种质资源普查与收集，是在调查的基础上收集种质资源，而不是单纯的收集资源。调查的内容如下：

1. 农作物种质资源状况及消长原因

以县为单位，全县农作物种质资源的总体情况；3个调查时间节点间粮食作物、经济作物、蔬菜、果树和牧草绿肥等资源的种类变化情况，种植品种数量的变化、地方品种和育成品种及野生资源的变化，各类型品种种植面积的变化情况。通过调查，分析上述这些变化或消长的原因。

2. 农作物种质资源调查表的填写

在调查中应根据调查表的内容，详细了解并填写各项内容。按照调查表中不同类型资源的相关内容逐项认真调查、填写（详细内容见附件3和附件4"第三次全国农作物种质资源普查与收集行动"调查表）。

3. 种植品种的特征特性及有关信息

当前种植什么品种，为什么种植这些品种，有什么用途，每个品种的种植历史，种植面积。每个品种的特征特性，特别是突出的优点和缺点，突出优点要具体，如抗病虫害，应明确抗何种病、虫；抗寒，应明确是苗期还是成株期，抗什么样的寒冷；耐热，应明确耐什么样的高温；优质，是什么品质，营养品质，风味品质，外观品质，还是口感好；高产，应说明单位面积的产量。

4. 当地民族传统文化、生活习俗对农作物种质资源的保护与利用

重点调查本专项涉及的农作物种质资源在当地民族传统文化和生活习俗中的作用、价值、利用途径及得到保护情况。

三、资源样（标）本的采集和保管

本专项调查采集种质资源以地方品种和作物野生近缘植物为主，以多年种植的育成（引进）品种为辅。采集的样（标）本要随时整理和保管好。

（一）样本的采集

不同的农作物种质资源样本的采集方法不尽相同，但其共同点有3项：第一，每份资源样本必须给予一个采集号；第二，每份资源样本都要挂上2个标签，1个挂在样本植株上（或种子袋内），1个挂在种子袋外；第三，在采集的种质资源中，应与已收集编目保存的种质进行比较核对，剔除重复。

1. 草本作物及其野生近缘植物

（1）草本作物

① 种子采集

地方品种：随机取样加偏差取样（各种类型）。

选育品种：随机取样。

采集数量：2500~5000粒（大粒型750克，中粒型500克，小粒型200克，极小粒型50~100克）。

② 营养体采集。从不同植株采集繁殖器官。采集数量：鳞茎8~10个，块根块茎15~20个。

（2）草本作物野生近缘植物。草本作物野生近缘植物的样本采集，应按居群取样，一个居群采集的样本为一份种质资源（相当于一个品种）。

① 居群的选择。生境不同的居群均应作为取样点，如阳坡、阴坡，不同土壤，不同植被，均应视为不同小居群，各设一个

采样点；湿度、海拔差异大的亦分别设采样点。特大居群可先划分若干个亚居群，按亚居群取样。

②居群内的取样

取样方式：从单株上取样，取样株间距10米以上。

取样数量：尚无公认的标准遵循。在不破坏资源的前提下，多取一些为好。举例如下：

小麦野生近缘植物。大居群从100株上采集种子，小居群从20~50株上采集种子，每株上取一个穗子。

野生大豆。根据居群大小，从30~100株上采集种子，每株取种子10粒以上。

野生稻。根据居群状况，取20~30株的种茎。

无性繁殖种类。从5~10株上取样，每株上采集2~3个繁殖体即可。

2. 木本作物

木本作物资源样本的采集，正确确定取样植株最为重要。

（1）果树

①取样方式。嫁接的栽培、半栽培品种：取一代表性植株的接穗（插条、根蘖）。

地方品种：各种类型植株的接穗（插条、根蘖）。

野生资源：按类型分别取样，每一类型为一份样本。

②取样数量

木本：每份取5条接穗（插条）或3~5个根蘖；果实10~20个。

藤本：每份取10~15条，每条有3~5个营养芽眼。

③注意事项。采集插条或接穗时,应取一年生或当年生木质化的生长枝,长度20厘米左右,粗度0.5~0.7厘米。

(2) 茶、桑树

①取样方式

取果实:采集群体中各种类型,采摘发育正常的果实。

取芽穗(穗条):取当年生木质化健壮枝条。

取幼苗:在母树周围挖取与母树形态相同的幼苗。

②取样数量

果实:茶树每份取1千克,桑树每份取30~50个桑葚。

芽穗:茶树每份取11~15条,桑树每份取10条以上。

幼苗:每份取5株左右。

(二) 标本的采集

在系统调查中,以采集样本为主,采集标本为辅。一般的品种不采集标本,仅珍稀种质资源采集标本。

1. 采集方式

采集的标本一定要有代表性,特别是植物分类特征。

(1) 全株标本。全株标本要具有根、茎、叶、花、果实。

(2) 特征部分标本。需要有花、果实及部分茎(枝)和叶。

(3) 雌雄异株标本。应按上述方式分别采集。

2. 采集数量

根据鉴定的需要,一般每份资源采集3份左右。

(三) 样本的保管和标本的制作

1. 样本的保管

系统调查采集的样本比较多,一定要保管好,防止混乱或混杂，防止霉变或枯死。

（1）种子和果实。种子要及时晾晒。果实过大或易腐烂的，取出种子并冲洗晾干；其他类型的可带回单位取种子。

（2）营养体。采集的营养体应尽快送到指定的单位。

根茎、根蘖和幼苗：连根挖起，根部放在塑料袋内加水保湿，但防霉变；必要时可先假植。

块根、块茎和鳞茎：要干湿度适中，放在阴凉通风处。

接穗、插条和茎尖：要剪成段，摘除叶子和嫩枝，并两端烫蜡封口，放入尼龙袋（塑料袋）内保湿并防霉变。保湿的用品如毛巾、半脱脂棉等。

（3）水生作物

莲藕和芋：带泥挖起，放入透气的塑料袋内保湿并防霉变。莲藕尽快种入水田中；芋要假植在温室或大棚内。

慈姑和荸荠：取球茎用田泥包好，放在室内阴凉处。

菱角和芡实：应尽快将果实放入盛水的器具内。

2. 标本的制作

资源标本有两种，一种是蜡叶标本，另一种是浸渍标本。关于标本制作的具体方法，这里不详细叙述，请参照《农作物种质资源收集技术规程》第16~19页。

（四）样（标）本的标签和采集号的编法

每一份样（标）本必须挂上一个标签，并给予一个采集号，这个采集号是该份种质资源自采集到鉴定和繁种以及编入收集目录，始终不变的唯一标识号。

1.标签

标签的正面写上采集号、种质资源名称,反面写上采集地点、采集时间、采集者。

2.采集号的编写

采集号由10位数字组成,即采集年份加采集省份代码加调查队编号再加种质资源的顺序号组成。如2015421001,前4位2015为2015年,42代表湖北省,1代表第一调查队,最后3位是种质资源的顺序号,种质资源顺序号要从001开始;整体编号表示2015年湖北省第1调查队调查收集的第1份资源。省份代码遵照GB/T 2260中华人民共和国行政区划代码。部分省份代码例如湖北42,湖南43,广西45,重庆50,江苏32,广东44等等。

3.编写采集号应注意的几个问题

(1)种质资源的顺序号不分作物种类,连续编写,不要空号。

(2)一份种质资源均采集了样本和标本,样本和标本的采集号应是一致的,即同一个采集号。

(3)同一年两次或两次以上调查的,同一个调查队采集号中的种质资源顺序号不得重复。

(4)野生植物每个居群给予一个采集号。

(五)采集点的定位、摄像

1.采集点的定位

利用GPS,对资源样(标)本采集点进行定位,记录采集点的经纬度和海拔高度,并可估算野生种质资源居群的面积。定位的编号应与资源样(标)本的采集号一致。

2.摄影

（1）采集点全景。显示采集点的生境、伴生植物等。

（2）样（标）本。有的因失水变形变色，摄影可显示真实形态和颜色。有的只是植株的一部分，需拍摄全株。有的样（标）本是枝条，而商品是果实，应拍商品部位。

（3）照片或录像的记录。每张照片或录像都要记录该种质资源的采集号、摄影时间、地点、画面内容和拍摄人。

四、调查数据、信息和图像的整理

（一）数据、信息、图像汇总

调查数据、信息、图像的汇总，在每次野外调查结束后，由各调查队队长负责组织本调查队的所有专业人员，立即对调查队本次调查的数据、信息、图像的原始记录进行整理与汇总，并将本次调查的数据、资料的原始记录以及整理与汇总结果，送交本省（区、市）农业科学院。

此部分工作也可以在每天的调查结束后进行，最后在全部调查结束后整理汇总。

1.调查表填写

对应纸质版调查表，完成电子版调查表的填写，可通过填报系统"种质资源调查数据填报系统"软件（普查网站下载，网址http://www.cgrchina.cn/）进行填写。并对照录音、录像、照片、现场笔录和各个队员的记录等资料，对原始资料进行核对，以保证信息资料的完整和准确。

2.笔录

将调查表、座谈会、访问记录等相关的农作物种质资源的资料进行系统的整理。

3.汇总目录表

整理汇总在调查过程中资源收集的信息记录，汇总成资源目录表。

先将调查的每份资源在记录本上进行基本信息登记，调查结束回到住处再整理到笔记本电脑的Excel表中，登记好调查资源的序号、种类、名称、调查时间、地点、采集样本类型、特征、特性、调查民族、采集地点定位信息等登记齐全。

4.调查资源照片

每份资源的电子照片导入电脑，按照采集编号和资源名称进行重新命名，如果多个照片则用-1，-2，-3……加以区分。例如水稻地方品种摘糯采集编号为2015421005，其对应的果穗照片命名为2015421005-1，对应籽粒照片为2015421005-2，对应植株照片为201542005-3，对应生境照片为2015421005-4，对应提供者照片为2015421005-5等。同一份资源的所有照片置于同一个文件夹，文件夹命名为2015421005-摘糯水稻。

（二）调查数据、信息和图像资料的整理提交

调查数据、信息和图像资料的整理要按照统一的格式进行，以便和数据库的建立工作相吻合，以利于后期的分析和应用。具体整理方式和提交流程如图6和图7。

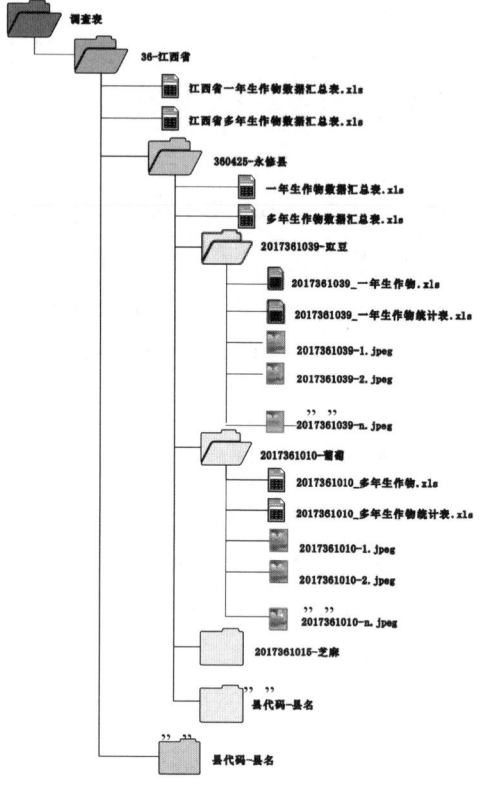

图 6 调查数据整理方式

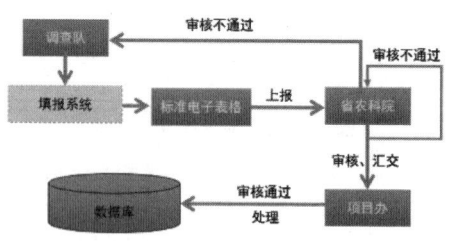

图 7 调查数据提交流程

五、系统调查的工作方法和注意事项

（一）工作方法

1. 依靠当地政府

每到一县、乡（镇）调查，应与当地农（林）等技术部门有关人员一起商订具体调查点和日程安排。调查结束后要向当地政府汇报调查结果，并交流保护和开发当地农业生物资源的建议。

2. 分组采集

在调查中为了节省时间，调查队员可以分组进行采集样（标）本。

3. 请当地人员代为采集

因时间不够或交通极为不便，有些资源不能当时采集到，可请当地科技人员或干部、群众代为收集，随后寄送给相关单位。

4. 采集场所

在对资源的相关情况调查清楚后，采集样本除在田间、田野外，还应注意在农户的庭院、打谷场、挂藏间或粮仓采集。

（二）注意事项

1. 调查队员要善始善终，中途因特殊原因离队，必须得到专项或任务承担单位负责人的批准。回到省城总结期间，不得早退。

2. 加强团结，有不同意见商量解决，一般情况下应尊重队长的意见。

3. 严格执行财务管理办法，提倡节俭办事，有违反财务管理办法的，由责任人负责支付。

4. 注意安全，加强安全措施。

5. 严格执行护林防火法令。

6. 尊重当地民族的风俗习惯。

六、系统调查的总结

在系统调查中，总结工作很重要，一个村、一个乡（镇）调查完成后，都要随即进行小结，一个县调查完成后要进行总结。

（一）小结

每次调查完一个村、一个乡（镇）都应进行小结，检查调查内容和各种表格填写是否齐全，对采集的样（标）本及其照片要进行检查和整理，并形成名录，总结调查工作的经验和不足。

（二）总结

当全县调查完时，要进行全面总结，并写出总结报告，以便在调查汇报会上向专项汇报。总结报告的内容如下：

1. 调查县、乡（镇）的自然条件和农业生产概况，居住的少数民族。

2. 调查的程序和方法。

3. 调查县农作物种质资源概况，消长情况及其原因。

4. 采集的样本数量和质量情况，其中特异资源的主要特征特性、突出优点、种植历史和面积、主要用途。

5. 调查队对当地农作物种质资源的保护和开发利用的建议。

6. 调查的经验和不足之处以及建议。

（三）提炼亮点

通过对调查数据和获得种质资源的整理和分析，从而提炼出亮点，如所采集资源中的特优、特有种质样本；或是新物种、新变种、新类型，稀有种质资源；具有较大研究价值的种质样本；作物的优异野生近缘植物和有特殊利用价值的野生资源；种质资源的新分布区域，新分布海拔高度，新用途，等等。

（四）提交调查获得的资源样（标）本和资料

1. 样本、标本的提交

每个系统调查队当对一个县调查结束后，应将获得农作物种质资源样本和标本，一并提交本省农业科学院。提交时应有交接手续，并备案。在提交农作物种质资源样本和标本时，交接人员要按采集名录认真核对每份样本和标本，发现问题随即解决。

接纳人员要按粮食作物、经济作物、蔬菜、果树和牧草绿肥五大类别，将样本或标本分别放置，然后送交指定的鉴定、编目入库任务承担单位。

2. 有关资料的提交

每个系统调查队获得的所有资料提交项目办，提交的资料包括调查填写的各种表格、采集样本和标本名录（清单），各种图像和记录，总结报告等。

提交的资料分电子版和纸质版。

（五）物资归还

调查中使用的各种物资，应按发放清单一一归还。因责任心不强，造成的丢失或损坏，要追究责任，必要时应赔偿。

第三部分 鉴定评价与繁种（殖）入库（圃）

一、原则

在适宜的生态区域，对征集和收集的种质资源进行繁殖和基本生物学特征特性的鉴定评价，经过整理、整合并结合农民认知进行编目，入库（圃）妥善保存。

具体实施中，应由参加"行动"的各省（区、市）农科院及其相关专业研究所，完成资源的鉴定评价、繁种（殖）入库（圃）任务。

二、参与部门与职责

普查办：负责"行动"的技术支持工作，同时负责接收和审核各项目参加单位提交的种子类资源样本及其信息数据等，开具接收证明给提交单位，并将样本和信息转交相关部门进一步处理。相关部门主要有国家种质库、各作物种质资源编目负责单位、国家种质信息中心。

普查项目参加单位：指参加"行动"的各省（区、市）农科院及其所属各专业研究所。主要负责资源的收集（含移交的征集资源）、鉴定评价和繁种（殖）入库（圃）。

各作物编目负责单位：负责接收资源样本及其入库（圃）清单，核对资源样本与清单，并编目入库（圃）。将入库（圃）信息反馈给资源提交单位。

国家种质库：负责接收编目后的资源，并按照种质库入库程序与要求进行登记、发芽、干燥、包装与入库。

国家种质圃：负责无性繁殖资源的接收、繁殖、编目和部分资源的鉴定评价任务,并开具接收证明给提交单位。

国家种质信息中心:负责接收提交的资源数据信息等,并将数据信息录入国家种质信息中心数据库妥善保存。

三、鉴定评价和繁种(殖)入库(圃)流程

各省(区、市)农科院承担对收集的资源(含移交的征集资源)的鉴定评价和繁种(殖)入库(圃)任务。具体工作流程如下。

(一)鉴定评价

各省(区、市)农科院按照审核确认的"资源收集清单"分作物开展鉴定评价工作,填写"资源入库(圃)清单(含各作物目录性状)"。

各作物目录性状的记载请参考相关农作物种质资源描述规范和数据标准(普查网站下载,网址http://www.cgrchina.cn/)。

(二)"资源入库(圃)清单"提交

汇总数据,将"资源入库(圃)清单"与"资源收集清单"做比对,说明完成情况。最后提交"资源入库(圃)清单"及"完成情况"至普查办。

(三)"资源入库(圃)清单"审核

普查办对各省(区、市)农科院提交的"资源入库(圃)清单"和"完成情况"进行审核,然后将修改意见反馈给各省(区、市)农科院。

(四)资源样本及数据信息提交

各省(区、市)农科院及时提交"资源入库(圃)清单"和经过鉴定评价的符合入库(圃)标准的资源样本及其相关数据信息至普查办或国家种质圃。其中,种子类样本和数据信息提交至普查办；无性繁殖类样本和数据信息提交至国家种质圃。

（五）繁种（殖）入库（圃）

普查办和国家种质圃收到资源样本和数据信息后，进行验收和审核，合格后开具接收证明，提交单位以此接收证明作为本单位的任务完成依据。

审核合格的种子类样本，普查办协调有关资源编目负责单位进行编目入国家种质库保存；审核合格的无性繁殖类样本，国家种质圃进行编目入圃保存。

（六）数据库建设

普查办提交最终的数据信息至国家种质信息中心，国家种质信息中心将数据录入数据库，妥善保存。

（七）入库（圃）信息反馈

在对合格的资源样本实物和数据信息妥善保存后，普查办或国家种质圃将编目入库（圃）的资源清单等信息反馈给各省（区、市）农科院。入库（圃）注意事项：(1)专人负责；(2)提交种子前，请先提交"资源入库（圃）清单"进行审核；(3)种子质量和数量合格（种子类入库标准附录13，无性类样本入圃标准联系国家种质圃，国家种质圃名录附录15）；(4)种子包装内外都要有种子信息标识；(5)纸袋包装的请在外用尼龙网袋再包装；(6)包装箱中要有纸质清单；(7)资源样本数据信息邮件发送至普查办；(8)不同作物种子各自包装，不混在一起；(9)所有种子类样本提交至普查办；(10)所有无性繁殖类样本提交至国家种质圃；(11)无性繁殖类"资源入库（圃）清单"电子版和"接收证明"扫描件邮件发送至普查办。

省（区、市）农科院鉴定评价和繁种（殖）入库（圃）工作流程如下如图8。

(八) 省（区、市）农科院无条件鉴定评价的资源

对于部分资源，省（区、市）农科院无相关研究人员或实验设备等条件对其进行鉴定评价。

对于这部分资源，各省（区、市）农科院将无性繁殖类样本和数据信息第一时间提交给相关国家种质圃，由国家种质圃对其进行鉴定评价和繁殖入圃工作；种子类样本和数据信息提交给普查办，由普查办提交各作物专家对其进行鉴定评价和繁种入库工作。国家种质圃或普查办开具接收证明给提交单位，提交单位以此接收证明作为本单位的任务完成依据。具体流程如图9。

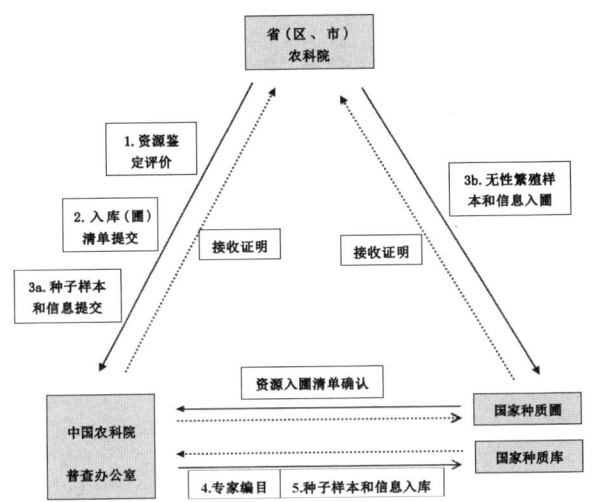

图8　鉴定评价和繁种（殖）入库（圃）流程

注：省（区、市）农科院有条件鉴定评价和繁种（殖）入库（圃）的资源

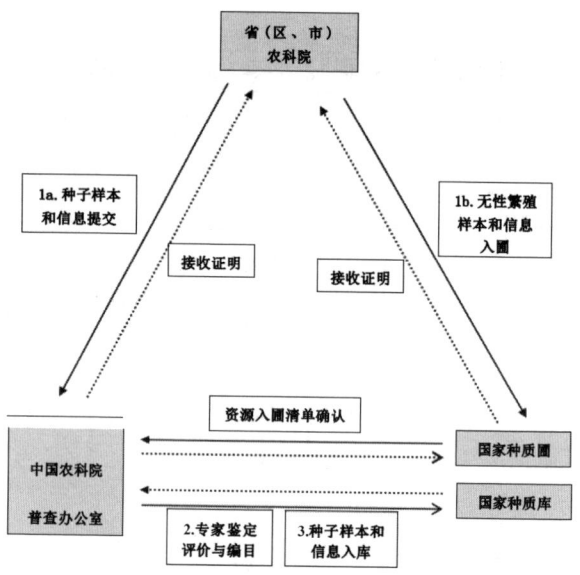

图9 鉴定评价和繁种(殖)入库(圃)流程

注：省(区、市)农科院无条件鉴定评价和繁种(殖)入库(圃)的资源

第四部分　数据库建设

一、数据标准

为保证数据的可用性，在数据的采集、整理和加工等过程中，一定要严格按照制定的《第三次全国农作物种质资源调查和样本采集数据标准》执行（参照培训教材）。

二、数据的收集、整理、录入与校验

（一）数据的收集、整理和汇总

对数据进行分类收集，按类型分成纸质数据、电子数据、GPS 数据、图像数据、影像数据和音频数据，不同类型数据分别进行整理和汇总，建立不同的文件夹分别进行保存。

（二）数据库的录入

对需要进行电子化的纸质数据进行人工录入，录入采用"普查与征集填报系统"和"调查与收集填报系统"等软件。对已录入的数据要进行双人交换校对，及时发现录入过程中的错误，保证数据完整性和准确性。

（三）GPS 数据的校验

GPS 数据要进行校验，将 GPS 数据导入至 GIS 系统中查看，挑出明显偏离采集地点的坐标数据，并根据 GIS 数据进行纠正。

（四）信息安全保密

信息共享过程中务必注意信息安全保密，不要将涉密数据和敏感数据进行网络共享。

第五部分 资料汇总与档案管理

一、资料汇总

"第三次全国农作物种质资源普查与收集行动"专项实施期限为2015—2020年,工作环节多,时间跨度大,因此每项工作完成后应及时进行总结,并对总结进行整理和汇总,妥善保存。

(一)普查小结、系统调查小结

各普查县完成普查表的填写后,对本普查县的农作物种质资源多样性及其消长情况和原因,社会、经济、文化、环境、教育等情况都要进行统计分析,并写出总结。每个调查队完成一个县的系统调查后,都要编写系统调查报告。专项调查结束后,应撰写专项调查报告。这三种总结、报告的内容,在前面相关部分已有详细说明,在此不再赘述。

(二)年度总结

"第三次全国农作物种质资源普查与收集行动"是多年完成的项目,每年都有大量的调查数据和信息。因此,每年年底必须及时进行年度总结,将调查数据和信息进行汇总、整理,使之系统化,并提炼形成年度总结。年度总结以备向专项下达单位汇报,亦为专项中期总结和总体总结及验收报告积累资料。

(三)中期总结

当专项执行2~3年时,应当进行中期总结评价,根据立项要求和执行情况,汇总形成中期总结,从而对专项立项可行性和科学性进行评估,据此决定专项的可持续性。中期总结是非常重要的,必须认真完成。

(四)总体总结

专项完成后,要及时进行总体总结,总体总结是所有调查和鉴定数据和信息的系统化、理论化和结晶的过程,从而显示专项科学成果的水平。总体总结的内容包括如下几个方面。

第一,立项背景及专项任务指标,专项完成的总体情况。

第二,普查与征集和调查与收集县份及其分布特点,调查的程序和方法,调查实施情况。

第三,调查地区农作物种质资源多样性状况、消长情况及原因分析,对当地农业生物资源保护起到的作用。

第四,调查获得的农业生物资源的种类和种质资源的数量,鉴定评价筛选的优异种质资源、作物种质资源的新类型、新物种(变种、变型)或新纪录种,发掘的新基因、新用途、新规律。

第五,培养的调查人才,特别是少数民族的调查人才;对调查地区农业生物资源加强保护和可持续利用的建议。

第六,发表的调查研究论文和著作。

二、档案管理

(一)文件材料的形成、积累和归档

各承担项目单位要按照工作程序,建立健全文件材料的形成、积累、整理和归档制度,确保每一项活动归档文件材料的完整、准确、系统。

档案文件材料的形成、积累和归档,是完成"行动"任务的一个指标,要纳入各级领导和科研人员的岗位职责。

(二)需要保存的档案材料

1.项目下达时的文件

项目申报书,任务书或政府购买协议,经费使用承诺函。

2.执行过程中的文件

省级和县级种子管理机构:与项目合作单位往来的通知、函等公文,本单位实施方案,会议或培训的通知、纪要、日程、会议材料及签到表,征集计划、日程及总结,项目宣传资料,征集资源清单,本省(区、市)农科院(或承担项目任务的大学)出具的附有明细的接收证明,本单位在项目执行中各个时期的总结及相关材料,其他有存档价值的材料。

各省(区、市)农科院(或承担项目任务的大学):与项目合作单位往来的通知、函等公文,本单位实施方案,会议或培训的通知、纪要、日程、会议材料及签到表,调查计划及日程,每县的调查总结,调查日志,调查过程中的声像资料,各时期各年度总结及相关材料,资源鉴定报告,本单位发表的项目相关文章,其他有存档价值的材料。

普查办:各年度项目总结,会议或培训的合同、通知、纪要、日程、会议材料及签到表。

其他需存档材料:项目执行过程中的财务文件(需财务单独存档以备查验和验收),本省项目相关宣传信息(含新闻媒体、自媒体等方式),由本项目衍生出版的著作、发表的文章等。

3.验收文件

省级和县级种子管理机构:普查表、征集表及对应的照片、向本省(区、市)农科院(或承担项目任务的大学)提交的资源清单、本省（区、市）农科院（或承担项目任务的大学）出具的附有明细的接收证明、本单位项目总结报告。

各省（区、市）农科院（或承担项目任务的大学）：接收普查县资源的清单及本单位开具的接收证明、调查表及对应的照片、资源收集清单（含征集与收集）、农作物种质资源入库（圃）清单、各种子库（圃）及普查项目办开具的资源接收证明、项目总结报告。

其他需存档材料：资源深入鉴定报告、优异资源推广利用报告、出版的相关著作、发表的文章、项目相关声像资料、其他有存档价值的材料。

普查办：中长期发展规划，项目各年度实施方案，项目相关发文、通知、函等公文，项目子合同及相关成果，项目简报，资源接收证明及明细、项目技术规范。

国家种质库（圃）：资源入库（圃）接纳登记信息及清单，数据采集原始记录表，编目入库信息。

（三）档案材料的汇交

档案材料应按照省份和单位分开，按照项目下达档案、项目执行档案、项目验收档案分别及时进行归档和编制目录，项目结束后由省里统一提交至农业农村部种业管理司和普查办。

注意，有电子版的档案文件需要存档电子版，无电子版的档案文件需要进行扫描后存档电子版；需打印的部分统一使用A4纸正文小四号字普通页边距进行打印。

附件1

"第三次全国农作物种质资源普查与收集行动"普查登记情况（1956/1981/2014年）

填表人：_____　　日期：_____年____月____日

联系电话：_____

一、基本情况

（一）县名：_____

（二）历史沿革（名称、地域、区划变化）：_____

_____

（三）行政区划：县辖_____个乡（镇）_____个村，县城所在地_____

（四）地理系统：

　　县海拔范围_____-_____米

　　经度范围_____°-_____°

　　纬度范围_____°-_____°，年均气温____℃，年均降雨量____毫米

（五）人口及民族状况：

　　总人口数_____万人，其中农业人口_____万人

　　少数民族数量____个，其中人口总数排名前10的民族信息：

　　民族_____人口_____万，民族_____人口_____万

　　民族_____人口_____万，民族_____人口_____万

　　民族_____人口_____万，民族_____人口_____万

民族_____人口_____万，民族_____人口_____万

民族_____人口_____万，民族_____人口_____万

（六）土地状况：

县总面积_____平方千米，耕地面积_____万亩

草场面积_____万亩，林地面积_____万亩

湿地（含滩涂）面积_____万亩，水域面积_____万亩

（七）经济状况：

生产总值_____万元，工业总产值_____万元

农业总产值_____万元，粮食总产值_____万元

经济作物总产值_____万元，畜牧业总产值_____万元

水产总产值_____万元，人均收入_____元

（八）受教育情况：

高等教育_____%，中等教育_____%，初等教育_____%，未受教育_____%

（九）特有资源及利用情况：_____

_____

（十）当前农业生产存在的主要问题：_____

_____

（十一）总体生态环境自我评价：□优 □良 □中 □差

（十二）总体生活状况（质量）自我评价：□优 □良 □中 □差

（十三）其他：_____

_____

二、全县种植的粮食作物情况

如附表12.1所示。

附表12.1 全县种植的粮食作物情况

作物种类	种植面积（亩）	种植品种数目		地方品种				培育品种				具有药用、工艺品等特殊用途品种		
		数目		代表性品种				代表性品种				名称	用途	单产（千克/亩）
				名称	面积（亩）	单产（千克/亩）		名称	面积（亩）	单产（千克/亩）				

注：表格不足请自行补足

三、全县种植的油料、蔬菜、果树、茶、桑、棉麻等主要经济作物情况

如附表12.2所示。

附表12.2 全县种植的油料、蔬菜、果树、茶、桑、棉麻等主要经济作物情况

作物种类	种植面积（亩）	种植品种数目						具有药用、工艺品等特殊用途品种		
		地方品种或野生资源			培育品种					
		数目	代表性品种		代表性品种			名称	用途	单产（千克/亩）
			名称	面积（亩）	单产（千克/亩）	名称	面积（亩）	单产（千克/亩）			

注：表格不足请自行补足

附件2

"第三次全国农作物种质资源普查与收集行动"种质资源征集表如附表12.3所示。

附表12.3 "第三次全国农作物种质资源普查与收集行动"种质资源征集表

样品编号		日 期	年 月 日
普查单位		填表人及电话	
地 点	省　　市　　县　　乡(镇)　　村		
经 度		纬度	海拔
作物名称		种质名称	
科 名		属 名	
种 名		学 名	
种质类型	□地方品种　□选育品种　□野生资源　□其他		
种质来源	□当地　□外地　□外国		
生长习性	□一年生 □多年生 □越年生	繁殖习性	□有性　□无性
播种期	( )月 □上旬 □中旬 □下旬	收获期	( )月 □上旬 □中旬 □下旬
主要特性	□高产　□优质　□抗病　□抗虫　□耐盐碱　□抗旱 □广适　□耐寒　□耐热　□耐涝　□耐贫瘠　□其他		
其他特性			

续表

种质用途	☐食用　☐饲用　☐保健药用　☐加工原料　☐其他	
利用部位	☐种子(果实)　☐根　☐茎　☐叶　☐花　☐其他	
种质分布	☐广　☐窄　☐少	种质群落（野生）　☐群生　☐散生
生态类型	☐农田　☐森林　☐草地　☐荒漠　☐湖泊　☐湿地　☐海湾	
气候带	☐热带　☐亚热带　☐暖温带　☐温带　☐寒温带　☐寒带	
地形	☐平原　☐山地　☐丘陵　☐盆地　☐高原	
土壤类型	☐盐碱土　☐红壤　☐黄壤　☐棕壤　☐褐土　☐黑土　☐黑钙土 ☐栗钙土　☐漠土　☐沼泽土　☐高山土　☐其他	
采集方式	☐农户搜集　☐田间采集　☐野外采集　☐市场购买　☐其他	
采集部位	☐种子　☐植株　☐种茎　☐块根　☐果实　☐其他	
样品数量	（　）粒（　）克（　）个（　）条（　）株	
样品照片		
是否采集标本	☐是　☐否	
提供人	姓名：　　性别：　　民族：　　年龄：　　联系电话：	
备注		

填写说明

本表为征集资源时所填写的资源基本信息表，一份资源填写一张表格。

1. 样品编号：征集的资源编号。由 P+县代码+3位顺序号组成，共10位，顺序号由001开始递增，如"P430124008"。

2. 日期：分别填写阿拉伯数字，如2011、10、1。

3. 普查单位：组织实地普查与征集单位的全称。

4. 填表人及电话：填表人全名和联系电话。

5. 地点：分别填写完整的省、市、县、乡（镇）和村的名字。

6. 经度、纬度：直接从GPS上读数，请用"度"格式，即ddd.dddddd（只填写数字，不要填写"度"字或是"°"符号），不要用dd度mm分ss秒格式和dd度mm.mmmm分格式。一定要在GPS显示已定位后再读数！

7. 海拔：直接从GPS上读数。

8. 作物名称：该作物种类的中文名称，如水稻、小麦等。

9. 种质名称：该份种质的中文名称。

10. 科名、属名、种名、学名：填写拉丁名和中文名。

11. 种质类型：单选，根据实际情况选择。

12. 生长习性：单选，根据实际情况选择。

13. 繁殖习性：单选，根据实际情况选择。

14. 播种期、收获期：括号内填写月份的阿拉伯数字，再选择上、中、下旬。

15.主要特性：可多选，根据实际情况选择。

16.其他特性：该资源的其他重要特性。

17.种质用途：可多选，根据实际情况选择。

18.种质分布、种质群落：单选，根据实际情况选择。

19.生态类型：单选，根据实际情况选择。

20.气候带：单选，根据实际情况选择。

21.地形：单选，根据实际情况选择。

22.土壤类型：单选，根据实际情况选择。

23.采集方式：单选，根据实际情况选择。

24.采集部位：可多选，根据实际情况选择。

25.样品数量：按实际情况选择粒、克或个/条/份，填写阿拉伯数字。

26.样品照片：样品的全写、典型特征和样品生境照片的文件名，采用"样品编号"-1、"样品编号"-2……的方式对照片文件进行命名，如"P430124008-1.jpg"。

27.是否采集标本：单选，根据实际情况选择。

28.提供人：样品提供人（如农户等）的个人信息。

29.备注：如表格填写项不足以描述该资源的情况，或普查人员觉得必须要加以记载的其他信息，请在此作详细描述。

附件3

"第三次全国农作物种质资源普查与收集行动"调查情况
——粮食、一年生经作、蔬菜、牧草及其他一年生作物

☐ 未收集的一般性资源   ☐ 特有和特异资源

1. 样品编号：_____，日期：_____年_____月_____日
   采集地点：_____，样品类型：_____，采集者及联系方式：_____

2. 生物学：物种拉丁名：_____，作物名称：_____，品种名称：_____俗名：_____，生长发育及繁殖习性_____，其他：_____

3. 品种类别：☐ 野生资源，☐ 地方品种，☐ 育成品种，☐ 引进品种

4. 品种来源：☐ 前人留下，☐ 换　种，☐ 市场购买，☐ 其他途径：_____

5. 该品种已种植了大约_____年，在当地大约有_____农户种植该品种 该品种在当地的种植面积大约有_____亩

6. 该品种的生长环境：GPS定位：海拔：____米，经度：____°，纬度：_____° 土壤类型：_____，分布区域：_____
   伴生、套种或周围种植的作物种类：_____

7. 种植该品种的原因：☐ 自家食用，☐ 市场出售，☐ 饲料用，☐ 药用，☐ 观赏
   ☐ 其他用途：_____

8. 该品种若具有高效（低投入，高产出）、药用、工艺品等特殊用途：

具体表现：_____

具体利用方式与途径：_____

9. 该品种突出的特点（具体化）：

优质：_____

_____

抗病：_____

_____

抗虫：_____

_____

抗寒：_____

_____

抗旱：_____

耐贫瘠：_____

_____

产量：平均单产每亩_____千克，最高单产每亩_____千克

其他：_____

10. 利用该品种的部位：□种子，□茎，□叶，□根，

□其他：_____

11. 该品种株高_____厘米，穗长_____厘米，

籽粒：□大，□中，□小 品质：□优，□中，□差

12. 该品种大概的播种期：_____，收获期：_____

13. 该品种栽种的前茬作物：_____，后

茬作物：_____

14. 该品种栽培管理要求（病虫害防治、施肥、灌溉等）：_____
_____

15. 留种方法及种子保存方式：_____
_____

16. 样品提供者：姓名：_____，性别：_____，民族：_____年龄：_____，文化程度：_____，家庭人口：_____人，联系方式：_____。

17. 照相：样品照片编号：_____

    注：照片编号与样品编号一致，若有多张照片，用"样品编号"加"-"加序号，样品提供者、生境、伴生物种、土壤等照片的编号与样品编号一致。

18. 标本：标本编号：_____

    注：在无特殊情况下，每份野生资源样品都必须制作1~2个相应材料的典型、完整的标本，标本编号与样品编号一致，若有多个标本，用"样品编号"加"-"加序号。）

19. 取样：在无特殊情况下，地方品种、野生种每个样品（品种）都必须从田间不同区域生长的至少50个单株上各取1个果穗，分装保存，确保该品种的遗传多样性，并作为今后繁殖、入库和研究之用；栽培品种选取15个典型植株各取1个果穗混合保存。

20. 其他需要记载的重要情况：_____

附件 4

"第三次全国农作物种质资源普查与收集行动"调查情况
——果树、多年生经作及其他多年生作物

1. 样品编号：_____，日期：_____年___月___日
   采集地点：_____，样品类型：_____，采集者及联系方式：_____

2. 生物学：物种拉丁名：_____，作物名称：_____，品种名称：_____ 俗名：_____，分布区域_____，历史演变_____ 伴生物种_____，生长发育及繁殖习性_____，极端生物学特性：_____ 其他：_____

3. 地理系统：GPS 定位：海拔：_____米，经度：_____°，纬度：_____° 地形：_____，地貌：_____，年均气温：_____℃ 年均降雨量：_____毫米，其他：_____

4. 生态系统：土壤类型：_____，植被类型：_____ 植被覆盖率：_____%，其他：_____

5. 品种类别：□地方品种，□育成品种，□引进品种，□野生资源

6. 品种来源：□前人留下，□换 种，□市场购买，□其他途径：_____

7. 种植该品种的原因：□自家食用，□饲用，□市场销售，□药用，□其他用途：_____

8. 品种特性：

    优质：_____

    _____

    抗病：_____

    _____

    抗虫：_____

    产量：_____

    _____

    其他：_____

9. 该品种的利用部位：□果实，□种子，□植株，□叶片，□根，□其他_____

10. 该品种具有的药用或其他用途：

    具体用途：_____

    _____

    利用方式与途径：_____

    _____

11. 该品种其他特殊用途和利用价值：□观赏，□砧木，□其他_____

12. 该品种的种植密度：_____，间种作物：_____

13. 该品种在当地的物候期：_____

14. 品种提供者种植该品种大约有_____年，现在种植的面积大约_____亩 当地大约有_____户农户种植该品种，种植面积大约有_____亩

15. 该品种大概的开花期：_____，成熟期：_____

16. 该品种栽种管理有什么特别的要求？

17. 该品种株高：_____米，果实大小：_____厘米，果实品质：□优，□中，□差

18. 品种提供者一年种植哪几种作物：_____

19. 其他：_____

20. 样品提供者：姓名：_____，性别：_____，民族：_____ 年龄：_____，文化程度：_____，家庭人口：_____人，联系方式：_____

(二）甘肃省第三次全国农作物种质资源普查与收集行动实施方案

甘肃省农业农村厅
甘肃省农业科学院

甘农种函〔2020〕11号

甘肃省农业农村厅 甘肃省农业科学院关于印发《甘肃省第三次全国农作物种质资源普查与收集行动实施方案》的通知

各市（州）农业农村局，各市（州）农科所（院、中心），其他有关单位：

为贯彻落实《国务院办公厅关于加强农业种质资源保护与利用的意见》（国办发〔2019〕56号）《全国农作物种质资源保护与利用中长期发展规划（2015—2030年）》（农种发〔2015〕2号）《甘肃省农业农村厅甘肃省发展和改革委员会甘肃省教育厅甘肃省科学技术厅甘肃省财政厅甘肃省人力资源和社会保障厅甘肃省生态环境厅甘肃省自然资源厅甘肃省审计厅甘肃省农业科学院关于加强农业种质资源保护与利用的实施意见》（甘农种发〔2020〕6号）文件精神，根据农业农村部办公厅关于印发《第三次全国农作物种质资源普查与收集行动2020年实施方案》

的通知（农办种〔2020〕6号）要求，我厅会同省农科院制定了《甘肃省第三次全国农作物种质资源普查与收集行动实施方案》，现印发你们，请遵照执行。

联系方式：

省农业农村厅种业管理处　李东玲

联系电话：0931-8179223（兼传真）

省农业科学院　王兴荣

联系电话：0931-7614644

抄送：有关县（市、区）农业农村局。

甘肃省第三次全国农作物种质资源普查与收集行动实施方案

为贯彻落实《国务院办公厅关于加强农业种质资源保护与利用的意见》（国办发〔2019〕56号）《全国农作物种质资源保护与利用中长期发展规划（2015—2030年）》《甘肃省农业农村厅甘肃省发展和改革委员会甘肃省教育厅甘肃省科学技术厅甘肃省财政厅甘肃省人力资源和社会保障厅甘肃省生态环境厅甘肃省自然资源厅甘肃省审计厅甘肃省农业科学院关于加强农业种质资源保护与利用的实施意见》（甘农种发〔2020〕6号）文件精神，根据农业农村部办公厅关于印发《第三次全国农作物种质资源普查与收集行动2020年实施方案》的通知（农办种〔2020〕6号）要求，从今年开始启动我省农作物种质资源普查与收集工作。为组织实施好这次普查与收集行动，现结合我省实际，制订本实施方案。

一、普查范围

此次普查与收集行动共涉及13个市（州）79个县（市、区）。分别为：兰州市红古区、永登县、皋兰县、榆中县；酒泉市肃州区、金塔县、瓜州县、肃北蒙古族自治县、阿克塞哈萨克族自治县、玉门市、敦煌市；张掖市甘州区、肃南裕固族自治县、民乐县、临泽县、高台县、山丹县；金昌市永昌县；武威市凉州区、民勤县、古浪县、天祝藏族自治县；白银市白银区、平川区、靖远县、会宁县、景泰县；定西市安定区、通渭县、陇西县、渭源县、临洮县、漳县、岷县；平凉市崆峒区、泾川县、灵台县、崇信县、华亭市、庄浪县、静宁县；庆阳市西峰区、庆城县、环县、华池县、合水县、正宁县、宁县、镇原县；天水市秦州区、麦积区、清水县、秦安县、甘谷县、武山县、张家川回族自治县；陇南市武都区、成县、文县、宕昌县、康县、西和县、礼县、徽县、两当县；临夏回族自治州临夏市、临夏县、康乐县、永靖县、广河县、和政县、东乡族自治县、积石山保安族东乡族撒拉族自治县；甘南藏族自治州合作市、临潭县、卓尼县、舟曲县、迭部县、夏河县。

二、工作任务

（一）开展农作物种质资源普查与征集（2020-2021年）

力争两年内全面完成79个县（市、区）农作物种质资源普查任务。一是查清粮食、经济、蔬菜、果树、牧草等栽培作物古老地方品种的分布范围、主要特性以及农民认知等基本情况；二是查清列入国家重点保护名录的作物野生近缘植物的种类、地理分布、生态环境和濒危状况等重要信息；三是查清各类作物的种植历史、栽培制度、品种更替、社会经济和环境变化、种质资源的种类、分布、多样性及其消长状况等基本信息；四是分析当地气候、环境、人口、文化及社会经济发展对农作物种质资源变化的影响，揭示农作物种质资源的演变规律及其发展趋势。填写第三次全国农作物种质资源普查与收集行动普查表、征集表（附件1、附件2）。

计划征集古老、珍稀、特有、名优作物地方品种和作物野生近缘植物种质资源1600份。

(二)开展农作物种质资源系统调查与抢救性收集(2021-2023年)

对23个县(市、区)各类农作物种质资源进行系统调查。调查每类农作物种质资源的科、属、种、品种分布区域、生态环境、历史沿革、濒危状况、保护现状等信息,深入了解当地农民对其优良特性、栽培方式、利用价值、适应范围等方面的认知等基础信息。填写第三次全国农作物种质资源普查与收集行动调查表(附件3)。

计划抢救性收集各类作物的古老地方品种、种植年代久远的育成品种、国家重点保护的作物野生近缘植物以及其他珍稀、濒危野生植物种质资源1840~2300份,每县区80~100份。

(三)开展农作物种质资源鉴定评价与编目入库

在适宜生态区,对79个县(市、区)征集和抢救性收集的种质资源进行繁殖,并开展基本生物学特征特性的鉴定评价,经过整理、融合并结合农民认知进行编目,入库(圃)妥善保存。

计划鉴定各类农作物种质资源1000份,繁种入库(圃)保存500份。

(四)开展农作物种质资源普查与收集数据库建设

对普查与征集、系统调查与抢救性收集、鉴定评价与编目等数据、信息进行系统整理,按照统一标准和规范完善全国农作物种质资源普查数据库和编目数据库,编写全省农作物种质资源普查报告、系统调查报告、种质资源目录和重要作物种质资源图集等技术报告。

三、工作措施

(一) 组建普查与收集专业队伍

各普查县（市、区）农业农村部门组建由相关管理和技术人员组成的普查工作组，开展农作物种质资源普查与征集工作。省农科院组建由农作物种质资源、作物育种与栽培、植物分类学等专业人员组成的系统调查队，开展农作物种质资源系统调查与抢救性收集工作。

(二) 开展技术培训

培训内容：《全国农作物种质资源保护与利用中长期发展规划（2015—2030年）》《第三次全国农作物种质资源普查与收集行动实施方案》解读，种质资源文献资料查阅、资源分类、信息采集、数据填报、样本征集与收集、鉴定评价、资源保存等。培训方式：一是网络培训，农业农村部已在第三次全国农作物种质资源普查与收集行动官方网站（http://www.cgrchina.cn/）设置培训专栏，上传了培训教材、专家授课PPT和培训录音等培训资料，各级农业农村部门自行下载，并组织承担单位开展培训；二是分层次集中培训，省农业农村厅会同省农科院组织开展市县两级普查人员骨干培训，市县两级农业农村部门和市级农科院（所）组织开展普查人员全面培训和现场培训。

(三) 强化技术服务

各地培训、普查与收集工作遇到的困难和问题，可通过第三次全国农作物种质资源普查与收集行动项目办公室官方网站及热线电话010-62125519，电子邮箱pucha@caas.cn等进行查询、咨询；也可向省农科院热线电话0931-7614644，电子邮箱gspzzy2018@163.com等进行咨询。

四、工作进度

各地要根据实际情况,积极有序开展普查与收集工作,具体安排如下。

(一)部署与培训(2020年4月至6月底)

制定并印发甘肃省第三次全国农作物种质资源普查与收集行动实施方案,通过多途径多方式开展专题培训。适时组织召开全省第三次全国农作物种质资源普查与收集工作视频会议。

(二)普查与征集(2020年4月至11月底)

完成13个市(州)79个县(市、区)农作物种质资源普查与征集工作,将普查数据录入数据库,将征集的种质资源送交省农科院临时保存。

(三)系统调查与抢救性收集(2021—2023年)

完成23个县(市、区)农作物种质资源系统调查与抢救性收集工作。

(四)鉴定评价和入库(圃)保存(2021—2023年)

对13个市(州)79个县(市、区)征集与收集的农作物种质资源进行田间繁殖、鉴定评价和编目入库(圃)保存等。

(五)年度总结(2020年12月中旬)

编写全省第三次全国农作物种质资源普查与征集阶段性工作报告,对今年普查与征集的数据、信息等进行系统整理。

五、工作保障

(一)加强组织领导

一是成立领导机构。由省农业农村厅、省农科院、省种子总站等单位,成立甘肃省第三次全国农作物种质资源普查与收集行动领导小组。二是明确职责分工。省农业农村厅负责全省第三次全国农作物种质资源普查与收集行动的实施方案制订、统筹协调等工作。省农科院负责普查与收集行动的组织实施和日常管理工作；编制普查与征集、系统调查和抢救性收集等相关技术标准、规范和培训教材并开展技术培训；组织开展种质资源鉴定评价与编目保存；建立全省农作物种质资源普查与调查数据库；编制种质资源保护与利用发展规划；编写普查工作相关报告及工作总结。厅种业处负责协调市（州）县（区）开展普查与收集工作，省种子总站配合省农科院开展技术培训、数据信息收集、种质资源目录与发展规划编制等工作。市（州）农业农村部门要成立相应的领导机构，制定工作方案，组织开展辖区内有关县（市、区）的普查与收集工作。县（市、区）农业农村部门也要成立领导机构，切实加强组织领导，严格落实属地管理责任，制定具体实施方案，组织实施并全面完成好普查与收集全面工作任务，做到应收尽收，应保尽保。

（二）加强指导考核

省市农业农村部门、科研院所要加强对普查与收集工作的指导，对工作中发现的问题及时研究解决，督促县（市、区）按期完成各阶段工作任务。农业农村部已委托中国农科院作物所牵头，将组织对种质资源普查与收集工作进展情况进行分阶段考核，各级农业农村部门、科研院所要积极配合并做好相关工作。

（三）加强宣传引导

各级农业农村部门要积极利用报刊、广播、电视、网络等媒体，采取多种方式对第三次全国农作物种质资源普查与收集行动的目的意义、目标任务等进行广泛宣传，做到家喻户晓，

人人皆知，不断提高广大干部和农民群众的认知度和参与热情，营造良好的社会舆论氛围。

附表：

1.第三次全国农作物种质资源普查与收集行动普查表

2.第三次全国农作物种质资源普查与收集行动征集表

3.第三次全国农作物种质资源普查与收集行动调查表

(三) 华池县第三次全国农作物种质资源普查与收集行动实施方案

华池县农业农村局便笺

华池县第三次全国农作物种质资源普查与收集行动实施方案

各乡镇、县直有关单位：

根据农业农村部、省农业农村厅统一部署，2020年起我县将全面开展农作物种质资源普查和收集工作，为确保此次普查与收集工作顺利实施，加大农作物种质资源保护力度，强化农作物种质创新、鉴定与利用研究，根据《全国农作物种质资源保护与利用中长期发展规划（2015—2035年）》（农办发〔2015〕2号）、《第三次全国农作物种质资源普查与收集行动2020年实施方案》（农办种〔2020〕6号）、《甘肃省第三次全国农作物种质资源普查与收集行动实施方案》（甘农种函〔2020〕11号）、《甘肃省农业农村厅、甘肃省农业科学院关于扎实推进第三次全国农作物种质资源普查与收集行动工作的通知》（甘农种发〔2020〕7号）要求，结合我县实际情况，特制定本实施方案。

一、目标任务

开展各类作物种质资源的全面普查，基本查清各类作物的种植历史、栽培制度、品种更替、社会经济和环境变化，以及重要作物的野生近缘植物种类、地理分布、生态环境和濒危状况等重要信息，填写《第三次全国农作物种质资源普查与收集行动普查表》。在此基础上，征集当地古老、珍稀、特有、名优作物地方品种和作物野生近缘植物种质资源20~30份，填写《第三次全国农作物种质资源普查与收集行动种质资源征集表》。

二、实施范围

（一）普查对象

主要包括五个大类：粮食作物、蔬菜、果树、经济作物、牧草绿肥等农作物种质资源，重点突出地方品种和野生近缘种。

（二）普查范围

此次普查与收集在全县东北部、西北部、中南部各选择一个乡镇，每个乡镇选择3个行政村。分别为林镇乡四合台村、张岔村、东华池村，乔川乡艾蒿掌村、黄蒿掌村、王掌子村，城壕镇杨寺岔村、牛家塬村、庄科村。

三、进度安排

（一）部署与培训（2020年9月14日至10月10日）

由华池县种子管理站承担本县农作物种质资源的全面普查和征集，负责制定并印发《华池县第三次全国农作物种质资源普查与征集行动实施方案》《华池县农作物种质资源普查与征集行动技术方案》，组织开展普查与征集培训。

（二）普查与征集（2020年10月至2021年11月底）

按照本方案的要求，组建由农业农村局、种子管理站、农技中心、蔬菜办、畜牧兽医站等相关人员构成的普查队伍，严格按照《种质资源普查与征集技术规范》要求，做到特有资源不缺项,重要资源不遗漏,信息采集详尽,数据填报真实,样本征集具有典型和代表性,按时按质量完成普查和收集工作。

2020年11月底前,按照1956年、1981年和2014年三个时间节点填报三套普查表,即:"第三次全国农作物种质资源普查与收集行动普查表""全县种植的粮食作物情况表""全县种植的油料、蔬菜、果树、茶、桑、棉麻等主要经济作物情况表",共计9份表格,并将数据录入普查与征集填报系统,经市农业农村局审核后,将电子版普查数据报省种子管理站,经国家普查办审核无误后,打印纸质版普查表提交。

2021年11月前,征集当地古老、珍稀、特有、名优的作物地方品种和野生近缘植物种质资源20~30份,每份资源填写一张征集表并附照片,送交市农科院审核后,报省农科院作物研究所审核。

(三)工作总结(2021年11月中旬)

对普查与征集的数据、信息等进行系统整理,总结农作物种质资源普查与征集工作。

四、工作措施

(一)组建普查与收集专业队伍

抽调种质资源、育种栽培、植物分类等专业技术人员,组建普查与征集工作队,开展本辖区农作物种质资源普查与征集工作。

(二)开展技术培训与指导

办好县农作物种质资源普查与征集培训班。主要内容包括:解读农作物种质资源普查与收集行动实施方案及管理办法、培训文献资料查阅、资源分类、信息采集、数据填报、样本征集、资源保存等方法。针对普查与收集行动过程中出现的技术问题及时进行指导。

(三) 查阅文献、档案等资料

与档案馆、地志办、气象局、统计局等有关单位衔接,查阅县志、区划志、统计年鉴、相关论文专著、技术报告、气象、土壤、水文等资料。详细掌握全县农作物种植结构、土地、气候、资源环境、人口、民族、经济、文化、教育等,分三个时间节点(1956年,1981年,2014年)填写《第三次全国农作物种质资源普查与收集行动普查表》。

(四) 走访座谈

在征集样品填写《第三次全国农作物种质资源普查与收集行动种质资源征集表》时,采取多种方式收集有价值的农作物样品。一是走访。走访不同年代的代表性人物:如技术人员、对种植富有感情的农户、贫困户等。二是座谈。邀请老领导、老技术员、老教师进行交流座谈。三是关注"四老",多方面了解。关注老品种、老特产、老传统、老文化,深入到乡村集市或农户家中,了解农户吃喝玩乐、婚丧嫁娶等风俗民情,争取收集到有价值的名特优稀资源。

五、工作保障

(一) 成立工作领导小组,加强组织保障

成立华池县农作物种质资源普查与征集行动工作领导小组,由县农业农村局副局长李志龙同志任组长,种子管理站站长刘翠平、副站长张武锋同志为副组长,农技中心、蔬菜办、畜牧兽医站及林镇乡、乔川乡、城壕镇等相关单位主要负责人为成员,全面负责本次普查与收集行动的组织协调、方案制定、经费保障和检查督导。领导小组下设办公室,办公室设在县种子管理站,张武锋同志任办公室主任,杨晓媛同志办理具体业务。

(二)加强工作督导,规范项目管理

按照第三次全国农作物种质资源普查与收集行动专项管理办法,加强人员、财务、物资、资源、信息等规范管理,对建立的数据库和专项成果等按照国家法律法规及相关规定实现共享;按照资金管理办法,严格经费预算、使用范围、支付方式、运转程序、责任主体等。

(三)加强宣传引导,提升保护意识

积极组织报刊、电台、电视台等媒体跟踪报道,宣传本次种质资源普查与收集行动的重要意义和主要成果,提升全社会参与保护农作物种质资源多样性的意识和行动,确保此次普查与收集行动取得实效,切实推动农作物种质资源保护与利用可持续发展。

联系方式:

华池县种子管理站　杨晓媛

联系电话:0934-5125032

附件：

1. 华池县第三次全国农作物种质资源普查与收集行动领导小组

2. 华池县第三次全国农作物种质资源普查与收集行动工作队人员花名

3. 第三次全国农作物种质资源普查与收集行动普查表

4. 第三次全国农作物种质资源普查与收集行动种质资源征集表

华池县农业农村局

2020年9月15日

附件1

华池县第三次全国农作物种质资源普查与收集行动领导小组

组　　长：李志龙　华池县农业农村局副局长
副组长：刘翠平　华池县种子管理站站长
　　　　张武锋　华池县种子管理站副站长
成　　员：李新宇　华池县畜牧兽医站站长
　　　　杜永生　华池县农业技术推广中心主任
　　　　李晓莉　华池县蔬菜产业办公室主任
　　　　马风斌　华池县果树站站长
　　　　贺彦文　华池县林镇乡乡长
　　　　高如德　华池县城壕镇镇长
　　　　左有章　华池县乔川乡农业农村综合服务中心

附件2

华池县第三次全国农作物种质资源普查与收集行动工作队人员花名册

组　　长：刘翠平　华池县种子管理站站长
副组长：张武锋　华池县种子管理站副站长
　　　　慕丰丰　华池县种子管理站副站长
成　　员：杨晓媛　华池县种子管理站农艺师
　　　　穆红霞　华池县种子管理站农艺师
　　　　慕东华　华池县种子管理站农艺师
　　　　张彦雄　华池县种子管理站助理农艺师
　　　　王树琼　华池县种子管理站农艺师
　　　　杨　宏　华池县种子管理站农艺师
　　　　封世忠　华池县种子管理站高级农艺师
　　　　张娟娟　华池县执法大队助理农艺师
　　　　刘云成　华池县农技中心高级农艺师
　　　　封贵琴　华池县农技中心高级农艺师
　　　　戴郭平　华池县蔬菜办农艺师
　　　　胡雪瑛　华池县果树站干部
　　　　任茂源　华池县草畜园区办兽医师
　　　　卢柯宁　华池县白马乡农业农村综合服务中心助理农艺师
　　　　金艳红　华池县县农经局农艺师
　　　　周玉瑞　华池县城壕镇农业农村综合服务中心农艺师
各相关乡镇农技服务中心人员。

（四）华池县农业农村局关于全县2022年农作物种质资源系统调查和抢救性收集的安排意见

华池县农业农村局
关于全县2022年度农作物种质资源系统调查和抢救性收集工作的安排意见

各乡镇人民政府、局属有关单位：

为认真贯彻落实《甘肃省农业农村厅关于开展全省农业种质资源普查的通知》（甘农种发〔2021〕4号）精神，推动我县农作物种质资源普查收集工作扎实开展，确保如期完成省农业农村厅下达我县的2022年度农作物种质资源系统调查和抢救性收集工作任务，特提出如下工作安排意见，请认真贯彻落实。

一、大力宣传农作物种质资源普查收集工作的重要意义

农作物种质资源是保障国家粮食安全和重要农产品有效供给的战略性资源，是农业科技原始创新与现代农业发展的"生命线"。开展农作物种质资源普查收集工作可以全面摸清县域内各类农作物种质资源家底，抢救性收集保护一批珍稀、濒危农作物种质资源，有效防止具有重要利用价值种质资源的灭绝，为现代种业发展提供源源不断的基因资源，长久保障国家粮食安全。县农作物种质资源普查征集专业技术工作队和乡镇人民政府要通过各种方式广泛宣传农作物种质资源普查收集工作的目的、范围、种类和重要意义，在广大农民群众中形成种质资源普查和收集工作人人有责、家喻户晓的社会氛围，全面提升社会公众对种质资源收集工作的支持和参与度。

二、明确种质资源收集工作任务，靠实工作责任

省农业农村厅将我县列入全省23个农作物种质资源系统调查和抢救性收集重点县之一，下达我县2022年度配合省农科院至少征集80~100种农作物种质资源的系统调查和抢救性收集工作任务。一是系统调查每类农作物种质资源的科、属、种、品种分布区域、生态环境、历史沿革、濒危状况、保护现状等信息，深入了解当地农民对其优良特性、栽培方式、利用价值、适应范围等认识的基础信息；二是对各类栽培作物的古老地方品种、种植年代久远的育成品种、重要农作物的野生近缘植物以及其他珍稀、濒危野生植物种质资源进行抢救性收集，填报《华池县第三次全国农作物种质资源普查与收集行动调查表》；三是对收集到的各类农作物种质资源材料进行繁殖和基本生物学特征的鉴定评价、并编目入库（圃）保存。

2022年度农作物种质资源系统调查和抢救性收集工作量大，任务十分繁重；县农作物种质资源普查征集专业技术工作队要迅速下沉乡村一线，深入田间地头，广泛走村入户，开展农作物种质资源普查宣传和技术培训，开展农作物种质资源线索摸排、定位等各项前期工作，为配合省农科院专家开展农作物种质资源系统调查和抢救性收集工作打好基础；各乡镇人民政府要充分发挥乡镇农业综合服务中心职能，抽调专人全力配合县农作物种质资源普查征集专业技术工作队开展工作，做好乡、村级兼职农作物种质资源普查技术人员培训、村民座谈会召集等各项工作，各乡镇要为县上下沉一线普查技术人员提供必要的协助，确保培训、宣传、线索排摸收集等前期工作顺利开展，为全面完成2022年全县农作物种质资源系统调查和抢救性收集工作任务奠定坚实基础。

三、科学谋划工作进度、明确县乡职责分工

（一）系统调查和抢救性收集范围

系统调查收集范围为全县15乡镇111个行政村，重点收集粮食作物、经济作物、果树、蔬菜的古老地方品种、重要农作物的野生近缘植物以及其他珍稀、濒危种质资源。

（二）工作进度安排

1.3~5月。主要开展农作物种质资源普查征集工作宣传和技术培训。一是以县农作物种质资源普查征集专业技术工作队为主，各乡镇配合，在全县15乡镇通过印发张贴宣传资料、座谈宣讲、微信、抖音自媒体宣传等方式广泛宣传农作物种质资源系统调查和抢救性收集工作的目的、范围和重要意义；二是由各乡镇人民政府负责组织本乡镇农业技术人员、驻村干部、村社干部、农民专业合作社工作人员等举办1~2期兼职农作物种质资源普查技术人员专题培训班，联系县级农作物种质资源普查征集专家进行授课，培训后的乡、村兼职普查技术人员要分散到各村初步掌握当地农作物种质资源存量现状并开展农作物种质资源收集线索排摸，每乡镇要培训兼职乡、村级农作物种质资源普查征集技术人员不少于100人并建立培训台账，为县级农作物种质资源普查征集专业技术工作队提供不少于20条以上有效的农作物种质资源收集线索并建立种质资源线索台账，作为年终工作考核的依据之一；三是由各乡镇负责选取当地农作物种质资源丰富的4~5个村召集50人以上的农作物种质资源普查收集村民座谈会，为县农作物种质资源普查征集专业技术工作队提供种质资源收集线索。

2. 6~10月。由县农作物种质资源普查征集专业技术工作队配合省农科院专家开展2022年度县农作物种质资源系统调查和抢救性收集工作，各乡镇负责抽调1名专人全程参与此项工作，全县要至少收集80~100种各类农作物种质资源，全面完成省农业农村厅下达我县的工作任务。

3. 11~12月。配合省农科院完成2022年度农作物种质资源系统调查和抢救性收集工作任务，完成收集资源的鉴定评价和入库保存，配合省农科院填报《华池县第三次全国农作物种质资源普查与收集行动调查表》，编写华池县第三次全国农作物种质资源系统调查和抢救性收集工作报告。

四、工作要求和保障措施

农作物种质资源系统调查和抢救性收集工作涉及环节多、技术要求高，需要县乡上下联动，齐抓共管，才能如期完成省农业农村厅下达的工作任务。县农业农村局将落实好主管部门的管理责任、建立工作推进机制，实时跟踪普查进展，督促加快工作进度。各乡镇人民政府要落实属地责任，要切实提高对农作物种质资源系统调查和抢救性收集工作的重视程度，充分发挥乡镇农业综合服务中心职能，抽调专人全力配合县普查征集工作队工作，积极动员乡镇和村、社干部都行动起来，调查摸清辖区范围内的各类农作物种质资源现状，了解其特征特性，为县普查征集专业技术工作队提供资源采集目标。县种子管理站牵头组织县级普查征集专业技术工作队员要迅速下沉乡村一线，重点开展乡、村级农作物种质资源普查征集兼职技术人员培训和农作物种质资源线索排摸收集，全力配合省农科院专家开展农作物种质资源系统调查和抢救性收集工作,确保如期高质量完成省农业农村厅下达我县工作任务。县农业农村局将农作物种质资源系统调查和抢救性收集工作纳入2022年度全县农业农村重点工作进行年度考核,各乡镇和各有关单位要高度重视此项工作,加强协调配合,确保年度工作任务全面完成。

附件:华池县2022年度农作物种质资源系统调查和收集资源线索排摸表(见附表12.4)。

华池县农业农村局
2022年6月1日

附表12.4　华池县2022年度农作物种质资源系统调查和收集资源线索排摸表

种质资源作物名称	农户姓名	详细地址	联系电话	品种类别	种植年限

品种类别选择填写野生资源、地方品种、育成品种、引进品种。

二、宣传报道

（一）华池县召开全省农作物种质资源普查与收集工作调研座谈会议（华池县人民政府网站、华池融媒）

7月23日，华池县召开全省农作物种质资源普查与收集工作调研座谈会议。省农业农村厅种业处二级调研员周育灵、省种子总站科长王宏康、省农科院作物研究所助理研究员李玥、市农科院副院长吕春辉、市种子管理站站长赵国正参加座谈会议。

座谈会上，华池县农业农村局副局长贺磊汇报了华池县农作物种质资源普查任务完成情况以及农作物种质资源征集情况。

据了解，我县已入全国种质资源库的农作物品种101个，本次种质资源征集以小杂粮、蔬菜、果树类为主，其他作物为辅。目前，已征集到品种18个，其中豆类5个，荞麦3个，谷子2个，糜子4个，麻子1个，白瓜籽1个，杏2个。

会议指出，此次农作物种质资源普查与收集工作中华池县征集方法多，有奖征集很有特色，工作成效好。同时针对存在的问题，在下一步工作中要扩大征集范围，做到村村到、全覆盖；同时做好宣传工作，提高社会参与度，加强农作物种质保护意识；及时完善种子信息，完善种质纬度、照片等信息，加强对古老地方品种、野生资源调查力度，实现品种全覆盖。

（二）华池县召开农作物种质资源普查与收集行动工作推进会（庆阳市农业农村局网站）

2021年8月25日，华池县农业农村局副局长李志龙主持召开了全县农作物种质资源普查与征集行动工作推进会，参加会议的有"华池县农作物种质资源普查与收集行动"领导小组成员单位负责人、农作物普查队员、水产普查队员、种子管理站全体职工，共20多人。

会上，县种子管理站站长刘翠平同志就农作物种质资源普查与收集工作进展情况做了简要汇报，并对下一步的具体工作任务做了安排部署。目前，已全面完成农作物种质资源普查任务，征集到品种25个。下一步，县种子站将继续征集样品，对征集到的种质资源样品经纬度、照片等各项信息进一步完善，筛选、去除种子杂质等，完成系统录入并交由甘肃省农科院审核。

随后，县种子管理站杨晓媛针对下一步的征集工作，在样品收集、拍照、保存等具体操作方法进行了详细的培训。

最后，县农业农村局党组成员、副局长李志龙强调就做好种质资源普查与收集工作做了强调，要求在农作物种质资源普查与收集行动工作上要在"精""细""实"上下功夫，出实招，要善于走"不毛之地"，走没有路的路，把那些边边角角的"沧海遗珠"收集起来，不放过一个"漏网之鱼"，积极抢救、扎实收集，突出应收尽收，做好种质资源系统调查与抢救性收集。

（三）华池县农作物种质资源普查与收集工作初见成效（华池县人民政府网站、华池县融媒）

华池县积极响应全国第三次农作物种质资源普查，连日来，县种子管理站工作人员深入基层一线，通过查阅资料、入户走访等方式，普查收集各类农作物种质资源，全力做好农作物种质资源普查各项工作。

一大早，种子管理站工作人员就来到了华池县城壕绿色粮（油）新品种引进试验示范点，对红钙谷、乌金谷等农作物进行了测量登记,通过对农作物生长周期和不同抗性的记录,来了解并繁育优质的种质资源。紧接着工作人员展开了走访入户工作,在城壕镇城壕村,通过与赵平老人交谈得知,在他家中可能存有稀少的农作物种质资源,工作人员立即前往赵平老人家中,惊喜的发现冬瓜子、"红二汉"糜子等多种古老地方品种。

华池县城壕镇城壕村村民赵平说:"我这儿的冬瓜、豆豆、糜子,都是我们一辈一辈传下来的,我也不知道这个还珍贵、稀少,他们今年来收集来了,我就贡献给他们。"

工作人员给各类农作物种质资源进行了称重、筛选、记录,将这些已有几十年种植历史的种质资源,进行分类梳理。在交流过程中,细心的工作人员在存放杂物的窑洞中又发现了两类不同品种的白瓜子。

华池县农业技术推广中心高级农艺师封贵琴说:"从去年开始,我们通过查阅文献、档案等资料,走访村组农户、实地调查等方法,逐步摸清了全县农作物种质资源的基本现状,掌握了粮食、蔬菜、果树等农作物种质古老的地方品种,它的分布范围、特征特性、以及农民认知等基本情况。"

随着气候环境变化,农业种质资源数量和区域分布发生很大变化,部分资源消失风险加剧,一旦灭绝,其蕴含的优异基因也将随之消亡,损失难以估量。华池县种子管理站积极组织开展普查与抢救性收集保存工作,为全国构建农业种质资源大数据平台贡献力量。

华池县种子管理站党支部书记副站长高级农艺师张武锋说："从去年开始，截至目前，我们已收集到古老的地方品种30多份，开展此项工作的目的是，摸清全县农作物种质资源情况，为国家种质资源库提供丰富的种质资源，促进种质资源的开发、利用和保护工作。"

(三) 华池县种业振兴我们在行动（华池县人民政府网站）

近日，华池县种子管理站技术人员在种质资源圃进行翻耕、覆膜，规划了种植方案，种植了玉米、高粱、燕麦、豌豆、马铃薯等12份地方种质资源，后续将持续适时播种种质资源，认真做好珍稀及地方品种的保护和繁育工作。

据了解，华池县自2020年9月启动开展全国第三次农作物种质资源普查和收集行动以来，基本查清了各类农作物的种植历史、栽培制度、品种更替、社会经济和环境变化，摸清全县农作物种质资源情况，于2021年底向甘肃省农科院提交了38份农作物种质资源，其中29份通过了国家库审核，并计划于今年年底完成80~100份的种质资源征集，收集和保护珍稀、濒危作物野生种质资源和特色地方品种。

经过一年多的种质资源抢救性收集与整理，华池县种子管理站筛选出了一部分珍稀的地方种质资源，现已建立种质资源圃20亩，进行保护性繁育。同时，将按照《种业振兴行动方案》，把农业种质资源保护列为首要行动，把农作物种质资源普查、征集、保护和利用工作作为种业振兴的首要任务，着眼长远，为"立志打一场种业翻身仗"打牢基础。

三、种质资源现状及对策建议

（一）华池县荞麦种质资源现状及发展建议

摘要：荞麦是华池县主要特色小杂粮，种植历史悠久，种质资源丰富。在解放初期农作物种植以荞麦为主，占粮食作物种植面积的42.28%，目前荞麦的种植面积也稳定在2666公顷左右，通过对荞麦种质资源的分布范围、特征特性、适应性、特色用途等全面系统的调查了解，为荞麦种质资源保护与利用提供参考。

关键词：特色农作物；荞麦；种质资源

1.区域概况

华池县位于甘肃省东部、庆阳市东北部，地理位置在东经107.29~108.33度、北纬36.07~36.51度之间，总土地面积379090公顷，耕地面积68890公顷，属黄土高原丘陵沟壑区。全县年平均气温8摄氏度左右，由西北向东南递增，无霜期165天，年均降水量400毫米左右，日照时数2250小时。主要栽培的小杂粮有荞麦、谷子、糜子、小豆等，其中荞麦是华池县主要特色农作物，常年播种面积2666公顷左右，种质资源丰富。

2.普查范围及方法

2.1 普查范围

在华池县西北部的乔川乡、柔远镇、元城镇、怀安乡、乔河乡、紫坊乡、白马乡等乡镇村组开展了荞麦种质资源调查。

2.2 普查方法

抽调种子管理站、农技中心技术人员组成普查队，走访"三老"（老领导、老技术员、老教师）和农户，邀请他们召开座谈会，到县统计局、县志办、地志办、气象局、自然资源局、档案馆、粮食局等单位认真查阅《华池县志》《华池县发展年鉴》《华池县农业区划资料汇编》《华池县国民经济和社会发展统计资料汇编》等资料及史料档案，分四个时间段，即1956年、1981年、2014年和2021年开展普查，1956年代表解放初期，1981年代表家庭联产承包初期，2014年代表农村土地流转时期，2021年代表当前。对荞麦种质资源的分布范围、特征特性、适应性、特色用途等做了全面而系统的调查了解。

3.普查成果

3.1 总体情况

1956年度，华池县耕地面积25640公顷，粮食作物种植面积25447公顷，荞麦种植面积10760公顷，当时农作物种植以荞麦为主，占粮食作物种植面积的42.28%，平均单产每公顷420千克，种植品种以当地品种大甜荞、90天甜荞为主。

1981年度，华池县耕地面积57267公顷，粮食作物种植面积33733公顷，荞麦种植面积2133公顷，占粮食作物种植面积的9.29%，平均单产每公顷1705千克，种植面积和比例比解放初期明显减少，产量显著增加。种植品种以当地品种大甜荞、

90天甜荞为主。

2014年度，华池县耕地面积68906公顷，粮食作物种植面积48133公顷，荞麦种植面积1333公顷，荞麦播种面积大幅度减少，仅占粮食作物种植面积的2.77%，平均单产每公顷1730千克，种植品种以当地品种大甜荞、90天甜荞和培育品种北海道、平荞2号、平荞5号、西农9976为主。

2021年，华池县耕地面积68890公顷，粮食作物种植面积43426公顷，荞麦种植面积2953公顷，荞麦播种面积比2014年适度反弹，占粮食作物种植面积的6.8%，平均单产每公顷1520千克。目前，华池县栽培有甜荞和苦荞，古老地方品种有红花荞麦（甜荞）、黑苦荞、麻苦荞。荞麦（甜荞）主栽品种以西农9976、信农1号、榆荞4号为主，搭配品种为地方品种红花荞麦。苦荞栽培以平荞6号、西农9920、西农9940以及当地黑苦荞为主。表12.2为华池县荞麦分阶段种植情况。

表12.2 华池县荞麦分阶段种植情况

年度	粮食作物面积（公顷）	荞麦种植面积（公顷）	平均单产（千克/公顷）	主要栽培品种		荞麦播种面积占粮食作物面积%
				地方品种	培育品种	
1956	25447	10760	420	大甜荞、90天甜荞、麻苦荞、黑苦荞		42.28
1981	33733	2133	1705	大甜荞、90天甜荞、麻苦荞、黑苦荞		9.29

续表

年度	粮食作物面积（公顷）	荞麦种植面积（公顷）	平均单产（千克/公顷）	主要栽培品种		荞麦播种面积占粮食作物面积%
				地方品种	培育品种	
2014	48133	1333	1730	大甜荞、90天甜荞、麻苦荞、黑苦荞	甜荞：北海道、平荞2号、平荞5号 苦荞：西农9976	2.77
2021	43426	2953	1520	红花荞麦、麻苦荞、黑苦荞	甜荞：西农9976、榆荞4号、信农1号 苦荞：平荞6号、西农9920、西农9940	6.8

3.2 品种特征特性

3.2.1 荞麦（甜荞）

荞麦（学名：*Fagopyrum esculentum* Moench.），属于蓼科（*Polygonaceae*）、荞麦属（*Fagopyrum*），别名甜荞、乌麦、三角麦等，是短日性作物，喜凉爽湿润，不耐高温旱风。表12.3为华池县荞麦（甜荞）种质资源调查表，表12.4为华池县荞麦（甜荞）农艺性状。

表12.3 华池县荞麦（甜荞）种质资源调查表

种质名称	类型	主要分布区域	来源	播种期	收获期	种植面积（公顷）	单产（千克/公顷）
华池红花荞麦	地方品种	紫坊乡、乔川乡	华池当地	6月20日-7月10日	9月下旬	380	1350

续表

种质名称	类型	主要分布区域	来源	播种期	收获期	种植面积（公顷）	单产（千克/公顷）
西农9976	西北农林科技大学培育品种	全县都有分布，主要区域有乔川乡、元城镇、白马乡	2011年引进	6月20日至7月10日	9月下旬	670	1880
榆荞4号	陕西榆林农校培育品种	乔川乡、元城镇、白马乡	引进	6月20日至7月10日	9月下旬	635	1550
信农1号	宁夏农林科学院固原分院选育品种	怀安乡、柔远镇、紫坊乡	引进	6月20日至7月10日	9月下旬	460	1500

表12.4 华池县荞麦（甜荞）农艺性状

种质名称	生育期（天）	株高（厘米）	株型	主枝分枝（个）	主茎节数（节）	叶色	花色	粒形	粒色
华池红花荞麦	67~70	92	紧凑	4.7	9.4	绿色	粉红	三棱形	黑色
西农9976	79~90	98	紧凑	5.7	8.6	深绿	粉红	三棱形	黑色
榆荞4号	73~89	95	紧凑	5.9	8.4	深绿	白花	长三棱形	黑色
信农1号	77~99	94	紧凑	4.5	9.7	深绿	白花	三棱形	灰褐色

3.2.1.1 地方品种种质资源

3.2.1.1.1 华池红花荞麦，生育期67~70天，茎淡红色，叶绿色，花粉红色，株型紧凑，株高92厘米，分枝4.7个，主茎节数9.4节，种皮黑色，三棱状，单株粒数49粒，千粒重30.06克，主要分布在紫坊乡、乔川乡，种植面积380公顷左右，平均产量每公顷1350千克，抗旱、抗病虫害，优质、高产。

3.2.1.2 引进栽培品种

3.2.1.2.1 西农9976，西北农林科技大学培育品种，2011年华池县农技中心引进试验，2013年大面积推广，生育期79~90天，茎淡红色，叶深绿色，花粉红色，株型紧凑，株高98厘米，分枝5.7个，主茎节数8.6节，种皮黑色，三棱状，单株粒数55粒，千粒重32.05克，在全县都有分布，主要分布区域有乔川乡、元城镇、白马乡，种植面积670公顷左右，平均产量每公顷1880千克，耐旱、耐瘠薄、抗倒伏、抗病虫害，优质、高产。

3.2.1.2.2 榆荞4号，生育期73~89天，叶深绿色，花白色，株型紧凑，株高95厘米，分枝5.9个，主茎节数8.4节，种皮黑色，长三棱状，主要分布在乔川乡、元城镇、白马乡，种植面积635公顷左右，平均产量每公顷1550千克，抗旱、抗病虫害，优质、高产。

3.2.1.2.3 信农1号，生育期77~99天，叶深绿色，花白色，株型紧凑，株高94厘米，分枝4.5个，主茎节数9.7节，种皮灰黑色，三棱状，主要分布在怀安乡、柔远镇、紫坊乡，种植面积460公顷左右，平均产量每公顷1500千克，抗旱、抗病虫害。

3.2.2 苦荞麦

苦荞麦（鞑靼荞麦）（学名：*Fagopyrum tataricum* L. Gaertn.）别名荞叶七、野兰荞、万年荞、菠麦、乌麦、花荞，属于蓼科（*Polygonaceae*）、荞麦属（*Fagopyrum*），喜阴湿冷凉，对土壤的适应性比较强，属自花授粉作物。表12.5为华池县苦荞麦种质资源调查表，表12.6为华池县苦荞麦农艺性状。

表12.5 华池县苦荞麦种质资源调查表

种质名称	类型	来源	分布区域	播种期	收获期	种植面积（公顷）	产量（千克/公顷）
华池黑苦荞	地方品种	华池当地	柔远镇、怀安、紫坊乡	6月10日至6月25日	9月下旬	33	3150
华池麻苦荞	地方品种	华池当地	柔远镇、怀安、紫坊乡	6月10日至6月25日	9月下旬	33	3160
西农9920	西北农林科技大学培育品种	引进	乔川、乔河、紫坊乡	6月10日至6月25日	9月下旬	30	3150
西农9940	西北农林科技大学培育品种	引进	乔川、乔河、紫坊乡	6月10日至6月25日	9月下旬	30	3150
平荞6号	平凉农业科学研究所培育品种	引进	乔川、乔河、紫坊乡	6月10日至6月25日	9月下旬	30	3150

表12.6 华池县苦荞麦农艺性状

种质名称	生育期（天）	株高（厘米）	株型	主枝分枝（个）	主茎节数（节）	叶色	花色	粒形	粒色
华池黑苦荞	89	87	紧凑	4.8	11.3	绿色	淡绿色	戟形	黑褐色
花池麻苦荞	95	130	松散	5.4	13.8	绿色	白色	戟形	灰褐色
西农9920	88	102	松散	5.2	10.6	绿色	黄绿	戟形	灰褐色
西农9940	92	106	紧凑	5.6	12.4	绿色	白绿	三棱形	灰褐色
平荞6号	92	83	松散	3.8	13.9	浅绿色	浅黄	戟形	黑褐色

3.2.2.1 地方品种种质资源

3.2.2.1.1 华池黑苦荞，当地品种，生育期89天，叶绿色，花淡绿色，株型紧凑，株高87厘米，分枝4.8个，主茎节数11.3节，瘦果戟形，长5~6毫米，具3棱及3条纵沟，上部棱角锐利，下部圆钝具波状齿，黑褐色，无光泽，主要分布在怀安乡、柔远镇、紫坊乡，种植面积33公顷左右，平均产量每公顷3150千克，抗旱、抗病虫害，稳产。

3.2.2.1.2 华池麻苦荞，当地品种，生育期95天，叶绿色，花白色，株型松散，株高130厘米，分枝5.4个，主茎节数13.8节，瘦果戟形，长5~6毫米，具3棱及3条纵沟，上部棱角锐利，下部圆钝，灰褐色，无光泽。主要分布在怀安乡、柔远镇、紫坊乡，种植面积33公顷左右，平均产量每公顷3160千克，抗旱、抗病虫害，稳产。

3.2.2.2 引进栽培品种

3.2.2.2.1 西农9920，西北农林科技大学培育品种，引进栽培，生育期88天，叶绿色，花黄绿色，株型松散，株高102厘米，分枝5.2个，主茎节数10.6节，瘦果戟形，灰褐色，无光泽。主要分布在乔川乡、乔河乡、紫坊乡，种植面积30公顷左右，平均产量每公顷3150千克，抗旱、抗病虫害，稳产。

3.2.2.2.2 西农9940，西北农林科技大学培育品种，引进栽培，生育期92天，叶绿色，花白绿色，株型紧凑，株高106厘米，分枝5.6个，主茎节数12.4节，瘦果三棱形，灰褐色，无光泽。主要分布在乔川乡、乔河乡、紫坊乡，种植面积30公顷左右，平均产量每公顷3150千克，抗旱、抗病虫害，稳产。

3.2.2.2.3 平荞6号，平凉农业科学研究所培育品种，引进栽培，生育期92天，叶浅绿色，花浅黄色，株型松散，株高83厘米，分枝3.8个，主茎节数13.9节，瘦果戟形，黑褐色，无光泽。主要分布在乔川乡、乔河乡、紫坊乡，种植面积30公顷左右，平均产量每公顷3150千克，抗旱、抗病虫害，稳产。

4.特色功效

荞麦（甜荞）性甘味凉，有开胃宽肠，下气消积，治绞肠痧，肠胃积滞，慢性泄泻的功效。荞麦可以做面条、饸饹、凉粉等食品，可蒸、可煮、可炸，吃法多样。特别是红白喜事主家都要准备荞麦饸饹面，配以小菜招待客人。华池荞麦以乔川荞麦最为出名，粒大、皮薄、粉多、面白、筋大，营养丰富，深受喜欢。

苦荞即苦荞麦，是自然界中甚少的药食两用作物，是黄酮类化合物极佳的膳食来源，达到控制血糖及血脂水平，预防心血管疾病等慢性病的目的。苦荞可以炒制后做成茶饮，每日饮用对三高患者有辅助治疗作用。

5.栽培管理要点

荞麦具有生育期短、适应性强、耐冷凉、耐瘠薄等特点，是主要的填闲补种、复种及救灾特色小杂粮作物。

5.1 播种

5.1.1 适宜播期 华池正茬荞麦适宜播种期为6月下旬，复种荞麦在小麦、冬油菜收获后抢墒播种，力争在7月中旬前播种结束。苦荞适宜播种期为6月10日至6月25日，最迟在6月底播种结束。

5.1.2 播种密度 荞麦（甜荞麦）正茬亩播种量3.5千克，亩保苗6~7万株，复种荞麦（甜荞麦）亩播种量4千克，亩保苗7~8万株。苦荞正茬亩播种量3千克，亩保苗7~8万株，复种苦荞亩播种量3.5千克，亩保苗8~9万株。

5.1.3 播种深度 荞麦不宜播种过深，一般3~4厘米为宜，干旱区和沙质土壤可以播种深一些，不应超过6厘米。

5.2 田间管理

荞麦苗期应注意遇雨地面板结，影响出苗。地面板结要在雨后地面稍干后轻耙、浅耙。生育期间拔除大草。

5.3 病虫害防治

荞麦的病害主要有立枯病，虫害主要有黏虫、荞麦钩翅蛾。立枯病可用甲霜·锰锌或代森锰锌喷防。黏虫、荞麦钩翅蛾药物防治可用苏云金杆菌或氟氯氰菊酯乳剂喷防。

6.建议

荞麦（甜荞）为异花授粉作物，当地红花荞麦品种混杂退化、群体异质化严重,保纯难度大。应充分挖掘当地荞麦品种优良特性,选育丰产、抗病虫、抗逆境、优质的优异种质,开展荞麦产品研发,加大荞麦种质资源的保护与利用。

(该论文发表于《农业科技与信息》2022年9月第17期,作者:刘翠平,张彦雄,杨晓媛,封贵琴。)

(二)华池县第三次全国农作物种质资源普查现状分析及对策建议

摘要:通过对华池县农作物种质资源普查,针对华池县农作物种质资源的家底现状,提出了对华池县农作物种质资源进行保护的对策建议,旨在为华池县农作物种质资源的普查、征集、保护和研究提供可行性参考。

关键词:种质资源普查;现状;对策

华池县地处甘肃省东部,庆阳市北部,位于东经107°29′~108°33′,北纬36°07′~36°51′之间。东北与陕西省志丹县、吴旗县、定边县接壤,西南与甘肃省内的庆城县、环县、合水县为邻。县境南北长37~110千米,东西宽27~84千米,地形北高南低,海拔在1100~1780米之间。总土地面积3791平方千米,属黄土高原丘陵沟壑区,境内山川塬兼有,梁沟峁相间,土壤的类型主要有粗黄绵土、森林褐色土、黄绵土、黑垆土。属于大陆性气候,降雨量南多北少,2018年降水量719.3毫米,平均气温8.5摄氏度。土地资源丰富,总体呈干旱、温和、光富的特点,适合种植作物品种繁多,白瓜籽、黄花菜、黑木耳、小杂粮等土特产驰名陇上,沙棘原浆口服液、白瓜籽远销国外。本文通过查阅文献资料、走访"三老"(即老干部、老技术员、老教师)、实地调查等方法进行考察,分析1956—2014年农作物的种植面积、品种、产量等变化，提出一些农作物种质资源保护利用的方法及对策建议，为华池县种质资源的普查、征集、保护和利用提供参考。

1. 普查概况

根据农业农村部、甘肃省农业农村厅统一部署，从2020年9月起，华池县全面开展第三次全国农作物种质资源普查与收集工作，历时3个月，行程2000多千米，走访了华池县多个单位、村组及农户开展普查工作，摸清了华池县农作物种质资源的家底现状，掌握了粮食、经济、蔬菜、果树等栽培作物古老地方品种的分布范围、主要特性以及农民认知等基本情况。截至2020年11月底，完成1956年、1981年和2014年三个时间节点三套普查表的填报，即："农作物种质资源普查与收集行动普查表""全县种植的粮食作物情况表""全县种植的油料、蔬菜、果树、茶、桑、棉麻等主要经济作物情况表"，共计9份表格，并将数据录入普查与征集填报系统。

2. 普查结果

华池县地域广阔，地形气候差异较大，农作物品种复杂多样，构成严谨周密，品种资源丰富。既有小麦、玉米、高粱等喜温作物，也有糜谷、马铃薯、荞麦、豆类等耐寒、耐旱、耐湿作物。经过3个月的调查，详细掌握了全县农作物种植结构、土地、气候、资源环境、人口、民族、经济、文化、教育等情况。通过座谈走访，查阅文献、档案等资料，对新中国成立以来农作物种质资源的分布范围、生态环境条件、适应性等做了全面而系统的了解。现已基本查清各类作物的种植历史、栽培制度、品种更替及当时社会经济和环境变化，以及重要作物的野生近缘植物种类、地理分布、生态环境和濒危状况等重要信息。

3. 现状分析

3.1 农作物内部结构由不合理向合理化转变

华池县农作物结构长期以来未形成单一局面。从普查数据看，80年代粮食作物占总耕地面积的80%~90%以上，经济作物所占比重很小，对农民的经济收入和生活安排有直接影响，在粮食生产中，一些主要作物如小麦、玉米、高粱、糜谷、豆类的种植面积亦浮动很大，极不稳定。特别是粮、油、豆、草轮作、用地养地的问题还没有引起普遍重视，合理的轮作制度还没有形成。因此，在生产上存在着作物结构不合理，用地养地不协调，高成本、低效益。到2014年，不同区域根据当地的气候及土壤特点，经过长期实践论证，都有相适应的品种种值，有的放矢的增加了当地粮食增产，农民增收。已建立符合当地的高产量、高效益、低成本，有利于用地养地、持续增产的科学的轮作制度。

3.2 农作物品种丰富多样

据调查，1986年以前，全县农作物品种共有246个，其中粮食作物116个，经济作物品种124个，其他作物品种6个，在这些作物中，主要品种40多个。由于没有建立起防杂保纯制度，使种子严重混杂，退化。到目前，由于新品种的引进，良种的推广，种子的市场化，农作物的品种丰富多样，如玉米，每年的备案品种可以达到七八十种之多。

3.3 良种种植覆盖率高

随着经济的飞速发展，新品种的不断增加及栽培技术的提升,农民普遍求高产,使全县的良种覆盖率高达90%以上,如:蔬菜、玉米、马铃薯等良种覆盖率达到100%。

3.4 地方老品种不断减少

随着新品种的引进,再加之地方品种产量低,导致地方品种种植逐年减少,甚至有的品种已经绝迹。

4.存在的问题及原因

4.1 种质资源保护难度大

由于农业的现代化进程加大,农作物品种的更新换代也加快,新的优良培育品种代替了老旧低产的地方品种,导致有些地方品种和野生品种种质资消失加快,收集、保存、鉴定、评价和创新利用这个农作物种质资源迫在眉睫。

4.2 样品征集难度大

由于部分老品种的濒临灭绝,再加上有些块茎、枝条等样品不易保存,增加了样品征集难度。

4.3 农作物种质资源丢失加剧

随着中国农业产业化的发展,城镇化、现代化、工业化进程加剧,能够机械化收获、高产、优质的新品种和配套种植模式也越来越完备。这些因素将会加快种质资源的丢失,在这种形势下,地方品种和野生品种等特有种质资源丧失严重。

5.对策及建议

5.1 积极宣传引导,提升全民种质资源保护意识

利用电台、电视台及各种网络平台等媒体进行大力宣传引导,普及种质资源普查与收集行动的重要意义和主要成果,让全社会参与到农作物种质资源保护中来,提升全民保护意识,推动农作物种质资源保护与利用可持续发展,确保普查与收集

行动取得实效。

5.2 创新利用途径，开展多样性的种质资源保护

发动当地群众，对一些种质资源进行再次开发、利用，进行抢救性保护。推"陈"出"新"是事物的发展规律，我们可以把"陈"变成"新"。如，专用于酿酒的酒谷子，种植面积一直在逐年减少，现在只有零星的种植，可以用增加黄酒的销量，来带动酒谷的种植，不但可以带动经济的发展，而且还可以起到保护的作用。

5.3 强化管理，建立种质资源档案

在种质资源普查结束后，对于县域内的所有种质资源进行收集、整理、归类，详细记载收集材料的名称、基本特性特征、采集地点和时间等信息，进行规范化的档案管理，使每一类、每一科、每一个作物的品种信息都有据可查。

5.4 高度重视，完善种质资源保护机制

按照分级保障原则，在统筹已有工作资源、条件以及支持政策基础上，积极争取，引起相关部门的高度重视与支持，将农作物种质资源保护和利用工作列入财政经费预算，建立农作物种质资源保护的补偿机制，切实提升保护能力。鼓励个人、村社、种子企业、科研机构、公益性组织等都参与种质资源保护。2016年新修订的《中华人民共和国种子法》虽然对种质资源的保护和利用有了一定的明确规定和说明，但还应该建立多元化投入机制，完善相应的种质资源保护体制与机制，促使种质资源保护利用工作常态化，确保种质资源保护工作顺利开展，并能长期坚持。

5.5 选老选优,进行品种征集

华池县种质资源入库果树、蔬菜品种少,这次种质资源征集可以以蔬菜、果树类为主,粮食作物为辅。比如果树主要征集杏树、桃树、苹果、山楂、沙棘、杜梨、野莓、枣树、梨树等野生、农家老品种,蔬菜主要征集辣椒、胡萝卜、葱、黄花菜、蒜、韭菜、宝塔菜、洋姜等野生或古老品种。粮食作物主要征集西葫芦、高粱、大麻、大豆等。

(该论文发表于《农业科技与信息》2021年10月第20期,作者:杨晓媛。)